中国科学院科学出版基金资助出版

金属凝固组织细化技术基础

Foundamentals of Structure Refinement Technology for Metal Solidification

翟启杰 等 著

科学出版社

北京

内 容 简 介

本书在介绍金属凝固基本理论的基础上，着重介绍了金属凝固组织细化技术，包括低过热度低温度梯度凝固细晶技术、温度扰动与成分扰动凝固细晶技术、脉冲电流凝固细晶技术、脉冲磁场凝固细晶技术、超声波凝固细晶技术和脉冲磁致振荡凝固细晶技术。

本书可作为高校冶金、材料加工学科相关专业本科生、研究生的教材，也可供相关研究人员和企业工程技术人员参考。

图书在版编目(CIP)数据

金属凝固组织细化技术基础=Foundamentals of Structure Refinement Technology for Metal Solidification / 翟启杰等著.—北京：科学出版社，2018
ISBN 978-7-03-058086-3

Ⅰ.①金… Ⅱ.①翟… Ⅲ.①熔融金属-凝固理论-研究 Ⅳ.①TG111.4

中国版本图书馆CIP数据核字(2018)第132780号

责任编辑：吴凡洁 田轶静 / 责任校对：彭涛
责任印制：赵 博 / 封面设计：无极书装

科学出版社 出版
北京东黄城根北街 16 号
邮政编码：100717
http://www.sciencep.com
北京厚诚则铭印刷科技有限公司印刷
科学出版社发行 各地新华书店经销

*

2018 年 6 月第 一 版 开本：720×1000 1/16
2025 年 1 月第五次印刷 印张：17 3/4
字数：339 000

定价：158.00 元
(如有印装质量问题，我社负责调换)

前言

　　金属在制备过程中一般都要经历凝固过程。早在青铜器时代，人类就通过凝固制备具有特定形状的金属制品。后来，人们发现通过控制成分和热处理可以改善材料的性能。随着人类社会的进步，人们进一步认识到，金属材料的性能不仅是由化学成分和热处理决定的，凝固过程对金属的组织和性能也有十分重要的影响，于是人类开始通过控制凝固过程来改善材料的性能。20 世纪 20 年代，铸铁孕育技术使铸铁的抗拉强度由 100～150MPa 提高到 200～300MPa，而仅仅过了 20 年左右，铸铁球化处理技术又使抗拉强度提高到 400～600MPa。也就是说，通过凝固过程和凝固组织的控制，铸铁的强度翻了两番。人类在铸铁领域取得成就的意义远远超出了铸铁本身，它激励着人们在各种金属材料生产领域探索凝固组织的控制技术，从而使冶金与铸造这一古老的工业领域得到迅猛发展。至今，控制金属凝固组织仍然是全世界冶金和铸造工作者孜孜以求的目标。

　　连铸技术的诞生无疑为我们带来了一场材料制备技术的革命。从模铸到连铸，人们最初看到的是生产效率的提高和成本的降低。然而历经数十年的生产实践，人们开始认识到，连铸技术改变了金属模铸时的凝固特征，在提高生产效率和降低生产成本的同时，也给我们带来了一系列新命题，包括如何解决柱状晶发达、宏观偏析严重和热裂等问题。而对于部分高合金钢，人们不得不继续使用传统的模铸方法生产。

　　近年来大型装备制造业，特别是新能源装备制造业的快速发展对材料制备提出了新的要求。如何消除特大型铸件和铸锭组织粗大、宏观偏析、热裂、大尺度缩孔和疏松等铸造缺陷，也成为冶金及材料工作者新的课题。

　　在新材料制备中凝固也扮演着重要的角色，通过控制散热方向获得具有单向凝固组织的材料，通过抑制晶核的形成获得单晶材料，通过控制凝固过程把两种不同性质的金属材料或金属与非金属材料复合在一起，通过合理的成分设计和凝固过程控制获得非晶材料、微晶材料、原位自生复合材料、拥有过饱和组织或亚稳相材料等。凝固为冶金与材料工作者提供了无穷的想象空间，而冶金与材料工作者正在把这些想象变为现实。

　　作者及其团队一直致力于金属凝固过程与凝固组织细化技术的研究。此次写作本书，旨在总结多年的研究成果，希望对冶金和材料工作者有一定的参考价值，并能够提供一个交流的机会。

　　本书在总结前人工作的基础上着重介绍作者及其团队近二十年关于金属凝固

组织细化技术的研究结果。本书第 1 章由骆军撰写，第 2 章由高玉来撰写，第 3 章由宋长江撰写，第 4 章由郑红星撰写，第 5 章由李慧改、翟启杰撰写，第 6 章由李莉娟、于艳、翟启杰撰写，第 7 章由廖希亮、李杰、张云虎撰写，第 8 章由李秋书撰写，第 9 章由刘清梅、梁建平撰写，第 10 章由龚永勇撰写，全书由翟启杰策划、修改和统稿。

本书的研究工作得到国家自然科学基金委员会、科学技术部、上海市科学技术委员会和上海大学的资助，本书的撰写得到了傅恒志院士、胡壮麒院士和胡汉起教授等老一辈学者的鼓励和指导，本书的出版得到了中国科学院科学出版基金的资助，在此深表谢意。在本书出版之际，作者还要特别感谢上海大学钢铁冶金学科带头人徐匡迪院士长期以来对作者研究工作的鼓励和指导。

特别需要说明的是，本书涉及的许多问题尚在研究之中，对这些问题的认识也有待深化和商榷，加之作者水平所限，难免有疏漏和不妥之处，敬请广大读者批评指正。

作　者

2018 年 3 月

目录

第 1 章

金属液态结构

液态是物质存在的基本形态之一，广泛存在于动、植物等生命体和自然环境之中。水是最常见的，也是人类赖以生存的液态物质。通过对水等常见液体的认识，可以从宏观上把液态简单地描述为一种介于固态和气态之间，且具有流动性的物质形态。从微观上，液体中的原子或分子是长程无序分布的，同时原子或分子间又有很强的作用力，也就是存在短程有序。近年来，液态物质研究日益受到重视，并取得较大进展，但是液态自身的复杂性，导致液态理论，尤其是其微观理论并不完善。例如，虽然水在我们的生活中无处不在，但是它对我们来说却仍然像一个谜，液态水的结构至今尚存在争议，甚至被认为是公认的难题。传统的、较为普遍的观点认为一个液态水分子在氢键的作用下与其他四个水分子组成四面体形状，并形成四面体网络。但是，斯坦福大学的 Wernet 等科学家对上述液态水的结构提出了质疑[1]，认为大多数的液态水分子只能形成两个氢键而不是四个，从而引起了巨大争议和轰动，相关研究被评为 *Science* 期刊 2004 年的十大科学进展之一[2]。水结构的争议说明了液态结构的复杂性。然而液态结构的研究方向是基本一致的，那就是根据理想气体模型和周期性晶体理论的成功经验，从原子间交互作用出发，研究液体中原子的分布和排列。这也成为液态理论和实验研究的基本思路。

1.1 液态金属结构简介

金属的液态结构是指在液态金属中原子或离子的排列或分布状态。原子之间的交互作用能决定了液态金属原子的排布规律。由于 Hg 是室温下唯一呈现液态的金属单质，所以早在 20 世纪 30 年代，Debye 和 Menke 就开展了 Hg 的液态结构研究[3-5]。随后的几十年里，人们相继提出了一些结构模型，力图用严格的数学表达式来描述液态金属的结构和原子运动规律，并用来解释液态金属的各种物理化学性质。虽然目前还没有一种模型为人们普遍接受，但是关于液态金属基本结构和一般性质的研究结果已经被广泛认可。根据 X 射线衍射结果，过热度不高的液态金属由大量游动的原子团簇、空穴和化合物组成，在原子团簇内原子有序排列，而原子团簇外原子无序排列，表现为近程有序和长程无序的结构特征。同时，液态金属存在着很大的结构起伏、能量起伏和浓度起伏现象。金属的液态结构还与原始材料、熔炼温度、熔炼时间和冶金热履历等有直接的关系[6]。通过改变过热温度和冶金热履历，可以改变金属的液态结构。因而，冶金工作者试图通过合理地控制金属的熔炼过程，改变金属的凝固组织[7]。

1.1.1　液态金属结构特征

液态是介于固态和气态之间的一种状态，它一方面像固态那样具有一定的体积、不易被压缩，另一方面又如气体一样没有固定的形状，具有流动性和各向同性。人们对固态和气态结构的认识比较完善，有比较成熟的理论用于建立微观结构与宏观性质之间的联系。固体(此处特指晶体)具有周期性晶体结构和平移对称性，原子仅在格点的平衡位置做热振动；气体具有完全无序的特征，分子在不停地做无规则运动。因而，固体结构可以通过理想晶体来认识，气体则可以通过统计的方法去处理。然而液体没有明确的参考态可供比较，这也给理论处理带来很大困难，因而对液态结构的认识很不充分，至今仍没有一个比较系统、完善的理论[8]。

“水往低处走”描述了液体的最显著特征，即具有流动性。恰恰由于液体具有流动性，所以不能承受剪切应力。这一完全不同于固体的特点，表明液体的原子(或分子/离子)间结合力弱于固体。液体的流动性类似于气体，但是和气体也并不完全相同。比如，液体的流动受到容器的限制，而气体只要在非密闭条件下就不受限制。另外，液体不易被压缩，而气体很容易被压缩，表明液体的原子间结合力强于气体。本质上，正是固体、液体和气体原子间作用力的差别，造成三者在物理化学等性质上的显著差别。相应地，通过测量固-液、固-气相变后一些物理性质的变化，就可以反推出液态时的原子结合状况。这一方法也成为考察液态结构的间接方法。比如，对于大多数金属单质来说，固-气态转变时，体积是无限膨胀的；而固-液态转变时，其体积仅增加百分之几，原子平均间距的增加通常在2%以内。同时，熔化潜热(固-液相变)通常也不到汽化潜热(固-气相变)的10%。这说明固-液相变时，原子的结合键受到的破坏很小。因此，可以认为液态结构接近于固态，与气态则有显著不同。

相比于间接方法，X射线衍射和中子衍射等直接方法能够更直观有效地测量金属的液态结构。直接方法的测量结果表明，液态金属中的原子在几个原子间距的范围内与其固态的排列方式基本一致。但由于原子间距的增大和空穴的增多，原子的配位数略有变化。总体上，直接法和间接法得到的结果基本一致，液态金属的结构特点可具体描述如下[9,10]：

(1)液态金属由原子团簇(或原子集团)、游离原子和空穴组成,其中原子集团则由数量不等的原子组成。

(2)原子间仍保持较强的结合能。也就是说,金属的熔化并未导致原子间结合键的完全破坏,因此原子的排列在较小距离(原子团簇)内仍具有一定的规律性(即短程有序),而且平均原子间距增加不大。

(3)近程有序,远程无序。熔化造成结合键的部分破坏,内部构成也发生相应变化。在原子团簇内原子是有序排列的,即存在拓扑短程序。原子集团之间距离较大,比较松散,犹如存在空穴。在原子集团之间,原子是无序排列的,因此是远程无序的。

(4)存在能量起伏。也就是说原子集团内具有较大动能的原子能够克服邻近原子的束缚,除了在原子集团内产生很强的热运动外,还可能成簇地脱离原有集团而加入到别的原子集团中,或组成新的原子集团。结果是所有原子集团都处于瞬息万变的状态,时而长大,时而变小,时而产生,时而消失,此起彼落,犹如在不停地游动。

(5)存在结构起伏。每个原子集团所包含的原子数目、原子集团的尺寸都是不断变化的。原子集团始终处在分离、聚合、长大和消失状态中,液态金属中的原子也不断地在原子集团之间迁移,犹如原子集团在不停地游动。

(6)虽然液态金属原子集团处于不断变化之中,但是原子集团的平均尺寸和游动速度却与温度有关。温度越高,原子集团的平均尺寸越小,游动速度越快。温度越低,原子集团的平均尺寸越大,游动速度越慢。

对于实际金属,其液态结构比纯金属复杂得多。实际金属液不仅存在着游动原子集团、游离原子、空穴以及能量和结构起伏,由于在原子集团和无序区溶有各种各样的合金元素及杂质元素,以及由于化学键和原子间结合力的不同,还存在着浓度起伏(或成分起伏,也称为化学短程序),即存在着成分不同,而又在不断变化的原子集团。在一些化学亲和力较强的元素和原子之间还可能形成不稳定的(临时的)或稳定的化合物。近年来在合金熔体中还观察到了介于短程有序和长程有序之间的较大原子集团,从而提出了中程有序的概念[11]。总之,随着科学技术的进步和研究的不断深入,人们对液态金属结构的认识也随之丰富。

上文提到了液态金属结构测定的直接方法和间接方法。除此之外,还有蒙特卡罗和分子动力学等数值模拟方法。随着计算机技术的不断进步,这些数值模拟方法也迅速发展,特别是提供了很多实际情况下难于测量的有用信息。但是,X 射线衍射和中子衍射等方法,由于其直接、有效和可靠性,仍然不可替代。X 射线衍射实验更是由于其相对简单、便利和易得,成为液态结构研究的最常用方法。

1.1.2 液态金属结构的分布函数理论

基于液态与固态一定程度上的相似性，研究者提出了很多物理模型来描述液态结构。这些模型可以分为两种，一种是无规密堆刚球模型，另一种是晶体缺陷模型，包括微晶模型、空穴模型、位错模型和综合模型等[12]。这些物理模型的共同特点是：都认为液态原子排列的短程序与固态结构相似，并且在很大程度上沿用了晶体点阵的概念。

刚球模型以无规堆积的硬球描述液体的结构，成功地解释了液体近程有序、远程无序的结构特征。然而刚球模型只是一个理想化的模型，对于金属单质液态结构的描述是合理的，却不能推广到合金等较复杂研究对象的液态结构。微晶模型以液态金属中存在微小晶粒和面缺陷为基础，能够解释液态金属的短程有序，但是对于微晶的尺寸等问题无法确切描述。空穴模型则认为在熔化过程中，晶格中出现大量空穴，从而液体容易形变并具有流动性。温度的升高导致空穴进一步增加，因而液体流动性也随之增强。空穴模型虽然定性地描述了液体流动性，但是很难对空穴的数量和位置等进行合理计算。位错模型把位错作为固体向液体转变的根源，认为加热过程中的位错陡增造成固-液转变。位错模型把液体看作被位错严重破坏的点阵结构，解释了液体为何不具有长程有序结构等问题，但是对于位错本身不能够合理解释。综合模型目前仍被人们广泛接受，我们在前面描述液态结构特征时就用到了综合模型。综合模型利用原子团簇、能量起伏和结构起伏等概念，较为合理地描述了液态金属的结构特征，但是同样存在难以定量计算的难题。

在物理模型的基础上，研究者也建立了相应的液态结构理论，如胞腔理论、空腔理论、隧道理论等。这些模型和理论从不同角度定性地描述了简单液态金属的结构特征，取得了一定成功，并为人们所接受。但是，这些模型和理论也都有各自的局限性，尚不能全面地解决液态结构问题，同时也难于进行定量计算。

除了前述的基于液态结构物理模型的理论，还有一类基于分布函数的理论。原则上它不需要物理模型，而是通过各类分布函数及质点间作用力计算宏观性质的，但实际上由于求解过程中数学处理上的困难，往往要做一些近似处理而引入一定的模型。这种理论的优点是能够进行定量计算，并对液态结构的直接测量具有重要意义，因而成为液态结构研究的主要指导方法。下面我们对分布函数理论做重点介绍。

定量描述液态结构的主要参数有两个，即径向分布函数和结构因子[13]。在熔化均匀的金属液中，选取任一原子为参考点，如果知道参考原子周围的原子种类、数量和分布情况，就可以定量描述其液态结构。为此，我们需要引入双体分布函数

$$g(r) = \frac{\rho(r)}{\rho_0} \tag{1-1}$$

式中，$\rho(r)$ 是距离参考原子 r 处的单位体积内的原子数；ρ_0 为系统中的平均原子密度[14]。

显然，双体分布函数 $g(r)$ 表示距离参考原子 r 处出现其他原子的概率。径向分布函数定义为 $4\pi r^2 \rho_0 g(r) = 4\pi r^2 \rho(r)$，表示以参考原子为圆心、半径为 r 的球壳上的原子分布状况。通过径向分布函数，可以积分得到参考原子的各层配位数。然而，双体分布函数和径向分布函数并不能直接进行测量，只能间接计算得到。利用 X 射线衍射等直接方法，可以测定的是结构因子 $S(Q)$，通过 $S(Q)$ 才可以计算出双体分布函数和径向分布函数。

结构因子可以利用衍射方法测量，表示为

$$S(Q) = \frac{I(Q)}{Nf^2(Q)} \tag{1-2}$$

式中，Q 是散射矢量，模是 $|Q| = 4\pi\sin\theta/\lambda$，$\lambda$ 是入射线的波长；$I(Q)$ 是波矢 Q 处的散射强度；N 是散射体积中的总原子数；$f(Q)$ 是原子散射强度的原子因子。结构因子和双体分布函数之间存在傅里叶 (Fourier) 变换关系。

$$g(r) = 1 + \frac{1}{2\pi^2\rho_0 r}\int_0^\infty Q[S(Q)-1]\sin(Qr)\mathrm{d}Q \tag{1-3}$$

$$S(Q) = 1 + \frac{4\pi\rho_0}{Q}\int_0^\infty r[g(r)-1]\sin(Qr)\mathrm{d}r \tag{1-4}$$

可得到径向分布函数

$$4\pi r^2 \rho_0 g(r) = 4\pi r^2 \rho(r) = 4\pi r^2 \rho_0 + \frac{2r}{\pi}\int_0^\infty Q[S(Q)-1]\sin(Qr)\mathrm{d}Q \tag{1-5}$$

根据双体分布函数 $g(r)$ 的定义，$g(r)$ 的第一峰位就对应于参考原子第一配位层的距离，也就是原子间平均最近邻距离。相应地，径向分布函数的第一峰下的面积就表示平均配位数。另外，根据 $g(r)$ 的衰减振荡情况，我们还可以估算原子团的尺寸，这将在下文具体讨论。然而，不难发现，不管是双体分布函数还是径向分布函数，它们给出的都是统计物理信息，因而缺少原子角分布信息。尽管如此，基于分布函数理论，我们可以从实验中获得最直接和重要的液态结构信息，大大深化了人们对液态结构的认识。

1.1.3 液态结构测定的 X 射线衍射技术

基于双体分布函数理论，可以利用 X 射线衍射技术来测定液态金属的结构。本节介绍 X 射线衍射数据分析的基本理论和过程。

用液态金属 X 射线衍射仪所采集到的原始数据是在不同散射角上得到的衍射强度，这个衍射强度必须经过一系列的修正才能转换成直接有用的实验数据。首先，由于实验的误差和计数的涨落，所得到的衍射强度实验曲线不光滑，一般用插值法对衍射强度曲线进行光滑。其次，在实验的过程中，由于受到极化、吸收和衍射几何的影响，必须对衍射强度进行校正。校正后的强度包括三项：相干散射、非相干散射和多重散射。其中后两项与液态金属的结构无关。一般情况下，多重散射在 X 射线衍射实验中可以忽略。因此，只要获得原子的散射因子和非相干散射因子，就可以得到液态金属的相干强度和非相干强度与倒空间坐标之间的关系[15]。

利用 X 射线衍射数据计算径向分布函数的理论基础是 Debye 奠定的。他指出：非晶态原子系统在 θ 角处的散射强度（按电子单位）为[16]

$$I_{\text{eu}}^{\text{coh}}(Q) = \sum_m \sum_n f_m f_n \frac{\sin Q r_{mn}}{Q r_{mn}} \tag{1-6}$$

式中，f_m 和 f_n 分别表示第 m 个和第 n 个原子的散射因子；Q 在上文中已经定义，表示散射矢量；r_{mn} 表示第 m 和第 n 个原子间的距离。在对原子集合体中的全部原子对进行二重求和时，只有假定原子沿整个空间的所有方向排列，式 (1-6) 才成立。而在液体和非晶材料中就恰好是这样的排列。

用傅里叶积分原理来变换实验强度函数最早是由 Zernike 和 Prins 提出来的，现在已成为普遍采用的方法，它不需要对试样结构作任何假定就可直接得到径向分布函数。对于只含有一种原子的物质，完全可以直接应用傅里叶积分原理。假定一个原子的环境与任何其他原子都一样，散射体积中的总原子数为 N，则式 (1-6) 变换为

$$I_{\text{eu}}^{\text{coh}}(Q) = N f^2 \sum_m \frac{\sin(Q r_{mn})}{Q r_{mn}} \tag{1-7}$$

在对式 (1-7) 求和时，每个原子依次变成参考原子，就有 N 项来自每个原子与其自身的相互作用。由于在极限当 $r_{mn} \to 0$ 时，$\dfrac{\sin(Q r_{mn})}{Q r_{mn}} \to 1$，$N$ 项中每一项的值均为 1，所以方程 (1-7) 可改写成

$$I_{eu}^{coh}(Q) = Nf^2 \left[1 + \sum_{m'} \frac{\sin(Qr_{mn})}{Qr_{mn}} \right] \tag{1-8}$$

式(1-8)中的求和不再包括原点原子。设围绕任一参考原子的原子分布可看作连续函数，求和就被积分代替：

$$I_{eu}^{coh}(Q) = Nf^2 \left[1 + \int_0^\infty 4\pi r^2 \rho(r) \frac{\sin(Qr)}{Qr} dr \right] \tag{1-9}$$

在式(1-9)中引入试样中平均原子密度 ρ_0，得到

$$I_{eu}^{coh}(Q) = Nf^2 \left\{ 1 + \int_0^\infty 4\pi r^2 \left[\rho(r) - \rho_0\right] \frac{\sin(Qr)}{Qr} dr + \int_0^\infty 4\pi r^2 \rho_0 \frac{\sin(Qr)}{Qr} dr \right\} \tag{1-10}$$

方程(1-10)后一项积分表示形状与试样相同，但具有严格均匀电子密度的假想物体所散射的强度。这就是中心散射，但由于它的散射角非常小，所以不可能与直射线束区分开来。如果我们仅局限于研究实验上可观察的强度，方程(1-10)又可简化成下述形式：

$$\frac{I_{eu}^{coh}(Q)}{Nf^2} - 1 = \int_0^\infty 4\pi r^2 \left[\rho(r) - \rho_0\right] \frac{\sin(Qr)}{Qr} dr \tag{1-11}$$

根据傅里叶积分原理，此式可变换成

$$r\left[\rho(r) - \rho_0\right] = \frac{1}{2\pi^2} \int_0^\infty QS(Q)\sin(Qr)dQ \tag{1-12}$$

式(1-12)也可以表示为径向分布函数

$$4\pi r^2 \rho(r) = 4\pi r^2 \rho_0 + \frac{2r}{\pi} \int_0^\infty Q[S(Q)-1]\sin(Qr)dQ \tag{1-13}$$

其中结构因子

$$S(Q) = \frac{I_{eu}^{coh}(Q)}{Nf^2} \tag{1-14}$$

Randall 也用傅里叶积分原理推导出等价的方程式，但所用的原子密度函数不同。Debye 和 Menke 最先用傅里叶积分解析法研究了由一种原子组成的非晶物质，

即液汞。

配位数可由下式计算：

$$N_{\min} = \int_{r_0}^{r_{\min}} 4\pi r^2 \rho(r)\mathrm{d}r \qquad (1\text{-}15)$$

式中，r_0 和 $r_{\min}$ 分别是径向分布函数第一峰左右两边最近的零点和极小点的位置。

1.2　高洁净钢的液态结构

金属液态与固态结构之间的联系不仅表现在原子最近邻结构上的相似性，而且对于某些熔体来说在中程序尺度上也存在关联[17]。液态金属的结构不仅与液态金属的性质紧密相关[18]，同时还会影响金属凝固后的结构，进而影响固态金属的性质[19]。本节研究高洁净钢的液态结构及温度和热循环处理对高洁净钢液态结构的影响，旨在为探索通过控制钢的液态结构改善其凝固组织提供基础依据。

钢铁在国民经济中占有重要地位。钢铁材料的制备和成形过程中一般要经历熔化和凝固两个过程。在熔融状态下，钢液中原子的性质、过热温度和热履历等都对熔体结构产生影响，进而直接影响钢液的凝固过程，并最终体现在钢的凝固组织和性能上。随着现代冶金工业的技术进步，钢液洁净度不断提高，钢的液态结构对凝固过程的影响愈加突出。研究钢的液态结构特征，可以分析钢液主要性质的物理本质以及与之有关的工艺因素，进而达到控制凝固过程、细化结晶组织和改善偏析等目的。因此，正确认识高洁净钢的液态结构，不仅对于丰富液态金属结构理论有重要的理论价值，而且将为控制高洁净钢的凝固组织提供重要的理论基础。但是，由于钢铁熔点高，钢液在高温下容易被氧化，所以对钢铁材料液态结构的研究十分困难，关于钢铁材料液态结构的直接测定工作还很不够。作者利用液态 X 射线衍射技术，研究了纯 Fe 和 Fe-C 二元合金的液态结构与过热温度以及热历史之间的关系。

1.2.1　热历史对纯铁液态结构的影响

实验采用 θ-θ 型液态金属 X 射线衍射仪，该衍射仪入射光源采用 Mo Kα（波长 λ=0.071nm）。利用钽片加热坩埚中的试样，最高工作温度为 1800℃。对于 θ-θ 型衍射仪，样品不需转动，光源与探测器同步转动，因而熔融金属不会流出。样品室预抽高真空，并随后通入惰性保护气体，有效避免了金属熔体在高温下的氧化。实验过程中，以 20℃/min 左右的速度升温至 1540℃，保温 150min，采集 X 射线衍射数据。然后按下述方式循环三次：把纯铁样品升温至 1580℃，保温 20min，降温至 1540℃，保温 40min 采集 X 射线衍射数据[20]。

图 1-1 是液态纯铁的 X 射线衍射强度曲线，图 1-2 是由 X 射线散射强度数据得到的结构因子，图中标注的 0、1、2 和 3 表示热循环次数。在 $Q=5\sim20nm^{-1}$ 范围内，X 射线衍射强度曲线和结构振幅曲线出现了预峰，这说明测量的熔体具有中程序[21-23]。中程序的存在意味着在液态纯铁中具有尺寸较大的原子集团，而原子团簇内可能保持有接近固体的结构单元(如体心立方)。可通过预峰的位置 Q_p 估算相邻结构单元的中心原子距离 d[24]：

$$Q_p = \frac{7.725}{d} \tag{1-16}$$

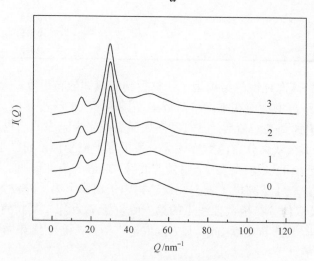

图 1-1 液态纯铁的 X 射线衍射强度曲线

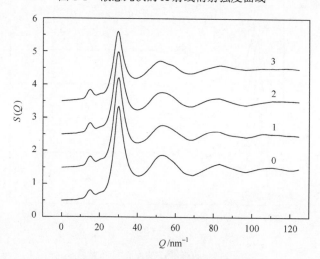

图 1-2 液态纯铁的结构因子 $S(Q)$

拓扑序和化学序也是验证液态结构中是否存在中程序的重要参数。对于纯铁来说，近似认为不存在与其他元素的化合，即不存在化学序，而只存在拓扑序。拓扑序反映原子排列的有序程度，它在衍射强度曲线上体现在第一峰，拓扑序尺度 $\zeta=2\pi/\Delta Q$，式中 ΔQ 为第一峰的半高宽。表 1-1 列出了相关计算结果，其中拓扑序尺度约为1nm。一般认为中程序的尺度范围是 $0.5\sim1.0\mathrm{nm}$[25]，所以拓扑序是中程序。

表 1-1　衍射强度曲线上预峰的位置 Q_p，第一峰半高宽 ΔQ，以及结构相关参数 d 和 ζ

循环次数	Q_p/nm^{-1}	$\Delta Q/\mathrm{nm}^{-1}$	d/nm	ζ/nm
0	15.0	6.5	0.515	0.967
1	15.0	6.5	0.515	0.967
2	15.0	6.5	0.515	0.967
3	15.0	6.2	0.515	1.013

图 1-3 是由液态纯铁的结构因子计算得到的双体分布函数。双体分布函数是原子数密度随距离增大而在平均值附近上下振荡产生的干涉函数，它在 1 附近上下振荡，r 增大到某一值后趋于 1。假如样品是完全无序的，也就是说连短程序都不存在，那么双体分布函数应该为一条平行于横坐标，而纵坐标等于 1 的直线。图 1-3 至少可以观察到三个明显的波峰，这进一步地证明了在液态纯铁中存在着中程序。表 1-2 列出了液态纯铁结构因子曲线上第一峰位置 Q_1 和第二峰位置 Q_2，以及双体分布函数曲线上的第一峰位置 r_1 和第二峰位置 r_2。从表 1-2 可以看出，实验数据与文献[26]、[27]报道基本一致，看不出热循环对纯铁的液态结构有何影响。

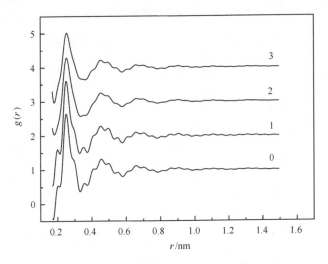

图 1-3　液态纯铁的双体分布函数

表 1-2　液态纯铁的结构因子和双体分布函数曲线上两个主峰的位置

热循环次数	Q_1/nm^{-1}	Q_2/nm^{-1}	Q_2/Q_1	r_1/nm	r_2/nm	r_2/r_1
0	30.0	53.0	1.77	0.255	0.460	1.80
1	30.0	53.0	1.77	0.260	0.505	1.94
2	29.5	53.0	1.80	0.260	0.505	1.94
3	29.5	52.0	1.76	0.260	0.505	1.94
文献[25]	29.8	54.6	1.83	0.258	0.480	1.86

　　双体分布函数的第一峰位置 r_1 表示原子间平均最近邻距离。如图 1-3 所示，液态纯铁的双体分布函数曲线在 0.260 nm 处出现尖锐的第一峰，在 0.505 nm 处出现较宽的第二峰，随后的峰逐渐衰减，$r>1$ nm 时基本为一直线。我们可由双体分布函数曲线来估计原子团 r_s 的大小。按通常的定义，当 $g(r)=1\pm0.02$ 时的最大 r 值为原子团半径 r_s。原子团近似为球形，则原子团的质量为

$$m_s = \rho V_s = \frac{4}{3}\rho\pi r_s^3 \tag{1-17}$$

式中，ρ 是质量密度，对于熔点附近的纯铁取 $\rho = 7.03$ g/cm$^{3[28]}$；V_s 是原子团的体积；r_s 是原子团的相关半径。原子团内所包含的原子数

$$n_s = \frac{Am_s}{M} \tag{1-18}$$

式中，A 是阿伏伽德罗（Avogadro）常量；M 是纯铁的摩尔质量。

　　图 1-4 是液态纯 Fe 的径向分布函数。利用式(1-15)，可由径向分布函数的第一峰面积求得配位数 N。表 1-3 列出了液态纯 Fe 的主要结构参数。

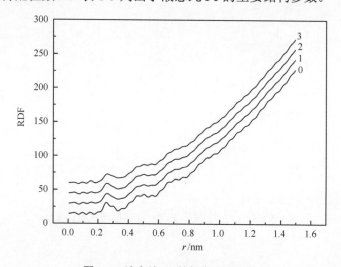

图 1-4　液态纯 Fe 的径向分布函数

表 1-3　液态纯 Fe 的主要结构参数

热循环次数	r_1/nm	N	n_s	r_s/nm
0	0.255	7.86	445	1.120
1	0.260	7.70	439	1.115
2	0.260	8.35	255	0.930
3	0.260	8.33	251	0.925
文献[25]	0.258	10.6	—	—
文献[26]	0.261	9.133	—	—

　　图 1-5 和图 1-6 分别是液态纯 Fe 原子团尺寸 r_s 和原子团簇内原子数目 n_s 随热循环次数的变化情况。r_s 和 n_s 都随着热循环次数的增多而减小，表明随着热循环次数的增加，原子团簇尺寸减小，无序区增大，熔体无序化程度升高。值得注意的是，在第一次热循环和第二次热循环之间的变化非常陡峭，说明在这两次循环之间可能发生了结构的突变。根据文献报道[29,30]，在 1600～1700℃，曾经观察到类似的纯 Fe 液态结构突变。尽管我们观察到的现象是否是结构突变还有待进一步证实，但是我们的实验结果说明对熔体进行热循环处理确实能够在一定程度上改变其液态结构，同时热循环的次数并不是越多越好，比如对于该实验第三次及其之后的热循环效果就很不明显。

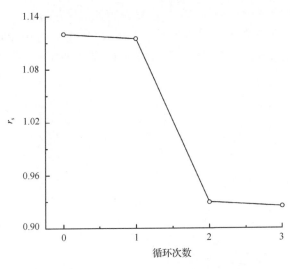

图 1-5　液态纯 Fe 原子团尺寸随热循环次数的变化

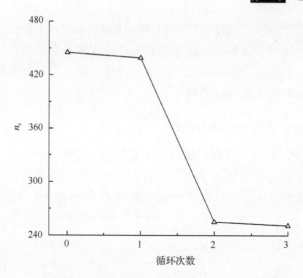

图 1-6 液态纯 Fe 原子团簇内原子数目随热循环次数的变化

　　根据作者的计算结果，配位数 N 在 8 左右(表 1-3)，非常接近纯 Fe 固态时的体心立方结构。纯 Fe 在高温下为 δ 相，即具有体心立方结构。因此，液态纯 Fe 保持有部分固态时的体心立方结构是合理的。根据表 1-3，液态纯 Fe 原子间最近邻距离约为 0.260nm，如果结构单元为体心立方，体对角线长度为 0.520nm，刚好与计算结果 d=0.515nm 吻合(表 1-1)。由于 d 表示相邻结构单元的中心原子距离，这意味着在原子团簇内部体心立方单元是按照共顶点方式组合的(图 1-7)，液态纯 Fe 的结构就是大量这样的原子团簇和无序区的混合。

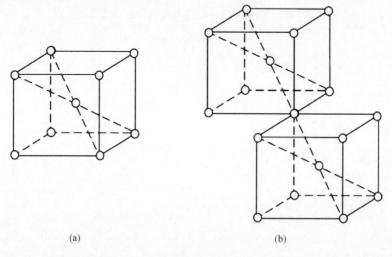

(a)　　　　　　　　　　　　(b)

图 1-7 液态纯 Fe 的体心立方结构单胞(a)及其共顶点组合结构(b)的示意图

液态纯 Fe 的热循环实验研究结果表明，随着热循环次数的增多，原子团内的原子数目和原子团尺寸都减小，液态纯铁无序化程度升高。由此可以推测，对于均质形核而言，热循环会提高纯铁形核的过冷度，并有利于提高纯铁均质形核核心的数量，进而细化纯铁的凝固组织。

1.2.2　Fe-C 二元合金的液态结构

利用 X 射线衍射法，作者还研究了质量分数为 Fe99.54%-C0.40%的二元合金的液态结构[31]。图 1-8 是液态 Fe-C 合金的 X 射线衍射强度曲线。图 1-9 是由 X 射线衍射强度数据得到的液态 Fe-C 合金的结构因子。从图 1-8 可以看出，液态 Fe-C

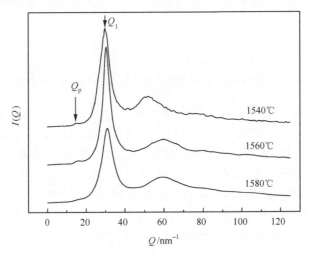

图 1-8　液态 Fe-C 合金的 X 射线衍射强度曲线

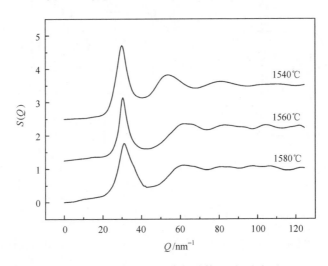

图 1-9　液态 Fe-C 合金的结构因子 $S(Q)$

合金的衍射图谱除了第一峰比较明锐外,其他的峰变得较为平坦。一般液体结构的特征是具有短程序,晶体则不仅具有短程序,还有长程序。在衍射强度曲线上,短程序主要表现在 $25\sim35nm^{-1}$ 内存在明锐的第一峰。在实空间,短程序表现在双体分布函数具有明锐的第一峰。

如图 1-8 所示,在 1540℃和 1560℃时,在 $Q=5\sim20nm^{-1}$ 内出现了预峰,说明在这两个温度下 Fe-C 合金中存在中程序。而在 1580℃时,几乎看不到预峰。不妨分析一下产生这种变化的原因。纯 Fe 的熔点约为 1539℃,含碳量为 0.4%的 Fe-C 二元合金的熔点约为 1505℃。因此,在 1580℃时,纯 Fe 的过热度约为 40℃,而含碳量为 0.4%的 Fe-C 二元合金的过热度达到 75℃。显然,在 1580℃时,含碳量为 0.4%的 Fe-C 二元合金的过热度远大于纯 Fe 的过热度。过热度增加造成液态金属的无序度增大,从而液态金属中不再有中程序,反映在衍射强度曲线上就是预峰消失。液态亚共晶铝铁合金的研究,证实未过热铝铁合金熔体的结构因子的小角部分出现预峰,高温过热后预峰消失[23]。由此可以断定,过热度增加是液态金属或合金中程序消失的直接原因。

图 1-10 和图 1-11 分别是液态 Fe-C 合金的双体分布函数和径向分布函数。它们的物理意义及相关结构参数的计算不再赘述。需要特别指出的是,由双体分布函数和径向分布函数得到的是平均最近邻距离 r_1 和平均配位数 N,而不是单独的 Fe-Fe 或 Fe-C 之间的键长和配位数。表 1-4 给出了 Fe-C 合金熔体的结构参数。如表 1-4 所示,在三个温度下原子间平均最近邻距离 r_1 基本相同。考虑到实验和计算所存在的误差,作者认为原子间平均最近邻距离约为 0.250nm。原因是 Fe-C 合金熔体中存在距离更近的 Fe-C 配位,使得原子间平均最近邻距离略小于纯 Fe。根据表 1-4,平均配位数 N、原子团尺寸 r_s 和原子团内原子数目 n_s 都随着温度的升高而减小。说明随着温度的升高,Fe-C 合金熔体的无序度增加。

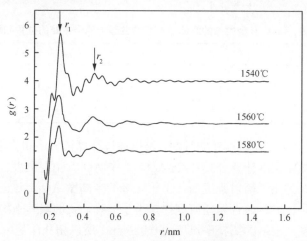

图 1-10　液态 Fe-C 合金的双体分布函数

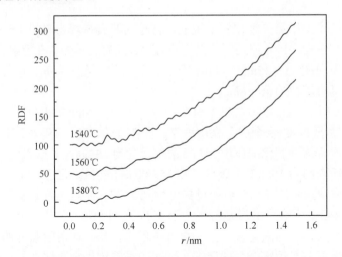

图 1-11 液态 Fe-C 合金的径向分布函数

表 1-4 Fe-C 合金熔体的主要结构参数

$T/℃$	r_1/nm	N	n_s	r_s/nm
1540	0.255	8.1	506	1.24
1560	0.250	7.7	467	1.23
1580	0.250	7.5	432	1.21

表 1-5 列出了双体分布函数曲线第一和第二主峰的峰位置 r_1、r_2，以及峰高 $g(r_1)$ 和 $g(r_2)$。从表中数据看不出在这些温度上 r_1 和 r_2 的变化趋势，但是峰高 $g(r_1)$ 和 $g(r_2)$ 随着温度的升高而降低。双体分布函数是原子数密度随距离增大而在平均值附近上下振荡产生的干涉函数，峰高随温度升高而降低说明平均配位数随温度升高而减小。

表 1-5 Fe-C 合金熔体的双体分布函数曲线上两个主峰的位置和峰高

$T/℃$	r_1/nm	$g(r_1)$	r_2/nm	$g(r_2)$
1540	0.255	2.69	0.460	1.28
1560	0.250	1.97	0.455	1.24
1580	0.250	1.90	0.455	1.15

液态 Fe-C 合金中是否存在中程序，可以通过计算拓扑序和化学序来证明。上文已经给出拓扑序尺度计算公式 $\zeta=2\pi/\Delta Q$，式中 ΔQ 为衍射强度曲线上第一峰的半高宽。表 1-6 列出了衍射强度曲线上第一峰的半高宽 ΔQ_1，这三个温度下的第一峰半高宽变化较大，而且无任何规律。为了准确，我们取其平均值 $6.78nm^{-1}$ 来计算拓扑序尺度，求得的拓扑序尺度为 0.926nm，所以拓扑序是中程序。

表 1-6　Fe-C 合金熔体衍射强度曲线的几个参数

$T/℃$	Q_p/nm^{-1}	Q_1/nm^{-1}	$\Delta Q_1/\mathrm{nm}^{-1}$
1540	14.8	29.85	6.79
1560	15.8	30.45	6.03
1580	—	30.98	7.51

化学序扩展范围与拓扑序尺度的计算公式相同，只是这时 ΔQ 表示预峰的半高宽。然而，从图 1-8 不能准确地得出预峰的半高宽，所以化学序的扩展范围目前没办法得到。但是，从前面对原子间平均最近邻距离和平均配位数等结构参数的分析，可以知道确实有 Fe-C 化合物生成，只是还不知道其确切结构。

考虑到 Fe-C 合金的碳含量只有 0.4%，原子团内主要是 Fe-Fe 配位，而不是 Fe-C 配位，把 Fe-C 熔体近似按照纯 Fe 处理更加合理。从表 1-4 中的平均配位数可以看出，原子团簇内具有体心立方结构单元。表 1-6 给出了 1540℃和 1560℃时衍射强度曲线上预峰的位置 Q_p，1580℃时预峰从图 1-8 中很难辨别，因此表中没有列出。把平均值 $Q_p \approx 15.3\mathrm{nm}^{-1}$ 代入式 (1-16)，得到相邻结构单元的中心原子距离 $d=0.505\mathrm{nm}$。Fe 原子间平均最近邻距离即体对角线长度的一半为 0.255nm，那么体心立方棱长为 0.294nm。体心立方的体对角线长度为 0.510nm，面对角线长度为 0.415nm。若体心立方单元为共享顶点连接 (图 1-7)，则体心原子间的距离为 0.510nm，这与 $d=0.505\mathrm{nm}$ 基本吻合，误差仅为 0.98%，较好地符合实验结果。最近的第一性原理计算研究表明[32]，C 含量在 0.5%以下时，液态 Fe-C 合金为体心立方结构的 δ 相，这与我们的实验结果完全一致。

综上所述，在近熔点温度范围内，Fe-C 合金熔体中存在中程序，但随着温度升高，中程序结构信息逐渐趋于消失。原因是过热度增加造成液态金属的无序度增大，从而液态金属中不再有中程序，反映在衍射强度曲线上就是预峰消失。Fe-C 合金熔体的配位数 N、原子团尺寸 r_s 和原子团内原子数目 n_s 都随着温度的升高而减小。这进一步说明随着温度的升高，Fe-C 合金熔体的无序度增加。在近熔点温度范围内，Fe-C 合金熔体中保持有大量的原子团簇。在液态 Fe-C 合金中既有 Fe-C 原子团簇，也有以体心立方结构配位的 Fe-Fe 原子团簇，体心立方单元按照共顶点方式组合，而在原子团簇间的原子则是完全无序排布的。

参 考 文 献

[1] Wernet Ph, Nordlund D, Bergmann U, et al. The structure of the first coordination shell in liquid water. Science, 2004, 304: 995-999.

[2] The news staff. Breakthrough of the year: The runners-up. Science, 2004, 306: 2013-2017.

[3] Debye P, Menke H. Study of molecular order in liquids by means of x-rays. Erg techn Röntgenkunde, 1931, 2: 1-22.

[4] Debye P, Menke H. The determination of the inner structure of liquids by x-ray means. Physikalische Zeitschrift, 1930, 31: 797-798.

[5] Debye P. Dielectric properties of pure liquids. Chemical Reviews, 1936, 19(3): 171-182.

[6] 边秀房, 刘相法, 马家骥. 铸造金属遗传性. 济南: 山东科学技术出版社, 1999.

[7] Narayanan L A, Samuel F H, Gruzleski J E. Crystallization behavior of iron-containing intermetallic compounds in 319 aluminum alloy. Metallurgical and Materials Transactions A, 1994, 25(8): 1761-1773.

[8] 毛裕文. 冶金熔体. 北京: 冶金工业出版社, 1994.

[9] 安阁英. 铸件形成理论. 北京: 机械工业出版社, 1990.

[10] 关绍康. 材料成型基础. 长沙: 中南大学出版社, 2009.

[11] Hoyer W, Jödicke R. Short-range and medium-range order in liquid Au-Ge alloys. Journal of Non-Crystalline Solids, 1995, 192/193(4): 102-105.

[12] 李先芬. 熔体结构转变及其对凝固的影响. 合肥: 合肥工业大学出版社, 2007.

[13] 边秀房, 王伟民, 李辉, 等. 金属熔体结构. 上海: 上海交通大学出版社, 2003.

[14] 许顺生. X 射线衍射学进展. 北京: 科学出版社, 1986.

[15] 克鲁格 H P, 亚历山大 L E. X 射线衍射技术. 盛世雄, 等译. 北京: 冶金工业出版社, 1986.

[16] 胡汉起. 金属凝固原理. 北京: 机械工业出版社, 2000.

[17] Qin J Y, Bian X F, Sliusarenko S I, et al. Pre-peak in the structure factor of liquid Al-Fe alloy. Journal of Physics: Condensed Matter, 1999, 10(6): 1211-1218.

[18] Hines A L, Chung T W. Prediction of liquid metal viscosities using an adjustable hard sphere radial distribution curve. Metallurgical and Materials Transactions B, 1996, 27(1): 29-34.

[19] Krishnan S, Ansell S, Price D L. X-ray diffraction on levitated liquids: application to liquid 80%Co-20%Pd alloy. Journal of Non-Crystalline Solids, 1999, 250(4): 286-292.

[20] Zhai Q J, Luo J, Zhao P. Effect of thermal cycle on liquid structure of pure iron at just above its melting point. ISIJ International, 2007, 44(8): 1279-1282.

[21] Elliott S R. Medium-range structural order in covalent amorphous solids. Nature, 1991, 354(6353): 445-452.

[22] Maret M, Pasturel A, Senillou C, et al. Partial structure factor of liquid $Al_{80}(Mn_x(FeCr)_{1-x})_{20}$ alloys. Journal de Physique, 1989, 50(3): 295-310.

[23] 秦敬玉, 边秀房, 王伟民, 等. 液态亚共晶铁铝合金结构因子的预峰. 科学通报, 1998, 43(13): 1445-1450.

[24] Červinka L. Several remarks on the medium-range order in glasses. Journal of Non-Crystalline Solids, 1998, 232-234: 1-17.

[25] Hajdu F. On the structure of glassy metals. I. X-ray diffraction measurements on Fe-B and Fe-Ni-B samples semi-empirical mathematical model of the structure. Physics Status Solidi A, 1980, 60(2): 365-374.

[26] 黄胜涛, 等. 非晶态材料的结构和结构分析. 北京: 科学出版社, 1987.

[27] 王焕荣, 叶以富, 王伟民, 等. 液态纯铁的微观原子模型. 科学通报, 2000, 45(14): 1501-1504.

[28] Iida T, Guthrie R I L. The Physical Properties of Liquid Metals. Oxford: Clarendon Press, 1993.

[29] Morita Z, Ogino Y, Kaito H, et al. On the structural change of liquid iron detected from density measurement. Journal of the Japan Institute of Metals and Materials, 1970, 34: 248-253.

[30] Adbelaziz A H. Effect of temperature on the structure of liquid-iron. Archiv Für Das Eisenhüttenwesen, 1981, 52: 317-320.

[31] Luo J, Zhai Q J, Zhao P, et al. The structure of liquid Fe-C alloy near the melting point. Canadian Metallurgical Quarterly, 2004, 43(2): 177-182.

[32] Sobolev A, Mirzoev A. Ab initio studies of the short-range atomic structure of liquid iron-carbon alloys. Journal of Molecular Liquids, 2013, 179(1): 12-17.

第 2 章
金属凝固的热力学及动力学基础

物质从液态转变为固态的过程称为凝固或结晶。在这个过程中，液态原子从长程无序状态变为具有周期性的有序结构。结晶和凝固这两个术语虽然指的是同一个状态变化过程，但它们的含义是有区别的。结晶是从物理化学角度出发，研究液态金属的生核、长大及结晶组织的形成规律。凝固则是从传热学角度出发，研究铸坯、铸锭和铸件的传热过程及其断面上凝固区域的变化规律，以及凝固方式与铸坯、铸锭和铸件质量的关系、凝固缺陷形成机制等。在特殊情况下，如果体系可以获得非晶结构[1]，这一结构同样具有长程无序的特点[2]，即液态金属原子在凝固过程中没有产生明显的周期性规则排列。因此，凝固过程未必会发生液态金属的形核和长大过程，即未必会发生结晶。本章着重讨论在凝固过程中发生形核长大过程的凝固热力学和动力学，以阐述金属凝固过程中的基本规律，从而为后续介绍金属凝固组织的形成及控制奠定必要的基础。

2.1 凝固热力学

凝固热力学的主要任务是研究在金属凝固过程中发生各种相变的热力学条件、平衡条件或非平衡条件下的固液两相内和固液界面上溶质分布、溶质平衡分配系数的热力学意义及压力、晶体曲率的影响等[3]。

以下将分别介绍纯金属的凝固、二元合金的稳定相平衡、溶质平衡分配系数、固液相界面成分等内容。

2.1.1 纯金属的凝固

从热力学观点看，物质总是自发地从自由能较高的状态向较低的状态转变。对金属结晶而言，当固体金属的自由能低于液体金属的自由能时，结晶过程才可能进行[4,5]。体系的体积自由能(G)是物质的状态函数，随物质的成分、结构、体积、温度和压强等而变化，G 可用下式表示：

$$G = H - TS \tag{2-1}$$

式中，H 为热焓；T 为热力学温度；S 为熵值。如果结晶过程是在恒压下进行的，则有

$$\left(\frac{\partial G}{\partial T}\right)_{P=常数} = -S \tag{2-2}$$

可见在恒压条件下体积自由能随温度的升高而降低，其降低速率取决于熵值的大小。由于液相的结构高度紊乱，具有更高的熵值，所以自由能 G_L 以更大的速率随着温度的上升而下降。纯金属液固相体积自由能 G_L 和 G_S 随温度的变化关系如图 2-1 所示[6]。

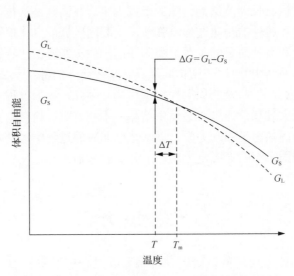

图 2-1　纯金属液固两相 Gibbs 自由能与温度的关系[6]

当 $T = T_m$ 时，$G_L = G_S$，固液两相处于平衡状态，T_m 即为纯金属的平衡结晶温度。当 $T > T_m$ 时，$G_L < G_S$，液相处于自由能更低的稳定状态，结晶不可能进行。只有当 $T < T_m$ 时，$G_L > G_S$，结晶才可能自发进行，这时两相自由能的差值 ΔG 就构成了相变(结晶)的驱动力

$$\Delta G = G_L - G_S = (H_L - H_S) - T(S_L - S_S) \tag{2-3}$$

当 $T = T_m$ 时，则有

$$(\Delta G)_{T=T_m} = \Delta H_m - T\Delta S_m = 0 \tag{2-4}$$

$$\Delta S_m = \frac{\Delta H_m}{T_m} \tag{2-5}$$

式中，$\Delta H_m = H_L - H_S$ 为结晶潜热；$\Delta S_m = S_L - S_S$ 为熔化熵。

通常结晶发生在熔点附近，焓与熵随温度而变化的数值可忽略不计，因此

$$\Delta G = \Delta H - T\Delta S = \Delta H_m\left(1 - \frac{T}{T_m}\right) = \frac{\Delta H_m \Delta T}{T_m} \tag{2-6}$$

式中，$\Delta T = T_m - T$ 为过冷度。

对于特定的金属，ΔH_m 与 T_m 为定值，则液态金属结晶的驱动力与过冷度有关。过冷度越大，结晶驱动力越大；液态金属温度高于平衡熔点或者过冷度为零时，结晶的驱动力不复存在。因此，液态金属不会在没有过冷度的情况下发生结晶。

2.1.2　二元合金的稳定相平衡

在恒温、恒压条件下，二元合金组成物质的量为 n_A、n_B 时，系统的 Gibbs 自由能可表示为[3]

$$G = \mu_A n_A + \mu_B n_B \tag{2-7}$$

若体系共有 1mol 物质，则用组元 A、B 的摩尔分数 x_A、x_B 代替 n_A、n_B，则系统的 Gibbs 自由能为[6]

$$G = \mu_A x_A + \mu_B x_B \tag{2-8}$$

在恒温、恒压及组元化学势恒定的情况下，对式 (2-8) 进行微分并整理，可得[3,6]

$$\mu_{A,B} = G + \left(1 - x_{A,B}\right)\frac{dG}{dx_{A,B}} \tag{2-9}$$

式 (2-9) 即为求二元合金某一组元化学势的切线规则，如图 2-2 所示。只要知道 G-x 曲线（图中 KEN 曲线），由 $x=x_B$ 点作切线，该切线与 $x_B=1$ 的 G 坐标截距 (BD) 即 μ_B。同理，该切线与 $x_B=0$ 的 G 坐标截距 (AT) 为 μ_A。

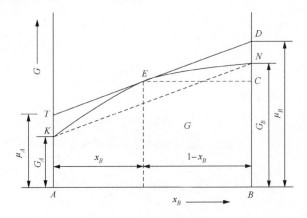

图 2-2 切线法求化学位

在相平衡时，每一组元在共存的各相中的化学势都必须相等。对于组元为 A、B 的二元合金，平衡条件为[6]

$$\mu_A^{\alpha} = \mu_A^{\beta} \tag{2-10}$$

$$\mu_B^{\alpha} = \mu_B^{\beta} \tag{2-11}$$

如图 2-3 所示，$G(\alpha)$ 及 $G(\beta)$ 分别为恒温恒压下 α 相及 β 相的 G 随成分变化的曲线，只有这两条曲线的公切线 $LNRM$ 才能满足式 (2-10) 及式 (2-11) 的相平衡条件。图 2-3 中对应于切点 N 及 R 的成分 C_{α}^{*} 及 C_{β}^{*}，即平衡时 α 及 β 相成分。当组元成分低于图中 C_{α}^{*} 时，α 相是稳定的；而当组元成分高于 C_{β}^{*} 时，β 相是稳定的；当成分介于 C_{α}^{*} 及 C_{β}^{*} 之间时，α 及 β 两相共存。在两相区 (CD) 内，体系的 Gibbs 自由能沿公切线 NR 变化，成分 $x_B = S$ 的合金，Gibbs 自由能为 ST，根据杠杆定律，α 及 β 相的量分别为 PQ/NQ 及 NP/NQ。

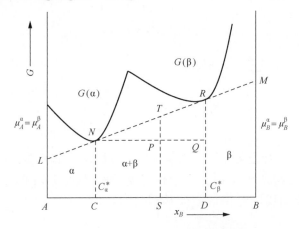

图 2-3 二元合金相平衡的公切线法

2.1.3　溶质平衡分配系数

合金的凝固过程一般在一个固液两相共存的温度区间内完成。在平衡凝固过程中，这一温度区间是从平衡相图中液相线温度开始，至固相线温度结束。随着温度下降，固相和液相的成分分别沿着固相线和液相线发生变化。因此，凝固过程中固液界面两侧溶质的浓度随凝固过程的进行而发生变化，即固液界面两侧都不断发生溶质再分配现象。金属凝固过程中的溶质再分配是导致凝固偏析的主要原因，掌握金属凝固中溶质再分配规律，对生产实践中控制各种凝固偏析具有重要意义。

在平衡相图中，某一温度下溶质在固液两相内的含量不同，为描述这一差异，提出了溶质平衡分配系数的概念，这一系数 k_0 为恒温下固相溶质浓度 C_S 与液相溶质浓度 C_L 达到平衡时的比值，即[3]

$$k_0 = \frac{C_S}{C_L} \tag{2-12}$$

在真实溶液及固溶体中，溶质 i 在固相和液相中的化学势分别为[3]

$$\begin{cases} \mu_i^S = \mu_{0i}^S(T) + RT\ln a_i^S \\ \mu_i^L = \mu_{0i}^L(T) + RT\ln a_i^L \end{cases} \tag{2-13}$$

式中，a 为活度；$\mu_{0i}(T)$ 为标准化学势，即在一个大气压及温度为 T 时 1mol 理想状态下组元 i 的自由焓。

固液两相平衡时，组元 i 的固相及液相的化学势相等，即[3]

$$\mu_{0i}^L(T) + RT\ln a_i^L = \mu_{0i}^S(T) + RT\ln a_i^S \tag{2-14}$$

由此可以推得溶质 i 的平衡系数 k_0^i 为[3]

$$k_0^i = \frac{f_i^L}{f_i^S} \exp\left[\frac{\mu_{0i}^L(T) - \mu_{0i}^S(T)}{RT}\right]\frac{1}{F} \tag{2-15}$$

$$F = \frac{\left(C_1^L / A_1\right) + \left(C_2^L / A_2\right) + \cdots + \left(C_i^L / A_i\right)}{\left(C_1^S / A_1\right) + \left(C_2^S / A_2\right) + \cdots + \left(C_i^S / A_i\right)} \tag{2-16}$$

式中，f_i 为组元 i 的活度系数；A_i 为组元 i 的相对原子质量。

二元合金的溶质平衡分配系数还可以用液相线斜率 m_L 及纯溶剂组元的潜热 ΔH_m 来计算，可以用下式表示[3]：

$$k_0 = 1 + \frac{\Delta H_m}{RT_m^2} m_L \tag{2-17}$$

溶质平衡分配系数的测定可按下述方法进行：在固液两相共存状态下的某一温度下保温，使固液两相内的溶质浓度各自达到均匀化后进行急冷，最后测定固体及液体区域内部的溶质浓度，求其比值即可。

2.1.4 固液相界面成分

在给定温度下，任一个成分为 C_L 的液体，热力学允许的可能形成固体的成分范围如图 2-4 所示[7]。作一个由 $\Delta G=0$ 曲线所环绕的面积($Oabep$)，曲线上右边的点 e 为平衡成分点，从液相自由能曲线取对固相自由能曲线的切线仅在一点上接触固相自由能曲线[图 2-5 中的切线 1][7]；当液相成分向左移动时(图 2-5 中的切线 2)，析出固相的成分范围先增后减，即由 $e{\rightarrow}b$，而后由 $b{\rightarrow}a$。含 B 组元最高的固相成分[$C(T_0)$处及图 2-5 中的切线 3]是两个自由能曲线相交的成分，表示仅有一个液相成分 $C(T_0)$ 能析出与此液相同成分的固相。如果此液相成分更高(或更低)，则此最大固相成分停止析出。图 2-4 中斜率为 1 的线 Ob 所表示的是无扩散转变，只有当液相成分低于此交叉成分时才可能发生。

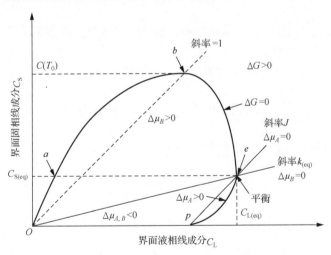

图 2-4 给定温度下与不同液相成分对应的可能的固相成分区[7]

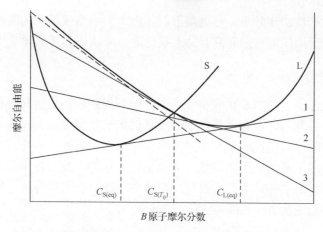

图 2-5 固液界面处不同液相成分相对应的固相成分范围[7]

在图 2-4 中的线 Oe 及线 pe 上，组元 A 及 B 的化学势 $\mu_A=0$ 及 $\mu_B=0$，在这两条线包围的区域（Oep 三角区域）内，凝固时将伴随组元的化学势降低，即 $\mu_A<0$ 及 $\mu_B<0$，在 G-C 曲线图上则表现为切液相自由能曲线的切线高于切固相自由能曲线的切线，两个组元在凝固时均独立地经历自由能的降低。

若组元的成分位于 $\Delta G=0$ 的曲线内而在 Oep 三角区域外，则切线将穿越固相的 G-C 曲线。它表示虽然凝固时总体自由能降低了，但其中某个组元会经历化学势的升高。在此区域内如果两组元不能够完全独立凝固，则该组元可能由于被前移的凝固前沿俘获，或由于凝固反应机制需要多组元参与而进入固相，虽然其化学势升高，但凝固过程将导致总体自由能的降低。

2.2 凝固动力学

金属的凝固过程包括从液态中形成晶核的形核和形核后晶体生长两个阶段。当一个个晶核长大形成晶粒并通过晶界完全连接在一起时，凝固过程就完成了。所以晶粒的尺寸、形貌和成分分布都与形核、长大过程密切相关。由于液态金属的形核不一定在同一时刻内发生和结束，所以液态金属的形核与晶体的长大又存在竞争关系。单位体积内晶核的多少决定着凝固组织晶粒尺寸大小，晶体的生长过程决定了晶粒的结构和形貌[8]。因此，分析金属凝固组织的形成和影响因素必须从晶体形核和生长开始。

2.2.1 形核

在金属凝固时，由于结晶的外界条件不同可能出现两种不同的形核方式：一种是均质形核，又称为均匀形核或自发形核；另一种是异质形核，又称为非均匀形核或非自发形核。实际上，金属凝固时，绝大多数金属熔体的形核方式为异质形核。然而对于均质形核的研究有助于我们进一步认识和理解异质形核过程。

1. 均质形核

所谓均质形核，指的是在液相中各个区域出现新相晶核的概率都是相同的。在一定的过冷条件下，即金属熔体的温度降低到液相温度以下，固相的体积自由能低于液相的体积自由能，且在此过冷熔体中将出现晶胚。但是，在形成晶胚的同时，晶胚构成了新的表面，造成界面自由能的增加，从而使系统的总自由能增加，因此阻碍了晶胚的形成。假设过冷熔体中出现一个半径为 r 的球形晶胚，其系统自由能的总变化 ΔG 可以由式(2-18)表示[9]

$$\Delta G = -\frac{4}{3}\pi r^3 \Delta G_V + 4\pi r^2 \sigma \tag{2-18}$$

式中，ΔG_V 为单位体积液固两相自由能差(形核驱动力)，J/m³；σ 为单位面积的固液界面能(界面张力)，J/m²。由式(2-18)可知，体积自由能的变化与晶胚半径的立方成正比，而界面能的变化与半径的平方成正比，其关系如图 2-6 所示。从图 2-6 可知，存在一临界晶胚半径 r_K，当结构起伏形成的晶胚半径小于 r_K 时，随晶胚尺寸增加，系统的自由能增加，因此晶胚趋向于尺寸减小，即该晶胚不能继续存活或长大；当结构起伏形成的晶胚半径大于 r_K 时，随晶胚尺寸增加，系统的自由能减小，晶胚就可以存活下来，并进一步长大成为晶核。

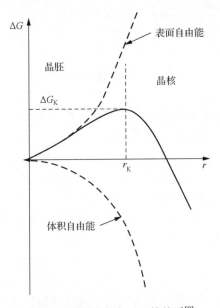

图 2-6 晶胚半径与 ΔG 的关系[9]

对式(2-18)进行微分并令其等于零,即可求出临界晶胚半径 r_K

$$r_K = \frac{2\sigma}{\Delta G_V} \tag{2-19}$$

将式(2-19)代入式(2-18),可得形成临界晶胚所需跨越的自由能势垒 ΔG_K

$$\Delta G_K = \frac{16\pi\sigma^3}{3\Delta G_V^2} \tag{2-20}$$

在此基础上,Turnbull[10]将实验和理论分析相结合,提出了均质形核过程中形核速率的表达式:

$$J_v = \Omega_v \exp\left(-\frac{K\sigma^3}{\Delta G_V^2 kT}\right) \tag{2-21}$$

式中

$$\Omega_v = n\left(\frac{kT}{h}\right)\exp\left(-\frac{\Delta G_A}{kT}\right) \tag{2-22}$$

J_v 为形核速率,$s^{-1}\cdot m^{-3}$;n 为单位体积熔体内的原子数,m^{-3};K 为晶核形状因子,对于球形晶胚,其形状因子为 $16\pi/3$;ΔG_A 为金属原子通过固液界面的扩散激活能,J/m^3;T 为形核温度,K;k 为玻尔兹曼常量;h 为普朗克常量;Ω_v 为前置因子,其值大约为 $10^{39\pm1} s^{-1}\cdot m^{-3}$[10]。

当忽略固态与液态之间的比热差后,ΔG_V 与过冷度呈线性关系[10]

$$\Delta G_V = \frac{\Delta H_V \Delta T}{T_m} \tag{2-23}$$

式中,ΔH_V 是单位体积熔体的熔化焓,J/m^3;ΔT 是过冷度,K;T_m 是金属的熔化温度,K。

将式(2-23)、式(2-22)代入式(2-21),则可以得到均质形核过程中形核速率的一般表达式

$$J_v = n\left(\frac{kT}{h}\right)\exp\left(-\frac{\Delta G_A}{kT}\right)\exp\left(-\frac{16\pi\sigma^3 T_m^2}{3\Delta H_V^2 \Delta T^2 kT}\right) \tag{2-24}$$

2. 异质形核

所谓异质形核，是指依靠外来质点或型壁界面提供的衬底进行的形核过程，在液相中某些区域出现新相的机会优先液相中的其他区域[9]，因此也称为非均质形核。在金属凝固形核过程中，很难避免杂质的存在[11,12]，这就导致了异质形核过程的出现。这些杂质起到了促进形核的作用，原因是它们作为形核的衬底，减小了形核所造成的界面能的增加，从而降低了形核所需跨越的势垒。

根据经典形核理论，异质形核速率 J_i 可以表示为[13]

$$J_i = \Omega_i \exp\left(-\frac{\Delta G_K f(\theta)}{kT}\right) \tag{2-25}$$

式中，J_i 表示不同异质形核方式的形核速率，其中 J_a 表示表面诱导异质形核(异质形核位置分布于过冷熔体表面)形核速率，J_s 表示体积诱导异质形核(异质形核位置分布于过冷熔体内部)速率；相应的前置因子 Ω_i 也对应不同的形核方式；$f(\theta)$ 为接触角因子，其表达式为

$$f(\theta) = \frac{1}{4}\left(2 - 3\cos\theta + \cos^3\theta\right) \tag{2-26}$$

其中，θ 为固相、液相及基体界面之间的接触角，如图 2-7(a)所示。当 $\theta = 0$ 时，异质形核的球冠体积等于 0，表示完全润湿；当 $\theta = 2\pi$ 时，异质晶核为一球体，表示完全不润湿，此时即为均质形核。如图 2-7(b)所示，当接触角 θ 远大于曲率界面与平界面的夹角 ϕ 时，过冷液滴的表面曲率可以忽略[14]。

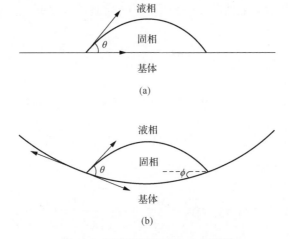

图 2-7 异质形核接触角示意图[14]
(a)基体为平界面；(b)基体为弯界面

对于表面诱导异质形核，即形核是从液滴或者液态金属的表面开始产生，其前置因子 Ω_a 可以用下式表示[10]：

$$\Omega_a = N_a \left(\frac{kT}{h} \right) \exp \left(-\frac{\Delta G_A}{kT} \right) \tag{2-27}$$

式中，N_a 表示界面处原子数，即潜在的表面形核的形核位置数，或称为形核密度，m^{-2}。Turnbull[10] 的研究表明，大部分金属在凝固温度时，$\exp(-\Delta G_A/(kT))$ 项为 10^{-2}，前置因子 Ω_a 大约为 $10^{29\pm1}s^{-1}\cdot m^{-2}$。

对于体积诱导异质形核，其前置因子 Ω_s 可以用下式表示：

$$\Omega_s = N_s \left(\frac{kT}{h} \right) \exp \left(-\frac{\Delta G_A}{kT} \right) \tag{2-28}$$

式中，N_s 表示潜在的体积形核的形核位置数，m^{-3}。由于 $\exp(-\Delta G_A/(kT))$ 项很难通过实验手段测试获得，Herlach 和 Gillessen[15] 对体积形核的前置因子 Ω_s 进行了一定的校正，校正公式如下：

$$\Omega_s = N_s \frac{kT}{3\pi a_0^3 \eta} \tag{2-29}$$

式中，a_0 是金属的原子半径，m；η 是与温度相关的黏度，$Pa\cdot s$，在近似条件及中等过冷度的情况下，黏度随温度的变化与形核驱动力随温度的变化相比可以忽略[15]。

近年来，通过对单个金属微滴体积形核的研究，前置因子的影响因素得以进一步明确[16-18]。Perepezko 和 Wilde 等[17,18] 对单个金属微滴体积形核进行了一定的研究，其所得的前置因子 Ω_s 为

$$\Omega_s = N_s \frac{D_L}{a_0^2} \frac{2\pi r_K^2 (1-\cos\theta)}{a_0^2} \tag{2-30}$$

式中，D_L 是金属液态扩散率，m^2/s。

当金属液分散为液滴时，由于液滴本身尺寸的减小，单位体积内含有的异质形核核心数大大减少，异质形核会逐渐向均质形核转变。通过这两种不同的形核机理在过冷熔体中产生的晶核数分别是 $J_a At$ 和 $J_v Vt$。其中，V 和 A 分别是过冷熔体的体积及表面积，t 是形核时间。假设这两种形核速率的比值等于熔体体积与其表面积之比，即 $J_a/J_v=V/A$，那么两种形核速率的比值可用下式表示[13]：

$$\frac{J_{\mathrm{a}}}{J_{\mathrm{v}}} = \frac{\Omega_{\mathrm{a}}}{\Omega_{\mathrm{v}}} \exp\left\{ \frac{\Delta G_{\mathrm{K}}}{kT} \left[1 - f(\theta) \right] \right\} \tag{2-31}$$

假定 $\Delta G_{\mathrm{K}} \approx 60kT$，$J_{\mathrm{a}}/J_{\mathrm{v}}$ 与接触角 θ 的关系可以由图 2-8 表示。对于直径为 20μm 的微滴，如果认为其整个表面都为活化表面，即异质核心形核界面，则 $V/A = 3.3 \times 10^{-4} \mathrm{cm}$，异质形核向均质形核转变的临界接触角为 118°，如图 2-8 所示。当 $\theta = 118°$ 时，此微滴可能发生异质形核或者均质形核。如果能够消除熔体中触发形核的因素，如熔体内部的杂质、熔体的表面氧化、熔体与器壁的接触等因素，那么熔体的形核完全来自其自身的能量起伏和结构起伏(相起伏)。熔体的形核方式将由异质形核转变为均质形核，从而使熔体的过冷度大大增大。一般认为，此时熔体的极限过冷度为金属及合金熔点的 0.2 倍[9]。然而，后来的一些实验结果表明，通过控制金属微滴的尺寸、冷却速率及运用表面涂层、无容器悬浮技术，金属的过冷度可以大于 $0.2T_{\mathrm{m}}$ 的理论值[19-21]。对于传统体材料的理论凝固过冷度，最大可以达到其熔点的 2/3，即 $\Delta T = 0.67T_{\mathrm{m}}$[22]。若材料的尺寸小至纳米尺度范围，其可获得的最大过冷度甚至可能突破体材料的理论最大过冷度[23]。Parravicini 等[24]在对纳米金属 Ga 粒子的研究中获得的最大过冷度可以达到 $0.7T_{\mathrm{m}}$。

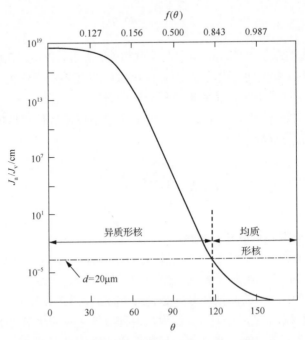

图 2-8　直径为 20μm 微滴的表面诱导异质形核速率与均质形核速率的比值和接触角的关系[13]

2.2.2 晶核生长

1. 固液界面结构

晶核形成后，紧接着就是长大过程。为使其继续长大，液相原子须向晶核表面堆砌。液相原子向晶核表面堆砌方式及速率与晶核表面结构有关，因此晶体长大方式及速率与晶核表面结构有关。通常，从微观原子尺度来看，晶核表面结构可划分为完整光滑界面、非完整光滑界面、粗糙界面等类型，界面类型及分类方法可见表 2-1。

表 2-1 界面类型及分类方法[7]

界面的分类依据及命名		第一类界面	第二类界面
据几何结晶学分类		密积晶面、低指数面	非密积界面、高指数面
据界面能极图分类		奇异面	非奇异面
据相变熵分类	单层界面模型	光滑界面	粗糙界面
	多层界面模型	锐变界面	弥散界面

所谓完整光滑界面指的是界面从原子层次看，没有凹凸不平的现象，固液相间发生突变(锐变)。完整光滑界面是在界面上除了有位错露头点外，再没有凹凸不平的现象。如图 2-9 所示，对于光滑界面(小平面、奇异面)长大，其具有宏观上锯齿状的固液界面，显示出结晶面的特征，且由于不同晶面长大的速度不一致，形成有棱角的形态特点。

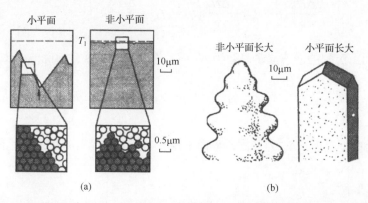

图 2-9 粗糙界面(非小平面)和光滑界面(小平面)(a)及其长大后的形貌(b)[7]

所谓粗糙界面指的是在界面上有凹凸不平的现象。如图 2-9 所示，对于粗糙界面(非小平面、非奇异面)长大，其具有宏观上平整的固液界面，不显示出任何结晶面的特征，且原子在向固液界面上附着时是各向同性的。

需要注意的是，光滑界面和粗糙界面的定义主要取决于界面衡量的空间尺度。在原子尺度的光滑界面，在宏观上看可能是凹凸不平的。同样地，原子尺度上的粗糙界面，由于界面的凹凸不平仅是原子尺度范围的，因此在宏观上可能显示为平整的界面。

为了方便讨论，假设晶体与界面层相邻的一层为晶体表面层，且固相原子与液相原子间都没有交互作用。

设液固转变时的体积差 $\Delta V=0$，固液界面上 N 个可能原子位置中都有原子沉积时，若表面层的配位数为 η，与下层固体原子联系的配位数为 η_0，则界面层原子的结合能可表示为[6]

$$\frac{\Delta H_0}{v}(\eta + \eta_0) \tag{2-32}$$

式中，ΔH_0 为一个固体原子所具有的结合能；v 为固体内部一个原子的配位数。

设界面上 N 个原子位置中只有 N_A 个原子，则界面上只有 $x = N_A/N$ 分数的原子，界面层原子的结合能应该表示为

$$\frac{\Delta H_0}{v}(\eta x + \eta_0) \tag{2-33}$$

因此，原子排列不满而造成的(即小平面与非小平面间)结合能差为[6]

$$\frac{\Delta H_0}{v}(\eta + \eta_0) - \frac{\Delta H_0}{v}(\eta x + \eta_0) = \frac{\Delta H_0}{v}\eta(1-x) \tag{2-34}$$

当界面上沉积的液态原子总数为 Nx 时，系统的 Gibbs 自由能的变化为[6]

$$\Delta G = Nx\frac{\Delta H_0}{v}\eta(1-x) - T\Delta S \tag{2-35}$$

式中，T 为凝固温度；ΔS 为凝固时界面上原子与空位的紊乱排列所引起的组态熵的变化。

ΔS 可表示为[6]

$$\Delta S = -Nk\left[x\ln x + (1-x)\ln(1-x)\right] \tag{2-36}$$

式中，k 为玻尔兹曼常量。

将式(2-36)代入式(2-35)，并令 $T=T_m$（熔化温度），整理得[6]

$$\frac{\Delta G}{NkT_m} = \alpha x(1-x) + x\ln x + (1-x)\ln(1-x) \tag{2-37}$$

式中

$$\alpha = \frac{\Delta H_0}{kT_m}\left(\frac{\eta}{\nu}\right) \tag{2-38}$$

其中，α 称为界面相变熵，或称为 Jackson 因子。

式(2-37)表示固液界面的相对自由能变化 $\Delta G/(NkT_m)$ 与界面原子沉积概率 x 的关系（图 2-10）。从图中可知，对于不同的相变熵 α，界面相对自由能曲线的形状不同。当 $\alpha \leqslant 2$ 时，ΔG 在 $x=0.5$ 时有一个最小值，即界面有 50%的空位被原子占据，属于非小平面长大[图 2-9(b)]；当 $\alpha > 2$ 时，在 x 值接近于 0 和 1 时，ΔG 有最小值，这表示界面上有很多空位未被原子占据，或全部空位均被原子占据，属于小平面长大[图 2-9(b)]；当 α 非常大时，ΔG 的最小值在近于 0 和 1 的位置出现。

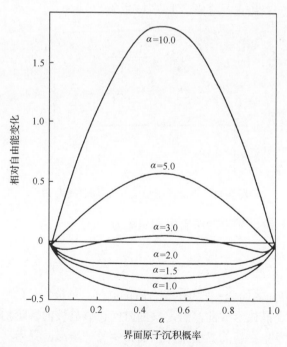

图 2-10　不同 α 值时相对自由能变化与界面上原子沉积概率的关系[7]

2.2.3 晶体生长的界面动力学

晶体生长的界面动力学理论主要研究的是在不同生长条件下的晶体生长机制，研究生长速率与生长驱动力之间的关系。如前所述，晶体的界面微观结构决定了它的生长机制，而生长机制又决定了晶体生长所遵循的动力学规律。可见，界面的动力学规律与界面的微观结构是密切相关的。以下将介绍界面动力学的主要理论。

1. 光滑界面生长

光滑界面生长主要分为两种机制，即二维形核生长机制和位错生长机制。

1) 二维形核生长机制

所谓二维形核生长是指生长台阶源为二维晶核而不是位错中心的生长。二维形核生长首先需要在生长界面上形成二维临界晶核，使其出现台阶生长[1]，如图 2-11 所示。其生长取决于两个因素，一个是二维晶核的形核速率 J，另一个是台阶的横向扩展速率 v。如果形核速率很小而台阶的横向扩展速率很大，一旦形成一个二维晶核，就会很快地形成一个新的结晶层，即单核生长。反之，生长界面会有很多的二维晶核生长，即多核生长。

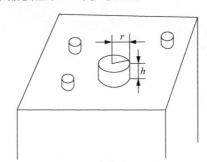

图 2-11　在晶面上形成二维晶核(高为 h)

当以单核生长时，晶面的法向生长速率为[7]

$$R \approx hJS \tag{2-39}$$

式中，S 为光滑界面的面积；h 为生长台阶的高度。单核生长的特点是，二维晶核形成后，在第二个晶核形成前，有足够的时间让该晶核的台阶扫过整个晶面，于是下一次形核将发生在新的界面上，因而每生长一层晶面只用了一个二维晶核，且晶面的法向生长速率与生长界面的面积成正比。

当以多核生长时，其生长速率为[7, 25]

$$R \approx hJ^{1/3}v^{2/3} \tag{2-40}$$

多核生长的特点是，单核的台阶扫过晶面所需的时间远大于连续两次成核的时间间隔，因而同层晶面的生长由多个晶核完成，如图 2-12 所示。

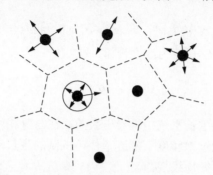

图 2-12　多核生长示意图

2) 位错生长机制

考虑在生长界面上只有一个螺旋型位错露头点的情况，在一定的驱动力下，如果假定台阶的形状为阿基米德螺旋线 (图 2-13) 且台阶达到稳定态，则晶体生长的过程将是该台阶以等角速度 ω 绕露头点旋转。若光滑界面的面间距为 d，则生长速率为[25, 26]

$$v = A\sigma'^2 \tan d\left(\frac{\sigma'_1}{\sigma'}\right) \tag{2-41}$$

式中，A 为动力学系数；σ'_1 的表达式为[25, 26]

$$\sigma'_1 = \frac{2\pi r}{kTx} \tag{2-42}$$

σ' 为液相的过饱和度；x 为吸附原子的平均自由程；r 为二维晶核的临界半径。

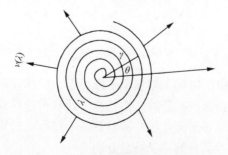

图 2-13　阿基米德螺旋线形状

当液相过饱和度 σ' 较小时，即 $\sigma' \ll \sigma_1'$ 时，$\tan d(\sigma_1'/\sigma') \approx 1$，则螺旋型位错生长机制的动力学规律为抛物线规律，即

$$V = A\sigma'^2 \tag{2-43}$$

而当液相过饱和度 σ' 较大时，即 $\sigma' \gg \sigma_1'$ 时，$\tan d(\sigma_1'/\sigma') \approx \sigma_1'/\sigma'$，则螺旋型位错生长机制的动力学规律为线性规律，即

$$V = A\sigma_1'\sigma' \tag{2-44}$$

以上结果是从气相生长系统中推导出来的，在与气相生长系统相类似的溶液生长系统及在高的液相过饱和度下螺旋型位错机制的生长动力学规律呈线性，而在低过饱和度下减弱为抛物线规律。

2. 粗糙界面生长

在粗糙界面上的任何位置，其吸附原子所具有的势能是相等的，因而其界面上的所有位置均为生长位置，这种生长方式是连续过程。大多数金属熔体的生长机制是粗糙界面生长。

粗糙界面上的任何原子均具有同样的位能，因此原子离开晶格位置(熔化)和熔体原子进入晶格位置(凝固)的过程同时且相互独立地进行。此种生长机制可以随机地直接向晶格位置堆砌，称为粗糙界面生长(连续生长)机制。图 2-14 为单个原子在界面附近自由能的变化。其中 $\Delta\varphi$ 为在平衡位置上晶体原子和液相原子的自由能差，$\Delta\varphi_S$ 为晶相原子移动时所需的激活自由能，$\Delta\varphi_L$ 为液相原子移动时所需的激活自由能，$\Delta\varphi_1$ 为一个液相原子转变为一个晶相原子所需的激活能。

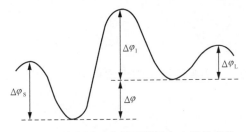

图 2-14　单个原子在界面附近自由能的变化

由于在凝固过程中，微观上溶质原子既可以由固相向液相迁移，同时更多的溶质原子又可以由液相向固相迁移，溶质原子迁移数量的差别决定了凝固进程的快慢。因此有必要对二者进行比较，即对这两个过程进行原子通量计算。由晶相进入液相及由液相进入晶相的原子通量分别为[7]

$$J_{SL} = \frac{kT}{h} \exp\left(-\frac{\Delta\varphi_1 + \Delta\varphi}{kT}\right) \tag{2-45}$$

$$J_{LS} = \frac{kT}{h} \exp\left(-\frac{\Delta\varphi_1}{kT}\right) \tag{2-46}$$

式中，h 为普朗克常量。由上述两式可得液相到晶相的净原子通量

$$J_0 = J_{LS} - J_{SL} = \frac{kT}{h}\left[\exp\left(-\frac{\Delta\varphi_1}{kT}\right)\right]\left[1 - \exp\left(-\frac{\Delta\varphi}{kT}\right)\right] \tag{2-47}$$

若原子堆砌一层的厚度为 x，则晶体的法向生长速率为[7]

$$v = J_0 x = \frac{dkT}{h}\left[\exp\left(-\frac{\Delta\varphi_1}{kT}\right)\right]\left[1 - \exp\left(-\frac{\Delta\varphi}{kT}\right)\right] \tag{2-48}$$

当生长温度接近于平衡温度 T_m 时，有 $\Delta\varphi \ll kT$，则式 (2-48) 指数项 $\exp(-\Delta\varphi/kT)$ 可展开为级数并只取前两项，即[7]

$$\exp\left(-\frac{\Delta\varphi}{kT}\right) = 1 - \frac{\Delta\varphi}{kT} \tag{2-49}$$

将式 (2-49) 代入式 (2-48)，可得

$$v = \frac{x}{h}\Delta\varphi \exp\left(-\frac{\Delta\varphi_1}{kT}\right) \tag{2-50}$$

式 (2-50) 即为粗糙界面生长动力学规律的表达式，可以看出生长速率 v 和驱动力 $\Delta\varphi$ 之间满足线性规律。

以上是从微观界面角度考察晶体长大过程的影响因素。从液态金属凝固整体考虑，晶体生长除了与上文中提及的微观结构等参数相关之外，还与液态金属的凝固速度及过冷度等外部因素密切相关。Kurz 和 Trivedi 系统研究了液态金属凝固结晶的影响因素，提出在过冷液体中，晶体长大速率可用下式表示：

$$R = \frac{\Gamma / \sigma^*}{\left\{2P\left[\dfrac{k\Delta T_0}{1 - (1-k)\mathrm{Iv}(P)}\right]\xi_c + P_t\left(\dfrac{\Delta H / c_L}{\beta}\right)\xi_L\right\}} \tag{2-51}$$

式中，R 为枝晶尖端长大速率，反映晶体生长的快慢；Γ 为 Gibbs-Thomson 系数；σ^* 为固溶常数；P 为枝晶尖部的溶质 Peclet 数；k 为溶质平衡分配系数；ΔT_0 为平衡溶质为 C_0 处的液固相线之间的温度范围；$\mathrm{Iv}(P)$ 为 P 的 Ivantsov 方程；ξ_c 为溶

质 Peclet 数方程；P_t 为传热 Peclet 数；ΔH 为单位体积熔化焓，单位为 J/m^3；c_L 为液相中的溶质含量，%；β 为 $0.5[1+(K_S/K_L)]$，K_S 和 K_L 分别是固相和液相中的热传导率，单位 $W/(K \cdot m)$；ξ_L 为液相中导热 Peclet 数方程。

根据式(2-51)，Kurz 获得了过冷体系中枝晶尖部生长速率与过冷度的关系图 (图 2-15)[27]。随着凝固过冷度的提高，晶体长大速率明显加快。

由此可见，晶体的生长是一个复杂的过程，受众多因素的影响和制约。因此对于不同情况下的金属凝固过程，需要考虑凝固过程中的内因和外因，从而获得对特定金属凝固过程规律及内部机制的客观认识。

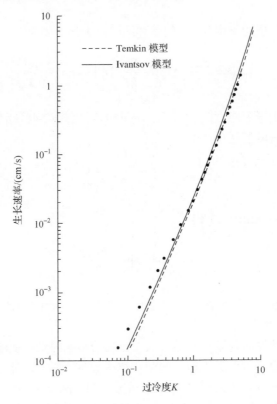

图 2-15　过冷体系中枝晶尖部生长速率与过冷度的关系图

参 考 文 献

[1] Klement W J, Willens R H, Duwez P. Non-crystalline structure in solidified gold-silicon alloys. Nature, 1960, 187: 869, 870.

[2] Hufnagel T C. Amorphous materials: Finding order in disorder. Nature Materials, 2004, 3: 666, 667.

[3] 胡汉起. 金属凝固原理. 北京: 机械工业出版社, 2000.

[4] 王家炘. 金属的凝固及其控制. 北京: 机械工业出版社, 1983.

[5] 安阁英. 铸件形成理论. 北京: 机械工业出版社, 1990.

[6] 马幼平, 许云华. 金属凝固原理及技术. 北京: 冶金工业出版社, 2008.

[7] 傅恒志, 郭景杰, 刘林, 等. 先进材料定向凝固. 北京: 科学出版社, 2008.

[8] 程天一, 张守华. 快速凝固技术与新型合金. 北京: 宇航出版社, 1990.

[9] 崔忠圻. 金属学与热处理. 北京: 机械工业出版社, 2000.

[10] Turnbull D. Formation of crystal nuclei in liquid metals. Journal of Applied Physics, 1950, 21(10): 1022-1028.

[11] Cantor B. Heterogeneous nucleation and adsorption. Philosophical Transactions of the Royal Society A, 2003, 361: 409-417.

[12] Schulli T U, Daudin R, Renaud G, et al. Substrate-enhanced supercooling in AuSi eutectic droplets. Nature, 2010, 464(7292): 1174-1177.

[13] Liebermann H H. Rapidly Solidified Alloys: Processes, Structures, Properties, Applications. Boca Raton: CRC Press, 1993.

[14] Kim W T, Zhang D L, Cantor B. Nucleation of solidification in liquid droplets. Metallurgical and Materials Transactions A, 1991, 22A: 2487-2501.

[15] Herlach D M, Gillessen F. Pd$_3$Si nucleation in undercooled Pd-Cu-Si melts. Journal of Physics F (Metal Physics), 1987, 17(8): 1635-1644.

[16] Yang B, Gao Y L, Zou C D, et al. Repeated nucleation in an undercooled tin droplet by fast scanning calorimetry. Materials Letters, 2009, 63(28): 2476-2478.

[17] Wilde G, Sebright J, Perepezko J. Bulk liquid undercooling and nucleation in gold. Acta Materialia, 2006, 54(18): 4759-4769.

[18] Uttormark M J, Zanter J W, Perepezko J H. Repeated nucleation in an undercooled aluminum droplet. Journal of Crystal Growth, 1997, 177: 258-264.

[19] Graves J A, Perepezko J H. Undercooling and crystallization behaviour of antimony droplets. Journal of Materials Science, 1986, 21(12): 4215-4220.

[20] Li D, Eckler K, Herlach D M. Undercooling, crystal growth and grain structure of levitation melted pure Ge and Ge-Sn alloys. Acta Materialia, 1996, 44(6): 2437-2443.

[21] Li D, Eckler K, Herlach D M. Development of grain structures in highly undercooled germanium and copper. Journal of Crystal Growth, 1996, 160(1/2): 59-65.

[22] Gao Y L, Guan W B, Zhai Q J, et al. Study on undercooling of metal droplet in rapid solidification. Science in China Series E, 2005, 48(6): 632.

[23] Schwind M, Zhdanov V P, Zoric I, et al. LSPR study of the kinetics of the liquid-solid phase transition in Sn nanoparticles. Nano Letters, 2010, 10(3): 931-936.

[24] Parravicini G B, Stella A, Ghigna P, et al. Extreme undercooling (down to 90K) of liquid metal nanoparticles. Applied Physics Letters, 2006, 89(3): 033123.

[25] 闵乃本. 晶体生长的物理基础. 上海: 上海科学技术出版社, 1982.

[26] 姚连增. 晶体生长基础. 合肥: 中国科学技术出版社, 1995.

[27] Trivedi R, Kurz W. Dendritic growth. International Materials Reviews, 1994, 39(2): 49-74.

第 3 章

金属凝固组织的形成与影响因素

金属凝固过程影响金属凝固组织和成分分布，进而影响金属材料的性能。本章主要探讨金属凝固组织的形成过程和影响因素。

3.1 金属凝固组织的典型形态

由于凝固环境复杂多变，金属凝固组织的晶粒形态、大小和分布呈现多种多样的形式，很难逐一对其进行分析和介绍。本章将对最典型的凝固组织的形成和影响因素进行详细分析，其结果可以推广到对其他类型凝固组织的形成和影响因素的理解。

典型的铸锭、铸件和铸坯凝固组织包括表面激冷晶区、中间柱状晶区和中心等轴晶区，如图 3-1 所示[1]。虽然说它是典型的铸锭凝固组织，但不是所有的铸锭、铸件和铸坯都包括这三个区域的组织，而是它们都由三个区域组织形态中的一个、两个或者三个组成。因此认识了三个区域的形成过程就不难理解特定铸锭、铸件和铸坯凝固组织的形成。下面介绍这三个区域凝固组织的特征和形成过程。

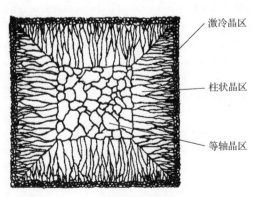

激冷晶区

柱状晶区

等轴晶区

图 3-1　典型铸锭的组织形态[1]

3.1.1 激冷晶区

表面激冷晶区靠近型壁的外壳层，由无规则排列的细小等轴晶粒组成。表面激冷晶区的形成过程是，当液态金属浇入温度较低的铸型后，与型壁接触的金属液体受到型壁的急速冷却而获得很大的过冷，同时型壁又可能作为液态金属异质形核的衬底对形核有显著促进作用，于是在紧邻型壁的液体中产生了大量的晶核。这些晶核在过冷熔体中迅速生长并互相抑制，从而形成了无规则的表面等轴晶组织[2,3]。因此，激冷晶区晶粒大小和激冷晶区的宽度，不仅取决于型壁和金属液异质形核的能力，还与液体的过热度、铸型温度、熔体和铸型的热学性质所决定的过冷度有关[4]。在实际生产中，金属液的流动对激冷晶区的形成有重要影响。当金属液有比较强烈的流动时，铸型激冷所形成的激冷晶可能会受到冲刷从型壁上脱落，漂移到金属熔体内部，使激冷晶区减小。

3.1.2 柱状晶区

柱状晶区是由垂直于型壁、彼此平行排列的柱状晶组成的区域，它从表面激冷细晶区发展而来，并结束于内部等轴晶区。随着型壁附近激冷区的形成，铸型逐渐变热，对液态金属的冷却作用减弱。此时只有处在凝固界面前沿很窄的一层液体金属存在过冷，很难生成新的晶核，同时液态金属的散热是沿着垂直于型壁方向进行的。此外，由于晶体的生长速率存在各向异性，最大生长速率方向与热流方向平行的那些晶体，较之其他取向的枝晶生长得更为迅速，从而抑制了相邻晶体的生长而优先长大(我们把这种现象叫作择优生长)，并发展成柱状晶组织[5,6]。

柱状晶形成后，如果凝固界面前方始终未能形成足够数量的等轴晶，则柱状晶区一直延伸到铸锭(件)中心，直到与对面型壁长出的柱状晶相遇，形成所谓的穿晶组织。如果凝固界面前方重新形成了一定数量的等轴晶，随着这些等轴晶的长大，会阻止柱状晶区的进一步扩展而在铸锭(件)内部形成中心等轴晶区[7]。

3.1.3 等轴晶区

这里介绍的等轴晶区一般位于铸锭中心，因此也称为中心等轴晶区，由粗大等轴晶粒组成。关于中心等轴晶区的形成，通常认为需要两个条件，一是中心熔体处于一定过冷状态；二是中心熔体中存在大量晶核来源。关于中心等轴晶区的形成机制，争议较大的就是中心熔体晶核的来源，存在以下数种假说。

第一种是成分过冷形核理论，由 Winegard 和 Chalmers 等在 20 世纪 50 年代提出 [8]。他们认为，随着凝固层向内推进，固相的散热能力越来越弱，熔体内温度梯度越来越小，而液固界面前沿熔体中的溶质富集程度越来越大，从而引起成分过冷逐渐增大。当成分过冷达到足以使熔体依托内部异质质点发生大量的非均质形核时，便导致内部等轴晶区形成[4]，如图 3-2 所示。

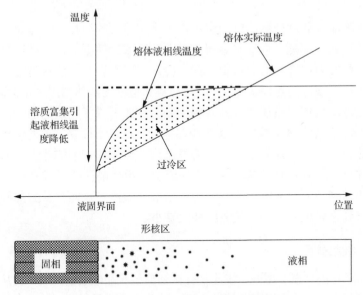

图 3-2　成分过冷形核原理示意图

　　第二种是激冷晶粒游离理论。激冷晶粒游离理论最初由 Genders 等在 1926 年提出[9]，存在两种不同的观点。Genders 等认为，当浇入铸型的熔体被急速冷却后，铸型附近熔体过冷带中产生大量的自由晶，在熔体对流的作用下部分自由晶进入熔体，并不断增殖和长大，从而为中心的等轴晶形成提供了晶核。20 世纪 60 年代 Chalmers 也接受了该思想，并称之为"爆发性成核"理论[10]。但是，日本的大野笃美对上述理论提出了异议，他认为晶核不是在靠近型壁的熔体内部形核，而是在凝固壳层形成之前在型壁上异质形核，在熔体对流冲刷作用下游离进入熔体，通过不断增殖，为等轴晶区的形成提供大量的晶核[11]，并给出了凝固初期游离晶粒的运动示意图，如图 3-3 所示。

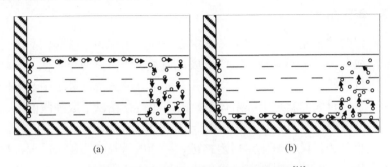

(a)　　　　　　　　　　　　　　(b)

图 3-3　凝固初期游离晶粒的运动示意图[11]

(a)晶粒比母液轻的合金；(b)晶粒比母液重的合金

　　第三种是枝晶熔断理论，由 Papapetrou 在 20 世纪 30 年代提出[12]。该理论认为，在枝晶长大过程中，枝晶周围形成溶质富集层，二次或三次枝晶生成时在枝晶的根部形成缩颈，热扰动的作用下根部发生熔断并游离，从而为中心等轴晶区的形成提供大量晶核来源。该理论提出后的一段时间内，一度被人忽视，直到 20世纪 60 年代 Jackson 等用有机物模拟实验证实树枝晶熔断的现象，该理论才重新被人认识[13]。近年来，人们利用同步辐射装置原位观察到枝晶熔断的过程[14]，如图 3-4 所示，枝晶(箭头标注)不断被熔断并在浮力作用下上浮，原位观察实验的结果使得该理论更加被认同。

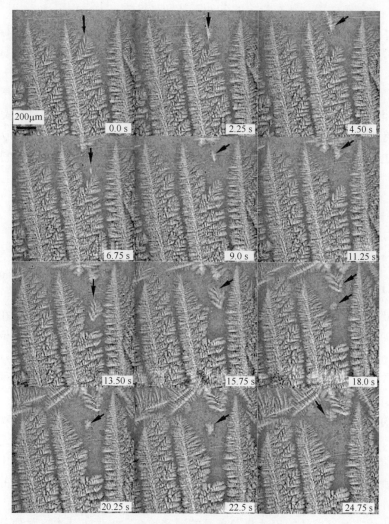

图 3-4　Al-20%Cu 合金枝晶熔断过程的原位观察($G=48$K/mm，$v=25$μm/s)[14]

　　第四种是表面晶核沉淀理论，由 Southin 提出[13]。该理论认为，铸锭自由表面处的液体由于快速散热而产生大量晶核并长大为小晶体，这些晶核或小晶体在自重和液面扰动作用下不断沉降，像晶雨降落到柱状晶前面并继续长大，从而形成中心等轴晶区[4]。而日本的大野笃美认为，如果液面被充分冷却，液面晶核的沉降是等轴晶区晶核的重要来源，否则晶核主要来源于型壁[11]。

关于等轴晶区形成过程中晶核的来源，大多对第一种假说持否定态度，而认为后面三种假说是等轴晶的有效来源。但是最近仲红刚、翟启杰等在用热模拟方法研究连铸坯柱状晶向等轴晶转变机制时发现，在外部强制冷却而金属液又不能充分流动的条件下，成分过冷形核是中心等轴晶形成的主要原因[16]。笔者认为，这四种假说都可能成立，在特定的条件下某一种机制起主导作用。

柱状晶区向等轴晶区转变(columnar-to-equiaxed transition，CET)过程通常认为是中心等轴晶生长抑制了柱状晶的生长而发生[17]，关于等轴晶阻断柱状晶生长机制存在以下三种假说：机械阻断(mechanical blocking)机制[18]认为当中心熔体中等轴晶体积分数超过 0.49 后，通过机械阻碍的方式抑制柱状晶生长；溶质阻断(solutal blocking)机制[19]认为中心等轴晶生长过程排出的溶质使得柱状晶前沿的成分过冷消失，抑制了柱状晶生长；热阻断(thermal blocking)机制[20, 21]认为中心等轴晶生长过程释放的结晶潜热通过改变柱状晶前沿的温度场，抑制了柱状晶的生长。

3.2 影响凝固组织的因素

3.2.1 熔体的流动

在液态金属浇注到铸型以后和凝固结束之前，熔体中不可避免地存在多种形式的流动。除了在熔体浇铸过程中产生的熔体流动外，由于铸型内不同位置的熔体存在一定的温度差，以及熔体凝固过程中界面前沿产生的溶质偏析层，这些都可能导致熔体比重的差别，从而引起熔体的自然对流。此外，在凝固过程中还可人为地引入强制对流。

流动对熔体凝固过程的传热和传质产生显著影响。在传热方面，宏观上熔体的流动将加速熔体传热的速率，并使熔体温度趋于均匀化，为游离晶在熔体漂移过程中的残存提供有利条件[22]。微观方面，熔体的流动是以紊流的形式出现，在液态金属内微观区域内引起温度波动，而温度波动为枝晶的熔断和晶体的增殖创造了条件[7]。

在传质方面，熔体的流动为游离晶的漂移和沉积提供了动力，并使晶体的游离不断进行。同时，熔体的流动也可改变液固界面前沿溶质分布状态，在宏观上加速熔体成分均匀化，但是在微观方面却可能导致熔体局部区域的成分波动[7]。

通常认为，熔体的流动具有扩大等轴晶区和细化等轴晶粒的作用，而抑制熔体的流动将阻碍铸锭中等轴晶的形成。大野笃美[11]通过改变浇注位置(图 3-5)在熔体中产生不同程度的流动，对比分析获得 Al-0.2%Cu 铸锭宏观组织。结果发现，底注法获得的宏观组织完全由粗大的柱状晶组成，采用上注法时宏观组织中出现了部分等轴晶。单孔型壁附近浇注的铸锭宏观组织中等轴晶被细化，而且扩大了等轴晶区域面积。而在与单孔等面积的六孔浇口杯型壁附近浇注后，等轴晶显著细化。大野笃美认为上述宏观组织出现的原因主要是熔体液面波动，特别是型壁附近的熔体波动。

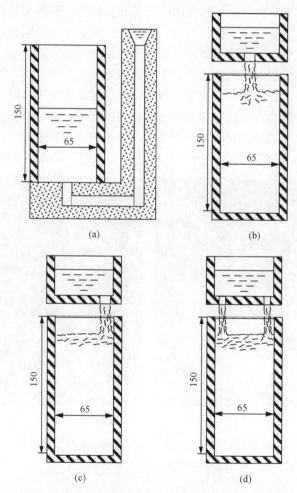

图 3-5　大野笃美实验浇注方式示意图[11](单位：mm)

(a)底注法；(b)上注法；(c)单孔型壁附近浇注；(d)六孔浇口杯型壁附近浇注法

Lehmann 等[23]研究发现，当熔体从完全静止到刚开始流动时，流动强度的增加能够显著影响凝固组织。而当熔体中已经建立了充分流动以后，流动强度的增加对合金凝固组织影响很小。但也有实验显示[6]，当熔体流动速率低于某一数值时，熔体流动促使等轴晶形成，直至获得完全等轴晶组织。当熔体流速大于此流速后，柱状晶又重新出现，不过和无流动时的柱状晶具有显著不同的形态特征。熔体流除了通过传热和传质两方面影响凝固组织外，有人认为流动对晶体的机械冲刷作用对凝固组织也有一定程度的影响。

3.2.2 浇注温度

低的浇注温度，可防止柱状晶的生长和晶粒粗化，有利于获得细小的等轴晶组织，如图 3-6 所示[11]。因为低的浇注温度不仅有利于在型壁附近产生大量的游离晶粒，而且过热度较低的熔体内可以更多地把游离晶保留下来。相反，如果浇注温度过高，则浇注时产生的游离晶会被高温熔体重新熔化掉。随后当熔体温度下降后，铸型温度已经提高，铸型与铸型内熔体的温差减小，促使晶体游离的热对流减小，而且此时因浇注引起的熔体流动也减弱了，因此不利于细等轴晶的形成[24]。此外，凡是能够强化液流对型壁冲刷作用的浇注工艺，均能扩大并细化等轴晶区[7]。关于浇注温度对凝固组织的影响，本书后面还要作详细介绍。

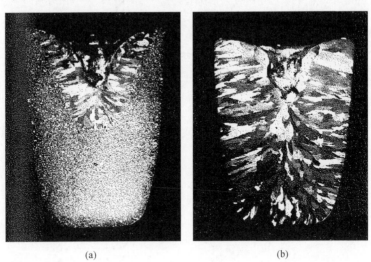

(a)   (b)

图 3-6　浇注温度对 Al-0.2%Cu 合金铸锭组织的影响
(a) 680℃；(b) 730℃[11]

3.2.3 铸型性质及其他因素

随着铸型冷却能力的提高，型壁附近熔体过冷随之增大，型壁附近形成的晶体数量增加，这样将会使得熔体凝固组织细化且有扩大中心等轴晶区的可能。但是，由于铸型冷却能力的提高，型壁上大量晶核的形成也会使型壁上凝固壳层很快形成，而且容易在凝固前沿形成大的温度梯度，从而产生发达的柱状晶[11]。因此，铸型冷却能力的提高对等轴晶区的形成存在两面性。

除了上述几个因素外，熔体内部异质核心的数目和触发形核的能力，还有熔体本身结晶温度范围和溶质平衡分配系数等要素都可对其凝固组织产生很大的影响。此外，晶粒细化剂、孕育剂、机械振动等因素，以及超声、电流和磁场等外场的引入均会对金属凝固组织产生重要影响。这些将在后面的章节作详细介绍。

3.3　凝固方式与组织

除了纯金属和共晶成分合金外，铸锭、铸件和铸坯在凝固过程中通常都存在三个状态不同的区域：固相区、凝固区（也称液固两相区和固液两相区）和液相区。图 3-7 为某一时刻断面状态图[7]，可见金属凝固过程中三个区域大小与金属的结晶温度范围和其所处的温度梯度有关。根据凝固区宽度大小不同，凝固方式分为逐层凝固、中间凝固和体积凝固（或糊状凝固）。凝固过程中凝固区域宽度为零或者很窄，随着时间的推移，凝固壳层从型壁处开始不断增厚直至凝固结束，这种情况称为"逐层凝固"方式。相反，在铸件凝固期间，如果某个时刻凝固区域很宽甚至贯穿整个断面，也即凝固过程在断面各处同时进行，液固共存的糊状区充斥着断面，称为"体积凝固"或"糊状凝固"方式。而介于两者之间的凝固方式，称为中间凝固方式[7]。

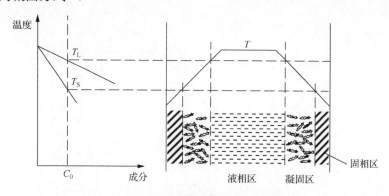

图 3-7　某一时刻铸件断面状态示意图[7]

逐层凝固时，由于凝固区域宽度窄，凝固前沿平滑，所以其充型能力较好且有利于补缩。而当凝固后期收缩受阻出现热裂时，裂纹被液体重新充填而愈合的可能性较大，也即热裂纹愈合能力强。因此逐层凝固时便于获得致密而健全的铸件和铸锭。但是如果处理措施不当，逐层凝固铸件中容易出现集中缩孔。相反，体积凝固时，由于凝固区域宽度大，枝晶发达，容易达成骨架，因此其充型和补缩较差，热裂倾向大，铸件和铸锭致密性差[25]。

凝固方式主要与合金结晶温度间隔和铸件断面温度梯度有关。纯金属和共晶成分的合金一般表现为逐层凝固，结晶温度很窄的合金在凝固时若温度梯度较大也会以逐层凝固的方式凝固。如图 3-8 所示，在相同的温度梯度条件下，结晶温度间隔越小(T_L 变为 T'_L 时)，则凝固区域越窄。而当合金的结晶温度间隔确定后，温度梯度越大，则凝固区域宽度越窄，如图 3-9 所示。因此，小的结晶温度间隔和大的温度梯度有利于逐层凝固方式，反之则有利于体积凝固。

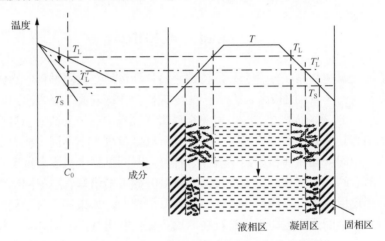

图 3-8 合金结晶温度间隔对凝固区域宽度影响示意图

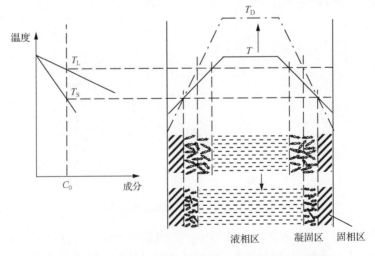

图 3-9 熔体温度梯度提高对凝固区域宽度影响示意图

3.4　熔体的结晶与组织

为了更好地理解铸锭凝固组织的形成，有必要对凝固组织形态的演化规律进行介绍。根据液态金属结晶过程中晶体形成的特点，合金可分为两大类：单相合金和多相合金[7]。

(1)单相合金。在结晶过程中只析出一个固相的合金，如固溶体、金属间化合物等。由于纯金属结晶时析出单一成分的单相组织，而且一般纯金属总含有杂质，所以纯金属可视作单相合金结晶的特例。

(2)多相合金。在结晶过程中同时析出两个及两个以上新相的合金，如具有共晶、包晶或偏晶转变的合金。

尽管合金凝固微观组织丰富多彩、复杂多变，但是本质上合金的凝固过程仅存在两种基本的类型：枝晶型和共晶型[26]。单相合金主要以枝晶型形态生长(包晶合金以枝晶形态生长)，而多相合金通常是以枝晶型或共晶型及其组合形态生长。考虑到多相合金的结晶过程在许多方面与单相合金类似，但是更为复杂，本节将先介绍单相合金的结晶过程，然后介绍多相合金中的共晶型结晶过程。

3.4.1　单相合金的结晶

晶核形成后，固液界面稳定向熔体推进的前提是界面前沿熔体中要有一定的动力学过冷度，固液界面在向前推进时的形状和晶粒的几何形貌主要取决于固液界面前沿的温度分布。固液界面前沿温度分布存在两种情况：正温度梯度——液相中的温度随着离开界面的距离增加而增高；负温度梯度——液相中的温度随着离开界面的距离增加而减小。

1. 纯金属的结晶

对于纯金属，当固液界面前沿存在正温度梯度时(图 3-10)，固液界面上所产生的凝固潜热只能通过固相传出，因此固相散失热量的速率控制着界面推进运动的速率。如果凝固潜热没有被排除，则界面的推进速率将逐渐下降并停止下来。此外，在正温度梯度时，如果界面出现任何一个微小的凸起扰动，这些凸出部位都将延伸到比熔化温度 T_m 更高的区域，从而被熔化，直至界面又变成等温的。因此，正温度梯度下，纯金属固液界面的推进和长大是均匀和平稳的，即正温度梯度下纯金属凝固时的固液界面是稳定的。反之，当固液界面前沿熔体中存在负温度梯度时，凝固潜热可以通过熔体向外传出，此时如果界面的任一微小部分突出并超过其余部分，它周围液相的温度将比原来的温度更低，因此凸出部分将迅速向液相进一步推进使界面失稳。所以，在负的温度梯度下长大时（如过冷熔体内），宏观上为平面的界面是不稳定的，将被破坏并长成如图 3-10(b) 所示的形态，即平界面分裂成一系列凸出的或针状的形态，并伸展到液相中去，这种长大方式常被称为自由长大[26]。

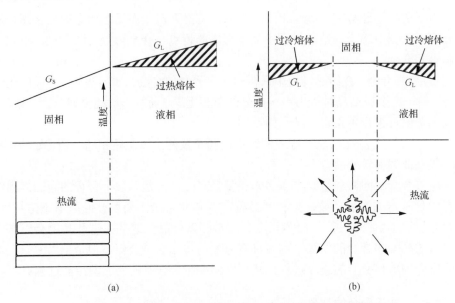

(a)　　　　　　　　　　　　　　(b)

图 3-10　固液界面前沿的温度分布及界面形貌示意图[26]

(a) 正的温度梯度；(b) 负的温度梯度

2. 合金的结晶

单相合金的凝固过程是在某一温度区间内完成的。平衡凝固时，凝固从平衡相图中的液相线温度开始，至固相线温度结束。在凝固过程中，固相成分沿固相线变化，液相成分沿液相线变化。在凝固过程中固液界面两侧将不断发生溶质再分配。因此对于合金而言，凝固不仅受传热的控制，还与传质过程有密切联系，情况更为复杂。下面首先对合金凝固时固液界面前沿熔体中出现的溶质分配进行分析。

1) 溶质分配

在凝固过程中液相和固相在成分上的差别可用分配系数来表征。分配系数 k_0 由平衡相图来规定，其数值等于某一温度下固相成分 C_S 与液相成分 C_L 的比值，即 $k_0 = C_S/C_L$，见图 3-11，分配系数可大于 1 也可小于 1[6]。凝固过程中，$k_0 < 1$ 或 $k_0 > 1$ 的合金将分别引起固液界面前沿熔体中溶质的富集或贫化，溶质含量的变化将导致液相平衡凝固温度的变化，从而可能造成熔体的成分过冷[27]。为了简化，本节只讨论溶质平衡分配系数 $k_0 < 1$ 的情况，其规律同样适用于 $k_0 > 1$ 的合金。

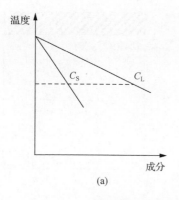

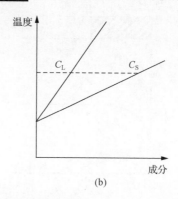

图 3-11　$k_0 < 1$ 和 $k_0 > 1$ 两类平衡相图[6]

(a) $k_0 < 1$；(b) $k_0 > 1$

对于分配系数小于 1 的合金，由于固相溶解度较小，界面前沿会产生溶质富集。如果凝固过程中只有扩散而无对流搅动，如图 3-12 所示，当 C_0 合金从左端开始凝固时，界面上析出成分为 $k_0 C_0$ 的晶体，而把多余的溶质排入界面前沿的液相中，开始形成富集层，层外液体仍保持 C_0 成分[28]。初始阶段时，因界面上排入界面前沿的溶质多于被液相扩散带走的溶质，所以界面前沿的浓度梯度不断增大，因而溶质向液相内部扩散的数量增大。随着晶体的生长，界面自左向右推移，由于溶质不断在界面前沿富集使 C_L^* 急剧升高（C_S^* 也随之不断提高）。当界面前沿液相成分增加到 C_0/k_0 时，固相成分由 $k_0 C_0$ 增大到 C_0，界面上排出的溶质等于扩散带走的溶质，于是界面上的固相成分和液相成分保持不变，从而使结晶过程进入稳态生长阶段。这一过程一直进行到凝固临近结束时，溶质富集层无法再向外扩散，于是界面前沿溶质富集又继续加剧，固相成分也随之急剧增大，形成了晶体生长的最后过渡阶段[27]。

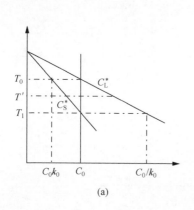

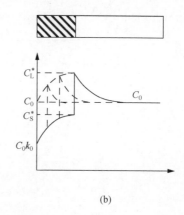

(a)　　　　　　　　　　　　(b)

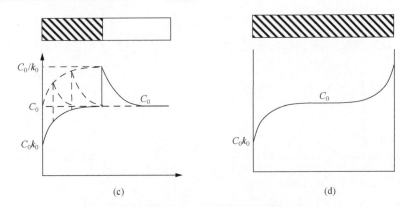

图 3-12 分配系数小于 1 的合金结晶过程示意图[28]

(a)相图；(b)初始阶段；(c)开始进入稳定阶段；(d)完全凝固

单相合金稳定生长阶段固液界面前液相中的溶质浓度分布是一条指数衰减曲线，可用式(3-1)表示[27]

$$C_x = C_0 + \frac{C_0(1-k_0)}{k_0} e^{-Rx/D} \tag{3-1}$$

式中，R 为晶体生长速率；x 为距界面的距离；D 为溶质在熔体中的扩散系数，其他同前。由式(3-1)可见，液固界面前沿的溶质分布与晶体生长速率 R、溶质在熔体中的扩散系数 D 和分配系数 k_0 有关，三个参数对界面前沿溶质分布的影响如图 3-13 所示[4]。可见，在高的生长速度 R 和低的溶质扩散系数 D 时，将产生短而陡的溶质堆积曲线；而较小的 k_0，在界面前方的液相中会出现严重的溶质堆积[6]。

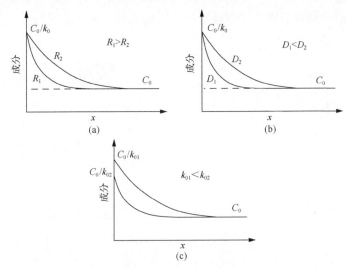

图 3-13 工艺和物性参数对界面前沿溶质分布的影响示意图[4]

(a)生长速率；(b)扩散系数；(c)分配系数

2) 成分过冷

由于合金的液相线温度随其成分而变化，则界面前沿溶质分布不均匀，必然引起液相中各部分的液相线温度(液相开始凝固温度)不同。稳定生长阶段界面前沿液相线温度可用式(3-2)表示[27]

$$T_x = T_0 - \frac{mC_0(1-k_0)}{k_0}e^{-Rx/D} \tag{3-2}$$

式中，T_x 为离界面 x 处的液相线温度；m 为相图上液相线的斜率；T_0 为原始成分 C_0 合金的液相线温度。

需要指出的是，上述分析是假定液相中溶质仅通过扩散传递进行的。实际晶体生长中总会存在不同程度的对流，这样在液相中溶质出现部分混合的情况，上述公式和曲线都需要加以修正[29]。分析表明，溶质层的厚度 δ，随着混合程度的增加而减小。当运动非常强烈时，$\delta \to 0$，也即溶质在熔体中近似完全混合；反之，当液相流动非常微弱时，$\delta \to \infty$，其溶质分配规律接近于溶质仅有扩散的情况；而实际凝固过程介于两者之间。不同对流条件下，溶质分布曲线如图 3-14 所示。

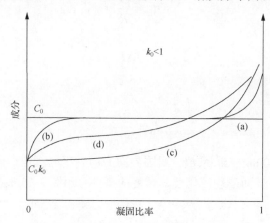

图 3-14 合金成分为 C_0 时，凝固后试棒中的溶质分布曲线[6]
(a)平衡凝固；(b)液体中溶质仅有扩散的传质；(c)溶质在液体中完全混合；(d)液体中溶质部分混合

固液界面前沿是否存在过冷，取决于界面前沿实际温度是否低于界面前沿熔体热力学凝固温度。合金凝固时，液固界面前是否出现过冷区域的临界条件是温度梯度与界面前沿熔体热力学凝固温度曲线在界面处恰好相切。温度梯度高于这个临界温度梯度，则不会出现过冷；而小于这个临界温度梯度，就会出现过冷。这个过冷不仅与温度分布有关，而且与界面前沿的溶质富集有关，所以这个过冷通常称为成分过冷，以区别于仅与温度有关的热过冷。可见，液固界面前出现成分过冷的条件是[27]

$$G_L < \left(\frac{dT_L}{dx}\right)_{x=0} \tag{3-3}$$

如果不考虑对流传质，式(3-3)为

$$\frac{G_L}{R} < \frac{mC_0}{D}\frac{1-k_0}{k_0} \tag{3-4}$$

据此可确定有利于出现成分过冷的条件为：①在液相中有小的温度梯度；②高的长大速度；③高的合金含量；④绝对值大的液相线斜率 m；⑤溶质在液相中扩散系数小；⑥较小的 k_0 值(对于 $k_0 < 1$ 的合金)。

3) 界面形貌

对于合金而言，其固液界面一方面释放结晶潜热，另一方面进行溶质重新分配，因此固液界面的推移与这些热量和溶质的扩散或输运密切相关。此外，界面的形成需要额外的能量，其中包含了毛细效应。因此，合金凝固的固液界面形貌通常受热扩散、溶质扩散和界面能等因素控制，这些过程对界面生成的影响可用特征长度表示如下[30]：

溶质扩散长度

$$l_D = \frac{D}{R}$$

热扩散长度

$$l_T = \frac{\Delta T_0}{G_L}$$

毛细长度

$$d_0 = \frac{\Gamma}{\Delta T_0}$$

式中，Γ 为 Gibbs-Thomson 系数。凝固界面的形貌演化就是三个控制过程竞争的结果，理想条件下界面形貌演化及其转变的条件可用图 3-15 概括[30]。

图 3-15　凝固界面形貌演化示意图(其中 α 为一常数)[30]

将各参数代入特征长度可得到界面演化的临界条件如下：

$$R_c = \frac{DG_L}{\Delta T_0} = \frac{DG_L k_0}{mC_0(k_0-1)}, \qquad \text{平界面向胞晶转变} \tag{3-5}$$

$$R_{tr1} = \frac{DG_L}{k_0\Delta T_0} = \frac{DG_L}{mC_0(k_0-1)}, \qquad \text{胞晶向枝晶转变} \tag{3-6}$$

$$R_{tr2} = \frac{D\Delta T_0}{\alpha \Gamma} = \frac{Dm(k_0 - 1)}{\alpha k_0 \Gamma}, \qquad 枝晶向胞晶转变（高速） \tag{3-7}$$

$$R_{tr3} = \frac{D\Delta T_0}{k_0 \Gamma} = \frac{Dm(k_0 - 1)}{k_0^2 \Gamma}, \qquad 胞晶向平面晶转变（高速） \tag{3-8}$$

Al-4.5%Cu 合金在温度梯度 123K/cm 下，平面晶、胞晶、枝晶等界面形貌的演化过程如图 3-16 所示[31]。用成分过冷理论解释界面形貌的演化如下，当界面前沿熔体的 G_L 很大，而晶体生长速率 R 很小时，界面前沿无成分过冷。这种条件下，界面是稳定的，晶体以平面状的界面生长。界面前沿构成成分过冷时，则界面是不稳定的，任何一个细小扰动都可使其尖端处于过冷的熔体之中，促使扰动不断发展。

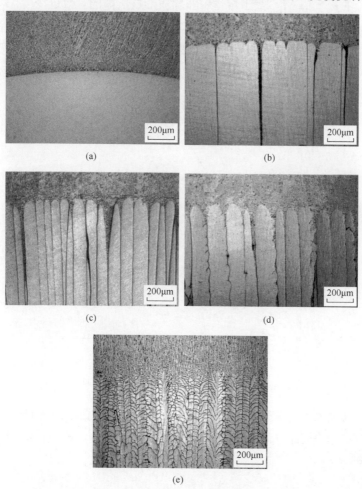

图 3-16 平面晶、胞晶、胞状枝晶和枝晶组织演化图[31]

(a)平面晶（1.3μm/s）；(b)平面晶失稳（3μm/s）；(c)胞晶（8μm/s）；

(d)胞状枝晶（14μm/s）；(e)枝晶（96μm/s）

在小的成分过冷度下，形成近似于旋转抛物面的凸出晶胞和网络状凹陷的沟槽所构成的新的界面形态，这种形态称为胞晶。胞晶的生长方向垂直于固液界面，而且与晶体学取向无关。随着 G_L/R 值的减小和溶质浓度的增加，界面前方成分过冷区加宽。此时，凸起晶胞将向熔体伸展更远，面临着新的成分过冷，原来胞晶抛物状界面逐渐变得不稳定。晶胞生长方向开始转向优先的结晶生长方向，胞晶的横向也将受晶体学因素的影响而出现凸元结构，即二次枝晶。出现二次枝晶的胞晶被称为胞状树枝晶，或柱状树枝晶。随着界面前沿过冷的增加、组织的微细化，界面能逐渐起主导作用，界面形貌又向胞状晶和平面晶转变，如上所述。

由于熔体中往往含有大量的异质核心，随着界面前沿成分过冷区进一步加宽，当成分过冷的极大值 ΔT_{cm} 大于熔体中非均质形核所需的有效过冷度 ΔT^* 时，在界面前沿熔体内生成新的晶核，并长大为等轴枝晶。固液界面前沿等轴枝晶的生长，阻碍了柱状树枝晶的单向延伸。不过需要强调的是，固液界面前熔体内等轴晶的形核需要界面前存在大量的结晶核心[24]。晶体形貌与各项参数的关系示意图常用图 3-17 表示[29]。

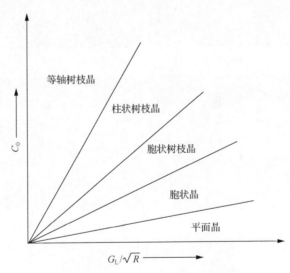

等轴树枝晶

柱状树枝晶

胞状树枝晶

胞状晶

平面晶

C_0

$G_L/\sqrt{R}$ ——→

图 3-17　$G_L/\sqrt{R}$ 和 C_0 对晶体形貌的影响[29]

在金属或合金的凝固组织中，胞晶、枝晶的一次臂或二次臂间距的大小取决于生长条件。一次间距 d_1 和二次间距 d_2 可分别用经典的 Jackson Hunt (JH) 模型表示如下[32]：

$$d_1 = a\left(\frac{1}{G_L R}\right)^{n_1} \tag{3-9}$$

$$d_2 = b\left(\frac{\Delta T_S}{G_L R}\right)^{n_2} \tag{3-10}$$

式中，a、b 为与合金种类有关的常数；ΔT_S 为界面前沿液相非平衡结晶温度范围；$n_1 \approx 1/2$，$n_2 \approx 1/3$。

由以上两式可知，当合金种类确定后，决定枝晶间距的主要因素是 G_L 和 R。结晶前沿熔体的温度梯度和生长速率越大，枝晶间距就越小。因为 G_L 和 R 的乘积是从枝根到枝尖的晶体局部冷却速率，而 $\dfrac{\Delta T_S}{G_L R}$ 是局部凝固时间，因此 ΔT_S 越小，或 $G_L R$ 越大，即局部凝固时间越短，则二次间距就越小。

4）工艺条件与晶体形态的关系

单相合金结晶时界面生长方式和晶体形态一般取决于 G_L 和 R，图 3-18 概括了结晶温度范围为 50K 的某典型合金在不同的 G_L 和 R 结晶工艺条件下，获得各种不同的结晶形态和不同的组织粗细程度。图中从左下方至右上方的一组平行斜

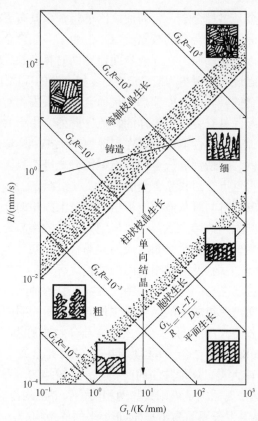

图 3-18　G_L 和 R 对单相合金结晶形态的影响[25]

线，代表不同的 $G_L R$ 值；从右下方至左上方的一组的平行斜线，代表不同的 G_L / R 值。当 G_L / R 的数值从右下方向左上方逐次递增时，晶体的结构形态从平界面逐渐发展成为树枝状结构的等轴晶(图中灰色条带为结构形态转变区)，因此 G_L / R 的大小控制界面的生长形态。与此同时，$G_L R$ 数值从左下方向右上方逐次递增时，组织随之由粗变细但形态不变。可见 $G_L R$ 的大小控制着各种结构形态的微观尺度[25]。

在单向凝固中，G_L 和 R 可以独立控制，从而获得不同结构形态和细化程度的组织。而实际生产中，某些工艺参数的改变使 G_L 和 R 向相反方向变化，如提高浇注温度可增加凝固界面前沿熔体的 G_L 并降低凝固界面的推进速率 R，因此有利于柱状晶生长。但是有一些工艺参数的改变可同时降低或者提高 G_L 和 R，使得铸件组织变细或粗化，如导热性能良好的铸型材料或大的冷却强度可同时提高 G_L 和 R，使得凝固组织细化。

3.4.2 多相合金的凝固

工业上许多合金是多相合金，它们往往比单相合金具有更好的性能。多相合金的凝固在某些方面与单相合金的凝固类似，但由于多相合金在凝固过程中同时存在两个以上相，以及溶质原子在固液界面前方同时存在长大方向和横向上的扩散，所以它们的凝固过程变得更为复杂[6,32]。多相合金的凝固主要包括共晶合金、偏晶合金和包晶合金的凝固，其中偏晶和包晶合金的凝固相对较简单，属于枝晶型，而共晶合金的凝固具有复杂而多样的特点。此外，由于共晶合金具有优良的铸造性能和良好的综合力学性能，所以在工业生产上得到广泛的应用，许多重要的工业合金，如铸铁、铸造铝硅合金和铸造铝铜合金等在凝固过程中都会出现共晶反应，因此本节将重点介绍共晶合金的凝固及其组织。

共晶合金是指凝固时同时从液相中析出两个以上固相的合金。作为一种多相合金，共晶体中的共生相数可多达数个，但绝大多数的共晶合金都是只有两个相组成的，因此这里主要讨论由两个相组成的共晶合金。共晶体的形态与结晶条件(包括温度场和溶质浓度场)及组成相之间的体积比有关。与单相合金一样，宏观上看共晶合金也有柱状晶(共晶群)和等轴晶(共晶团)两种晶体形式，而共晶体内部两相的形状及分布与两组成相的晶体学生长方式及两相间的体积比有关。根据两组成相晶体学生长方式的不同，可将共晶合金分为规则共晶(通常是金属-金属之间的共晶，如 Pb-Sn 共晶合金)和非规则共晶(通常是金属-非金属之间的共晶，如 Al-Si 共晶合金)两大类。规则共晶的两相分布比较均匀，形状也比较规则；不规则共晶则不然，其主要原因是规则共晶两相的生长界面均为非小平面(即粗糙界面)，而非规则共晶的生长界面为小平面-非小平面的结构[25]。

1. 共晶合金的结晶方式

当共晶成分的液态合金过冷到平衡共晶温度以下时[图 3-19(a)的阴影区]，熔体内两组元出现过饱和，从而提供了共晶结晶的驱动力。根据共晶两相在竞相析出过程中所表现出的不同相互关系，共晶合金的结晶方式有共生生长(coupled growth)和离异生长(divorced growth)两种。共晶共生区的位置与热力学和动力学等因素有关，如图 3-19 所示，图 3-19(a)是仅从热力学角度考虑得到的共生区位置示意图，图 3-19(b)、(c)则是考虑了动力学因素后的实际条件下的对称型和非对称型共生区的位置示意图[24]。当组成共晶的两个组元熔点相近，共晶两相性质相近，两相在共晶成分附近析出能力相当时，易获得对称型共晶共生区。但是如果组成共晶的两个组元熔点相差较大，共晶两相的性质相差很远，则容易获得偏向于高熔点组元一侧的非对称型共晶共生区，如 Al-Si、Fe-C 合金等[33]。

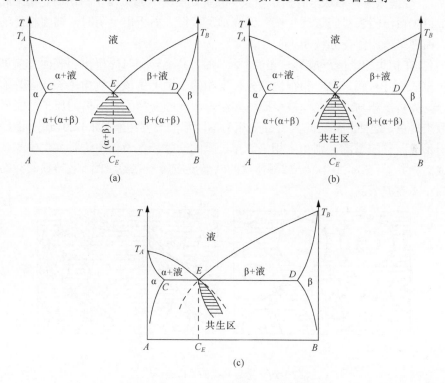

图 3-19　共晶共生区(阴影部分)示意图[25]

(a)热力学型；(b)实际对称型；(c)实际非对称型

当合金液过冷在共生区内结晶，液相内两相组元达到过饱和，两相具备了同时析出的条件，通常总是某一相先析出，然后另一个相在其表面上析出，在结晶过程中彼此为对方提供所需的溶质而并肩向前生长，这种通过两相彼此合作生长的方式称为共生生长。即使合金不是共晶成分，但只要过冷合金液处于共生区的范围内，最后也可获得100%的共晶组织(伪共晶组织)[25]。如果过冷合金液不进入共生区，在通常的冷却条件下，先析出初生相，随着初生相的生长，剩余液体的成分向共晶成分移动，最后也发生共晶转变，所得组织为在初生相之间存在的共生共晶[34]。但剩余的共晶成分液体也可能不采取共生生长的方式结晶，而是共晶中的一相在初生晶(枝晶)上生长，另一相留在枝晶之间，这种生长方式称为离异生长(divorced growth)，所得的组织中没有共生共晶的特征[33]。离异共晶的产生有以下几种情况[7,33]。

(1)当合金成分远离共晶成分时，初生相长得很大，共晶转变时残留液体很少，类似薄膜状分布于枝晶间，共晶转变时一相就在初生相枝晶上继续长出，而把另一相单独留在枝晶间。

(2)合金偏离共晶成分，初生相长得较大，而另一相又难于析出时，如果此相不能以先析出相为衬底进行生核，或冷却速度很大而析出受阻时，初生相便继续长大而把另一相留在分枝间。

(3)在初生相上能形成另一相的"晕"时，共晶转变时先析出相表面作为第二相生核的良好衬底，另一相很快在先析出相的表面上生核并侧向生长成完整的壳(晕)。先析出相与熔体之间被晕圈所隔绝，因此领先相生长所需的原子只能通过扩散来提供，这种共晶结晶具有领先相为球团形的离异组织[图3-20(a)]。而如果不能形成完整的晕圈，则初生相仍能穿过晕的间隙长入液体中进行共生生长，不形成离异共晶[图3-20(b)]。球墨铸铁的共晶反应属于完整晕圈，灰铸铁的共晶反应属于不完整晕圈。

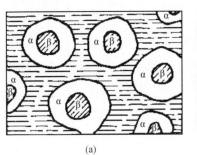 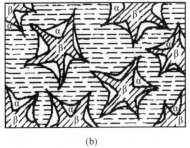

| (a) | (b) |

图3-20　离异共晶的晕圈组织[7]

(a)封闭晕圈的离异生长；(b)不完整晕圈的共生生长

2. 规则共晶的组织

规则共晶的两相通常是由金属-金属组成，两相界面微观结构均属于粗糙界面(非小平面)，通常以连续生长的方式进行结晶，因此固液之间的生长界面具有各向同性的特点。层片状共晶组织是最常见的一类规则共晶组织，组织中共晶两相呈片状交叠生长。此外，规则共晶的两相还可以排列成纤维状、棒状或条带状[25]。

两相体积分数都很高的情况下（$f \approx 0.5$），则容易形成片层状组织。如果其中一相的体积分数小，则具有形成纤维状组织的倾向。这是因为多相合金按照相之间的总界面能为最小的原则进行结晶。一般认为，如果一相的体积分数小于$1/\pi$，该相将以棒状结构出现。如果体积分数在$1/\pi \sim 0.5$，两相则以片状结构出现。但必须指出，片状共晶中两相间的位向关系比棒状共晶中两相位向关系更强。因此，在片状共晶中，相间界面更可能是低界面能的界面。在这种情况下，虽然一相的体积分数小于$1/\pi$，也会出现片状共晶而不是棒状共晶。共晶相片间距或棒状间距与凝固速率 R 的平方根成反比，即凝固速率越大，片间距越小（或棒状组织越细小）[32]。

在纯规则共晶中，界面上的横向浓度梯度导致原子的短程横向扩散，可以不断消除各共晶相界面前溶质的富集，容易获得平的相界面。当合金中存在第三种元素时，将会导致共晶形态的不稳定。如果第三组元在共晶两相中的分配数相差较大，其在某一相的固液界面前沿的富集，将阻碍该相的继续长大，而另一相的固液界面前沿由于第三相组元的富集较少，其长大速率较快。这种情况下将会出现单相形态不稳定性。小的形态不稳定可以导致共晶结构的转变（如前述的层片状→棒状转变），而大的单相不稳定则可能形成混合结构，即一个枝晶相和枝晶间两相的共晶［图 3-21(a)］。如果第三组元在两相中的分配系数相近，每个相都将把杂质原子排出在液体中，在界面前沿上形成杂质的富集层，将会导致两相形态不稳定，从而出现胞状甚至枝状共晶［图 3-21(b)］[35]。

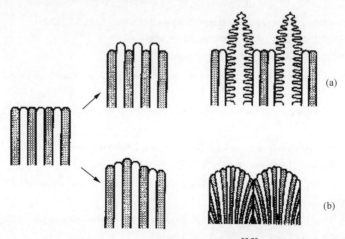

(a)

(b)

图 3-21　共晶界面不稳定类型[35]

3. 不规则共晶的结晶

不规则共晶组织一般由金属-非金属相组成，其结晶时的热力学和动力学原理与规则共晶的凝固一样，差别在于非金属的生长机制与金属不同。金属-金属凝固时，固液界面从原子尺度来看是粗糙的，界面无方向性地连续不断地向前推进。而非金属的固液界面从原子尺度看是小平面生长方式，具有强烈的各向异性，晶体生长方向受热力学条件的控制作用不明显，而晶体学各向异性是决定晶体生长的关键因素。因此其长大是有方向性的，即在某一方向上生长速度很快，而在另外的方向上生长速度缓慢。因而非规则共晶的固液界面不是平直的，而是呈参差不齐、多角形的形貌[36]。

由于不规则共晶形态是由其中的非金属(小平面)相的生长特点所决定的，微量第三组元能对小平面型生长动力学产生重要的作用，因此微量元素对不规则共晶形态影响很大。比如，在 Fe-C 共晶液中加入微量 Mg、Ce 等所谓球化剂，就可使石墨在 {0001} 晶面上产生螺型位错，而使生长方向改变成垂直方向 ⟨0001⟩，从而由片状石墨改变为球状石墨，获得球墨铸铁。另外，在 Al-Si 共晶液中添加微量 Na，可使 Si 相细化，从而提高 Al-Si 合金的力学性能[37]。

参 考 文 献

[1] Flemings M C. Solidification Processing. New York: McGraw-Hill, 1974.

[2] Ohno A. Formation mechanism of the equiaxed chill zone in ingots. Transactions ISIJ, 1970, 10(6): 459-463.

[3] Chalmers B. Principles of Solidification. New York: Wiley, 1964.

[4] 戴维斯 G J. 凝固与铸造. 陈邦迪, 舒震译. 北京: 机械工业出版社, 1981.

[5] Northcott L. Dendritic structures of columnar crystals. Institute of Metals, 1946, 72: 283-291.

[6] 王家炘. 金属的凝固及其控制. 北京: 机械工业出版社, 1983.

[7] 安阁英. 铸件形成理论. 北京: 机械工业出版社, 1990.

[8] Winegard W C, Chalmers B. Supercooling and dendritic freezing in alloys. Transaction of the ASM, 1954, 46: 1214-1224.

[9] Genders R. The interpretation of the macrostructure of cast metals. Journal of the Institute of Metals, 1926, 35: 259-271.

[10] Chalmers B. The structure of ingots. The Journal of the Australian Institute of Metals, 1963, 8(3): 255-263.

[11] 大野笃美. 金属凝固学. 朱宪华译. 南宁: 广西人民出版社, 1982.

[12] Papapetrou A. Untersuchungenüber dendVitisches Wachstum von Kristallen. Zeitschrift für Kristallographie Crystalline Materials, 1935, 92: 89-130.

[13] Jackson K A, Hunt J D, Uhlmann D R, et al. On the origin of the equiaxed zone in castings. Transactions of the Metallurgical Society of AIME, 1966, 236 (2): 149-158.

[14] Mathiesen R H, Arnberg L. Stray crystal formation in Al-20wt.%Cu studied by synchrotron X-ray video microscopy. Materials Science and Engineering A, 2005, 413(413): 283-287.

[15] Southin R T. Nucleation of the equiaxed zone in cast metals. Transactions of the Metallurgical Society of AIME, 1967, 239: 220-225.

[16] 仲红刚. 连铸坯凝固过程热模拟研究. 上海: 上海大学博士学位论文, 2013.

[17] Martorano M A, Biscuola V B. Predicting the columnar-to-equiaxed transition for a distribution of nucleation undercoolings. Acta Materialia, 2009, 57: 607-615.

[18] Hunt J D. Steady state columnar and equiaxed growth of dendrites and eutectic. Materials Science and Engineering, 1984, 65: 75-83.

[19] Martorano M A, Beckermann C, Gandin C A. A solutal interaction mechanism for the columnar-to-equiaxed transition in alloy solidification. Metallugical and Materials Transactions A, 2003, 34: 1657-1674.

[20] Mcfadden S, Browne D J. Meso-scale simulation of grain nucleation, growth and interaction in castings. Scripta Materialia, 2006, 55 : 847-850.

[21] Banaszek J, Mcfadden S, Browne D J, et al. Natural convection and columnar-to-equiaxed transition prediction in a front-tracking model of alloy solidification. Metallugical and Materials Transactions A, 2007, 38: 1476-1484.

[22] Griffiths W D, McCartney D G. The effect of electromagnetic stirring during solidification on the structure of Al-Si alloys. Materials Science and Engineering A, 1996, 216: 47-60.

[23] Lehmann P, Moreau R, Camel D, et al. A simple analysis of the effect of convection on the structure of the mushy zone in the case of horizontal Bridgman solidification comparison with experimental results. Journal of Crystal Growth, 1998, 183: 690-704.

[24] Ohno A, Soda H. Formation of the equiaxed zone in ingots and macro-segregation in steel ingots. Transactions ISIJ, 1970, 10: 13-20.

[25] 王寿彭. 铸件形成理论及工艺基础. 西安: 西北工业大学出版社, 1994.

[26] Kurz W, Fisher D J. Fundamentals of Solidification. 3rd ed. Durnten: Trans Tech Publication Ltd, 1989.

[27] Jackson K A, Rutter J W, Chalmers B. The redistribution of solute atoms during the solidification of metals. Acta Metallurgica, 1953, 1(4): 428-437.

[28] 李庆春. 铸件形成理论基础. 北京: 机械工业出版社, 1982.

[29] 胡汉起. 金属凝固原理. 北京: 机械工业出版社, 1991.

[30] Trivedi R, Kurz W. Dendritic growth. International Materials Reviews, 1994, 39 (2): 50-73.

[31] Liao X L, Zhai Q J, Song C J, et al. Effects of electric current pulse on stability of solid/liquid interface of Al-4.5wt.% Cu alloy during directional solidification. Materials Science and Engineering A, 2007, 466: 56-60.

[32] 马幼平, 许云华. 金属凝固原理及技术. 北京: 冶金工业出版社, 2008.

[33] Kurz W, Fisher D J. Dendrite growth in eutectic alloys: The coupled zone. International Metals Reviews, 1979, 5/6: 177-203.

[34] Kaya H, Cadırlı E, Gündüz M. Dendritic growth in an aluminum-silicon alloy. Journal of Materials Engineering and Performance, 2007, 16(1): 12-21.

[35] Kurz W, Fisher D J. 凝固原理. 毛协民, 等译. 西安: 西北工业大学出版社, 1987.

[36] Lux B, Kurz W. The Solidification of Metals. London: The Iron And Steel Institute, 1968.

[37] Flood S C, Hunt J D. Modification of Al-Si eutectic alloys with Na. Metal Science, 1981, 8: 287-294.

第 4 章

金属凝固组织细化技术应用现状

根据 Hall-Petch 公式，多晶态金属材料的强度与其晶粒尺寸之间有着密切的关系，材料的强度随着晶粒尺寸的减小而提高[1,2]。细化晶粒被认为是工程上唯一能够同时提高金属强度和韧性等综合力学性能的措施。因此，除了某些特殊用途的材料，如电工钢、汽轮机叶片等，为改善磁性、单向力学性能等而要求柱状晶或单晶组织外，金属材料一般都希望得到细小的等轴晶组织。生产实践还表明，获得细小等轴晶组织，还可以有效地降低铸件或铸锭的宏观偏析和热裂倾向。

在常规凝固条件下，要形成细等轴晶，金属凝固界面前沿的液相中必须有晶核来源，且在液相中存在晶核形成和生长所需的过冷度[3,4]。因此，获得细等轴晶组织主要基于以下基本原理：增加液相中的形核质点，提高形核率；降低晶核的长大速度或抑制晶核长大；控制结晶前沿的温度分布，在枝晶生长过程中将其熔断或破碎等。目前金属凝固组织细化技术大体上分为以下几类：①化学处理法，包括孕育处理和变质处理，前者通过添加晶粒细化剂促进生核，后者通过添加阻止生长剂抑制晶核长大，达到细化晶粒和改变晶体形貌的目的；②动力学处理方法，通过机械搅拌或机械振动、电磁搅拌等方法，促使初始晶核脱落、漂移和增殖，或使枝晶熔断、碎断，获得细小等轴晶组织；③氧化物冶金法，采用合理的冶炼工艺控制非金属夹杂物，形成超细弥散分布的高熔点粒子，作为凝固或固态相变时的结晶核心，以达到细化晶粒组织的目的；④快速凝固法，使金属熔体在大过冷度下快速发生液固相转变；⑤外加物理场处理，包括超声波、电磁场、电流等。本章着重介绍前 4 种金属凝固组织细化技术，外加物理场细化处理技术将在后面章节中详细介绍。

4.1 化学处理法

化学处理法包括孕育处理和变质处理，通过向金属熔体中添加少量特殊的化学元素，来促使熔体内部的非均质形核或抑制晶粒的长大。这类元素分为促进形核剂和阻碍生长剂两种，分别称为孕育剂和变质剂[5]。化学处理法在铸造生产中作出了重要贡献，其中比较经典的是铸铁孕育处理和球化处理技术。孕育处理技术使铸铁的抗拉强度由 100～150MPa 提高至 200～300MPa,随后球化处理技术又使铸铁的抗拉强度进一步提高至 400～600MPa。

4.1.1　孕育处理

孕育处理主要通过以下途径细化凝固组织:①晶粒细化剂中的高熔点化合物在熔化过程中不被完全熔化,在随后的凝固过程中成为异质晶核的核心;②晶粒细化剂中的微量元素与合金液中的元素发生化学反应形成化合物固相质点,起到异质形核核心的作用。液相中异质固相颗粒能否成为异质形核的核心则主要取决于这些固相颗粒与将要凝固的固相间的界面能。界面能越小,形核能力就越强。因此晶粒细化剂一般应该具有以下特性:①含有非常稳定的异质固相颗粒,这些颗粒不易被溶解;②异质固相颗粒与固相之间存在良好的晶格匹配关系,从而获得较小的界面能;③异质固相颗粒非常细小,高度弥散,既能起到异质形核的作用,又不影响合金的性能或带入任何影响合金性能的有害元素。

图 4-1 为纯铝中添加 0.1%(Al-5Ti-0.25C)合金后凝固组织的变化[6]。从图中可以看出,添加少量 Al-5Ti-0.25C 后,纯铝凝固组织的晶粒尺寸大大减小,细化效果非常显著。不同合金常用的几种晶粒细化剂如表 4-1 所示[7-16]。

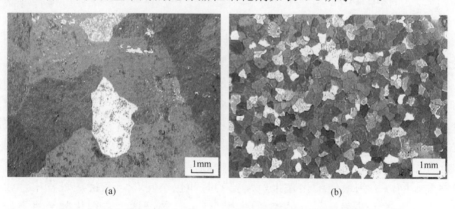

(a)　　　　　　　　　　　　　　(b)

图 4-1　纯 Al 经 0.1%(Al-5Ti-0.25C)孕育处理前后凝固组织对比[6]

(a) 0%;　(b) 0.1%(Al-5Ti-0.25C)

表 4-1　合金常用的晶粒细化剂[7-16]

合金	细化元素	加入量(质量分数)/%	加入方法
铝合金	Ti、Zr、Ti+B、Ti+C	0.01Ti+0.005B、0.01Ti+0.005C、0.15Ti、0.2Zr	中间合金: Al-Ti、Al-Ti-B、Al-Ti-C;钾盐: K_2TiF_6、KBF_4
铅合金	Se、Bi_2Se_3、Ag_2Se、BeSe	0.01～0.02	纯金属或合金
铜合金	Zr、Zr+B、Zr+Mg、Zr+Mg+Fe+P	0.02～0.04	纯金属或合金
镍基合金	WC、NbC 等碳化物	—	碳化物粉末

铝合金铸造过程中添加晶粒细化剂已成为被广泛应用的工艺[7-12]。早在 1950年，Cibula[7]已经发现当铝合金中含有 Ti，特别是同时存在微量 B 或 C 时，将会使铝合金晶粒细化，这一发现开创了 Al-Ti 系列晶粒细化技术。虽然人们也发现 Zr、Cr、Nb 等具有晶粒细化的作用，但 Al-Ti 及 Al-Ti-B 中间合金一直是工业上最为广泛使用的经济有效型铝合金细化剂。Al-Ti 系列晶粒细化剂中的异质晶核是 $TiAl_3$，它与 α-Al 之间有着较好的晶格匹配关系[8]，而 Al-Ti-B 细化剂中起异质晶核作用的是 Ti_2B。Mohanty 和 Gruzleski[9]发现，当合金液中存在固溶 Ti 时，Ti_2B 将成为 $TiAl_3$ 的形核核心，而 $TiAl_3$ 进一步会成为 α-Al 的形核核心。Al-Ti-C 细化剂是与 Al-Ti-B 同时提出的铝合金晶粒细化剂，但因 C 在铝合金中溶解度极低，很难形成中间合金，因而直至 Banerji 和 Reif[10]在 1987 年前后提出采用强力搅拌方法合成 Al-Ti-C 细化剂以后才得到广泛应用，Al-Ti-C 细化剂特别适用于含 Zr、Mn 等元素的铝合金[11,12]。铜合金中，Zr、ZrB 及 ZrFe 是比较有效的异质结晶核心，加入微量 P 细化效果更好[13]，Reif 等发现采用 Zr+Mg+Fe+P 复合添加剂晶粒细化效果比较好[14]。镍基高温合金因其熔点较高而很难找到合适的晶粒细化剂，选用碳化物可以获得一定的晶粒细化效果。对于锌合金，添加 Te 可起到晶粒细化的作用[15]。铅合金则可选用 Se，与 Bi、Be 或者 Ag 配合使用时效果更好[16]。

晶粒细化剂通常以中间合金的形式加入，比如 Al-Ti-B 细化剂常用的中间合金是 Al-5%Ti-1%B，Al-5%Ti-0.5%B 及 Al-5%Ti-0.2%B（质量分数）。此外，细化剂加入量、保温时间、浇注温度等因素对合金最终凝固组织也会产生很大的影响。晶粒细化剂加入合金液后要经历一个孕育期和衰退期。在孕育期内，中间合金熔化，使起细化作用的异质固相颗粒均匀分布并与合金液充分润湿，逐渐达到最佳的细化效果。此后异质固相颗粒的溶解和聚集，细化效果出现衰退，因此合金细化剂通常存在一个可接受的保温时间范围。合金熔化温度和细化剂的种类不同，达到最佳细化效果所需要的时间也不同[17]。在浇注过程中，较小过热度下通常可获得比较好的细化效果[18,19]。过热度增大，细化效果将下降。通常在某一个临界温度以下，细化效果随温度变化的影响不明显，而高于此温度时随温度的升高，细化效果迅速下降。临界温度与合金成分和细化剂的成分及加入量密切相关[19]。

此外，一些其他合金元素也会对细化效果产生影响，例如，过渡族元素 V、Mo 和 Cr 在一定的 Al-Ti-B 细化剂加入量下可提高细化效果，Ta 加入量较大时也会促进晶粒细化，但 Zr 和 Mn 的加入会降低 Al-Ti-B 的细化效果[11,12]。再比如合金化元素 Cu、Zn、Fe、Mg、Si 和 Ge 在加入量较小时，有助于提高 Al-Ti 细化剂的细化效果，但当加入量大于一定值时，则会降低细化效果[16,20]。总体来讲，合金元素对晶粒细化的影响主要在于两个方面，其一是与异质固相颗粒发生化学作用，影响其形核能力；其二是引起凝固过程的成分过冷，为异质形核过程提供所需要的过冷度。

4.1.2 变质处理

变质处理就是向金属熔体中添加阻止生长剂，通过降低晶核的长大速度或者改变相的生长形态，获得细小的等轴晶组织。最典型的应用是通过变质处理进行 Al-Si 合金中硅相的生长形态和铸铁中石墨形态的控制。人们最早发现向 Al-Si 合金中加入微量的 Na 元素，片层状的 Si 变成纤维状，并且 Si 相间距大大减小；同时材料的力学性能，特别是韧性得到很大提高。这一发现很快被用来进行工业合金的凝固组织控制，发展成为一个常用的工艺，即变质处理。变质处理后凝固组织中的 Si 相在同一个共晶团中仍是相互连通的。变质作用不同于晶粒细化，它只是改变相的生长形态，而不是促进形核或增加晶核数量。随后人们陆续发现 Sr、Ba、Yb、Ca、Te、Sb 元素均可以控制 Al-Si 合金中 Si 相的生长形态。图 4-2 是经 0.2%Sb 变质处理后 Al-12.5%Si 合金中的 Si 相生长形态的变化，可以看出变质处理后 Si 由片层状变成短纤维状[21]。在这些变质元素中，Sr 元素的变质效果最为明显，而且 Sr 变质具有长效性和重熔性，浇注时间可在 10h 以上，操作简单且无污染。因此目前 Al-Sr 中间合金已经逐渐成为工业上通用的变质剂，如 Sr10%-Al90%二元及 Sr10%-Si4%-Al76%三元中间合金[22]。

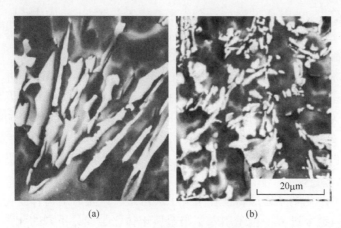

(a)　　　　　　　　　　　　(b)

图 4-2　Al-12.5%Si 合金经 0.2%Sb 变质前后的共晶 Si 生长形态[21]
(a) 0%；(b) 0.2%Sb

对于变质机理，Hogan 和 Song[23]通过测定 Al-Si 合金定向凝固过程的生长过冷度，证实了变质处理提高生长过冷度的推论。Lu 和 Hellawell[24,25]发现 Na 变质可以增加 Si 相的孪晶，促进 Si 的分支。宋基敬等[26]发现 Sr 变质处理后，合金液与 Si 的润湿角大大减小，即界面张力大大减小，从这一角度也可以很好地解释变质机理。黄良余[27,28]将变质剂分为两类，一类是吸附元素，如 Na、Sr 等。它们吸附在 Si 的表面，抑制 Si 相的生长；另一类为非吸附元素，如 Te、Sb 等，它们不能发生吸附，但是由于溶质分配系数 $k<1$，而在 Si 的表面富集，两种元素均能起到控制 Si 生长形态的目的；在此基础上他们提出吸附类变质剂可通过以下两种途径发生作用：①促进α-Al 的形核；②阻碍 Si 相生长。而非吸附类变质元素还需要具备以下条件：①在共晶相，尤其是 Si 相中溶解度很小，即分配系数 k 远小于 1；②在液相中的扩散系数 D_L 很小；③在凝固界面前不与液相中的其他元素形成化合物。另外，与孕育处理不同的是，变质处理时总是希望中间合金中的化合物相能够充分溶解，变质处理过程中必须对熔化及保温过程进行控制，以保证添加的合金元素充分溶解。

以上讨论的变质元素主要针对共晶及亚共晶铝合金。对于过共晶铝合金，理想的变质剂是 P。随着高硅铝合金的发展，P 变质的研究越来越受到人们的重视。由于高硅铝合金具有良好的耐磨性，低热膨胀系数(Al-20%Si 的热膨胀系数约为 18×10^{-6}/K) 及优异的高温性能，在汽车、摩托车的活塞等零部件中具有广阔的市场。但是过共晶 Al-Si 合金易形成粗大的初生 Si 相，导致性能恶化，因此初生 Si 相的形态控制就成为过共晶 Al-Si 合金应用中急需解决的主要问题。其解决途径是合金熔化过程中应在足够大的过热度下经充分长的时间保温，以保证 Si 的溶解，同时通过添加合金元素，控制初生 Si 相的生长。过共晶合金中控制初生 Si 相生长形态的有效变质剂是 P，通常以 Cu-P 中间合金的形式加入。国外研制出 Al-Cu-P 中间合金作为过共晶 Al-Si 合金的变质剂[29,30]。该中间合金是采用粉末冶金方法，将 Al 粉与 Cu-P 合金粉末混合，冷压并在真空下烧结获得的，其典型合金成分是 Al-Cu46.1%-P3.9%。该变质剂的主要优点是加入量较少，仅为 10~100ppm，而以 Cu-P 合金形式加入时的典型加入量则约为 200ppm；另外添加时的熔体温度较低，730℃即可瞬时生效，不会发生 P 对炉衬的污染，也不产生有害气体，更为重要的是，经过多次重熔后仍能保持较好的变质效果。

总的来讲，化学处理法目前在工业上应用最广，是普通铸件获得细晶组织的常用方法。但这个过程中由于引入了与金属熔体化学成分不同的元素，所以必然会影响金属熔体纯净度，不利于金属的循环利用[31]。为此有研究学者尝试引入与金属熔体化学成分相近的元素，如上海大学翟启杰等[32]基于热力学理论提出了温度扰动和成分扰动方法，通过向金属熔体中加入与金属熔体成分相近的金属粉末、颗粒、丝带或与金属液溶质含量相近的微量同类金属，从而在金属熔体中造成特定的温度起伏和成分起伏，这些起伏的引入可以提供生核所需的能量，促进金属液生核。这一方法将在本书第 6 章中详细阐述。

4.2　动力学细化法

动力学细化法主要是采用机械力或者电磁力引起金属熔体中固相和液相的相对运动,导致初生枝晶的熔断、破碎或与铸型分离,在液相中形成大量结晶核心,达到细化晶粒的效果。常用的动力学细化法有浇注过程控制技术、机械搅拌或机械振动技术及电磁搅拌技术。

4.2.1　浇注过程控制技术

在浇注过程中,液态金属在铸型型壁的激冷作用下大量形核,而后被冲击脱落,进入液相区并发生增殖。若这些晶核或小晶体在液相过热热量完全散失后未被完全熔化,可能成为后续凝固的结晶核心,因而通过控制浇注方式,使液态金属连续地冲击铸型壁,则有可能获得大量的结晶核心。Ohno[33]发现采用底注法浇注,Al-0.2%Cu 合金铸锭凝固组织为粗大的柱状晶,采用上注法则出现了部分等轴晶,单孔型壁附近浇注法则可促进形核,细化晶粒;进一步使液流分散,采用六孔浇口杯型壁附近浇注则更有利于形核,并且浇注结束时过冷度较低,也有利于晶核的生存。

除了控制浇注方式以外,降低浇注温度也是细化晶粒的有效途径。降低过热度,在接近于液相线温度下浇注是细化凝固组织、扩大等轴晶区的有效方法。在连铸生产上,低温浇注已成为人们的共识[34]。低温浇注不仅可以细化凝固组织,提高铸坯内部质量,同时可以实现高拉速、减少溢漏事故、提高炉衬使用寿命、降低钢中气体含量等[35]。然而,降低金属浇注温度会引起金属液流动性降低,容易造成浇口堵塞等问题[36]。此外,提高冷却速度或采用一些特殊手段,使金属熔体快速冷却,也就是快速凝固,也可以得到细化的凝固组织,甚至可以得到微晶或纳米晶,详见 4.4 节。

4.2.2　机械搅拌或振动技术

在合金凝固过程中,有相当长的时间是处于液固共存状态,即半固态。半固态金属具有典型的流变学特性,其变形的切应力不仅取决于固相体积分数,还与固相的生长形态密切相关。在一般铸件的凝固过程中,当固相体积分数达到 15% 左右时,固相开始形成枝状骨架,产生变形阻力,金属已不能流动。采用机械搅拌造成液相和固相之间产生不同程度的相对运动,即液态金属的对流运动,可以引起枝晶臂的熔断、破碎和增殖,达到细化晶粒的目的。图 4-3 为机械搅拌前后 Al-5.2%Si 合金的凝固组织对比。可以发现,经机械搅拌后,Al-5.2%Si 合金凝固组织由粗大的树枝晶转变为细小的等轴晶，凝固组织获得细化[37]。但该方法存在两方面不足，一是对熔体搅拌时易卷入气体，且得不到金属液的及时补充，易形成气孔、缩松等缺陷[38]；二是对高熔点的金属液进行搅拌时，搅拌器损耗严重，对金属熔体造成污染，会产生新的质量问题。

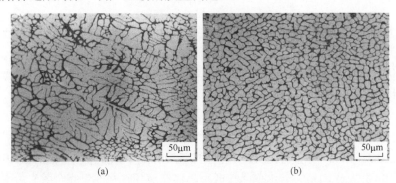

图 4-3　机械搅拌对 Al-5.2%Si 合金凝固组织的影响[37]
(a)未搅拌；(b)机械搅拌

英国 Brunel 大学的 Fan 课题组提出了 MCAST 技术，也就是对半固态金属进行快速的双螺旋强剪切挤压中间处理，获得细晶组织[39-42]，图 4-4 是双螺旋强剪切挤压装置示意图[40]。图 4-5 是 AZ91D 镁合金在 650℃经双螺旋强剪切挤压处

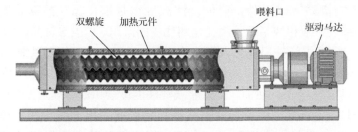

图 4-4　双螺旋半固态合金强剪切挤压装置示意图[40]

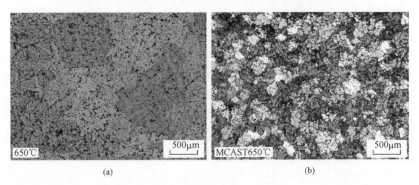

图 4-5　AZ91D 镁合金在 650℃进行双螺旋强剪切挤压处理前后凝固组织对比[40]
(a)未处理；(b)双螺旋强剪切挤压处理

理 45s 前后的凝固组织对比，双螺旋速度为 800r/min。可以发现，晶粒尺寸由 212μm 降低至 86μm[40]。目前这一技术已经与传统的压力铸造和双辊薄带连铸相结合[43-48]，但是由于该技术受双螺旋材料本身的限制，目前主要用于处理 Al、Mg 等低熔点合金，而在高熔点材料中应用困难较大。

除此之外，采用机械振动借助金属熔体的对流运动也可以引起枝晶破碎、晶核增殖，达到细化凝固组织的目的。该方法最早可追溯至 1868 年 Chernov 在钢锭凝固过程施加轻微振动使初生奥氏体组织细化的实践。其后大量的实验表明，金属凝固过程中施加机械振动可以显著细化凝固组织[49-51]，但该方法在实际操作中，当机械振动频率过高时，金属凝固组织细化效果反而会降低，出现钢锭碳化物偏析和疏松严重等问题。

4.2.3 电磁搅拌技术

1961 年，Langenberg 等[52]报道了交流磁场可显著细化钢锭的凝固组织，这引起了人们利用电磁搅拌强制流体流动来控制凝固过程的兴趣。随后 Ohno 等[53-55]研究了 99.7%Al 和 H_2O-32%NH_4Cl 在电磁搅拌作用下等轴晶的形成机制。实验发现，当施加电磁搅拌时，如果柱状晶从底部生长，则不出现枝晶分枝脱落现象。如果搅拌前液相中已存在自由晶，则搅拌时这些自由晶就可以对正在生长的枝晶进行撞击，促进等轴晶形成。虽然未发现电磁搅拌引起的枝晶熔断脱落成为独立等轴晶现象，但却发现电磁搅拌可以使型壁形成的晶粒脱落游离，并在搅拌中不断增殖。Vivès 等[56-58]通过交流磁场对金属熔体作用方式的研究，提出了 CREM 新型铝合金电磁连铸工艺。他们认为交流磁场可在金属熔体中产生感应电流，感应电流和磁感应强度交互作用产生一个体积力。体积力会使熔体内部产生剧烈的强制对流，强制对流使得初生凝固壳处形成的枝晶臂熔断并不断带入液穴内部形成异质核心，从而起到晶粒细化和抑制枝晶生长的作用。毛大恒和严宏志[59]探讨了交变电磁场引起的电磁搅拌对铝及 LY12 合金凝固组织的影响。结果表明，经过低频交变电磁场处理后，纯铝的晶粒显著细化，LY12 合金中 Cu 分布更加均匀弥散。分析认为，电磁搅拌一方面能降低熔体的温度梯度，使结晶前沿较大范围内熔体温度变得均匀，导致内部形核，结晶向中心区域扩展；另一方面电磁搅拌在初生枝晶上产生剪切作用，使枝晶碎断、脱落，并在熔体中漂移。当温度较低时，这些碎块保存下来，使晶核的数目增加，导致柱状晶向等轴晶转化。不过目前尚无足够的证据证明电磁搅拌可以打碎枝晶，更多的学者认为电磁搅拌是通过改变枝晶周围的温度和溶质分布而使枝晶熔断的。Patchett 和 Abbaschian[60]在研究电磁搅拌细化铜铁包晶合金时发现，在亚包晶区电磁搅拌可使铜的枝晶破碎，使晶粒细化，但在过包晶区施加电磁搅拌会使初生铁颗粒偏聚。Griffiths 和 McCartney[61,62]发现在亚共晶 Al-Si 合金和 Al-Zn-Mg-Cu 合金凝固过程中，电磁搅拌可促使等轴晶形成，并且促进柱状晶向等轴晶转变，等轴晶区的宽度随着搅拌强度的增加而增大，然而在晶粒细化的同时，电磁搅拌加重了7150合金中Cu和Zn元素的宏观偏析。他们认为主要是糊状区内富溶质的液相在电磁力的作用下被推到凝固前沿所致。Cao等[63]发现在一定生长速度和搅拌速度下，电磁搅拌对Fe-C共晶合金产生共晶分离的特殊现象，即在试棒的外表面形成厘米级的石墨富集层，界面前沿附加环流的存在是Fe-C合金共晶分离现象与横向偏折产生的直接原因，同时由于搅拌后石墨漂浮的加剧，接近共晶含量的灰口铸铁产生纵向偏析。Han等[64]发现在交流磁场的作用下，过共晶铁铝合金中含铁相朝着试样中部聚集。以上试验现象表明，尽管电磁搅拌在一定的条件下可以细化凝固组织，但特定成分的合金会产生严重的偏析或偏聚现象，如果偏聚元素的比重大于基体比重则往往会形成正偏析，即向铸锭心部偏聚，反之则相反。

近年来，以铝合金和镁合金为研究对象的电磁搅拌半连续铸造技术和电磁搅拌半固态浆料制备技术受到越来越多的关注。Zhang和Cui等[65,66]采用低频电磁铸造新工艺制备了直径分别为100mm和200mm的7075铝合金圆锭。他们认为Lorentz力驱动的强迫对流能够减小熔体内部的温度梯度与液穴深度，从而使得铸锭的微观组织与表面质量都得到了显著的改善，整个铸锭横截面上呈现均匀细小的等轴晶组织。在电磁场强度不变的条件下，在10～20Hz低频区间，电磁搅拌能够有效地起到晶粒细化和溶质元素固溶作用。当频率提高到30Hz时，表面与中心偏析都得到了有效抑制，合金元素沿铸锭半径方向的分布趋于均匀。图4-6是直径为100mm圆锭横截面的宏观组织对比[67]，可以看出低频电磁搅拌后的组织被细化且分布均匀，并且可以消除裂纹缺陷。此外他们还对Al-Zn-Mg-Cu-Zr合金[68]和AZ91镁合金[69]进行了研究，发现用相对较低频率的磁场，铸锭横截面的微观结构都可以由柱状晶变成等轴晶，而且中心裂纹完全消失。

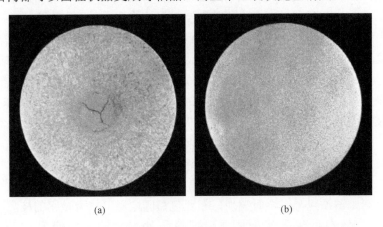

(a)　　　　　　　　　　　　　　　(b)

图4-6　直径100mm铝合金圆锭常规铸造和电磁搅拌条件下横截面的宏观组织[67]

(a)常规铸造；(b)电磁搅拌(100A, 20Hz)

研究人员还进行了利用电磁搅拌制备 A356 铝合金[70]、Al-Si-Fe[71]、AZ91 镁合金[72,73]半固态浆料的研究。结果表明，经电磁搅拌后可获得细小且均匀的流变铸态组织，即使是在弱电磁搅拌的情况下仍能得到蔷薇状组织。分析认为这是由于电磁搅拌引起的强迫对流使熔体内的温度场更加均匀并且在较短时间内将初生相枝晶迅速分散，最终导致枝晶的球化。图 4-7 是 Al-Si-Fe 合金常规铸造与电磁搅拌条件下的组织对比，显然初生枝晶在电磁力的作用下，发生了碎断，整体凝固组织明显细化[71]。此外研究人员还发现，对于过共晶铝硅合金，在高的搅拌电流条件下更容易使初生 Si 相偏聚，分析认为较强的电磁搅拌产生较强的离心力，使初生硅的偏聚加重[74]。

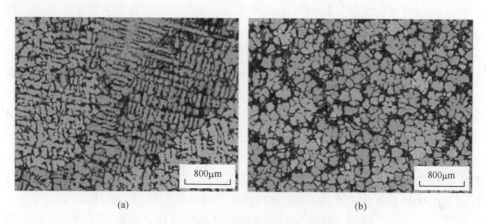

(a)　　　　　　　　　　　　　　　　(b)

图 4-7　Al-Si-Fe 合金电磁搅拌前后凝固组织对比[71]
(a)未搅拌；(b)电磁搅拌

近年来随着科技进步和冶金技术的发展，尤其是特殊钢连铸水平的不断提高，全世界特殊钢生产模式发生了深刻的变化，以模铸-初轧为中心的特殊钢的生产模式相当一部分已被以连铸为中心的生产流程所取代，因此各国研究机构和重点生产企业对连铸生产高附加值的钢种表现出极大的关注，其中电磁搅拌技术在提高特殊钢内部质量方面扮演着重要角色，而且一直是研发的重点[75]。例如，近些年来发展起来的复合电磁搅拌技术[76,77]就对高碳钢中心碳偏析有明显的改善，即高碳钢方坯的中心碳偏析经复合电磁搅拌后有明显减弱，同时还具有提高等轴晶比率，改善疏松等优点，因此被各大钢铁企业争相采用。

电磁搅拌凝固细晶技术经过近半个世纪的研究和发展，对其促进等轴晶形成的机理已基本达成共识[78]。电磁搅拌引起的强迫对流减小了凝固前沿的温度梯度，并且加速过热熔体的热量耗散，这有利于晶核的形成。同时，因搅拌引起的紊流流动，迫使柱状晶生长方式发生改变，促进了纤维状和蜂窝状凝固组织的形成；另外搅拌产生的切应力一定程度上也加速了凝固壳层枝晶臂的剥落与重熔，同时被卷入熔体内部促进异质形核。

4.3 氧化物冶金技术

氧化物冶金技术是利用钢中细小非金属夹杂物诱导晶内铁素体(IGF)形核细化晶粒的新技术。这一概念最早是 1990 年前后由日本新日铁公司的研究人员提出的[79-82]。非金属夹杂物一直被认为是钢中的有害杂质,是钢铁产品出现缺陷的主要诱因。但是对多数钢种而言,大型夹杂物对钢的性能才有影响,几微米以下的小夹杂物在凝固和轧制过程中可作为异质形核核心,通过控制夹杂物的大小、形态、数量和分布,可以提高钢材的性能。日本新日铁将利用氧化物夹杂细化金属组织的技术称为氧化物冶金[83]。

通过氧化物冶金可以有效改善高强度厚钢板的大线能量焊接性能和非调质钢的韧性。新日铁开发的 HTUFF 工艺通过细化晶粒,可以得到微细的显微组织和超高热影响区(HAZ)韧性,适用于 490~590MPa 建筑、造船、海洋结构和管线用厚板钢的大线能量焊接。该工艺的要点是利用在 1400℃高温下稳定(熔点高、不固溶、不长大)且细小(10~100nm)弥散分布的含 Mg 或 Ca 的氧化物、硫化物和 TiN 夹杂物来钉扎奥氏体晶粒在高温下的长大,同时也部分利用夹杂物在冷却过程对 IGF 的形核作用,来得到细小的 HAZ 组织,从而提高其韧性。

新日铁公司还提出了将传统的热处理工艺和非金属夹杂物(氧化物和 MnS)相结合的凝固组织控制法,开发出海洋结构用钢在保证屈服强度为 500MPa 的同时,保证−10℃焊缝的裂纹尖端张开位移(CTOD)特性[84]。另外,他们采用氧化物冶金技术,利用氧化物和硫化物作为晶核,生成晶内铁素体,显著提高钢的 HAZ 韧性,目前这种钛脱氧钢已工业化生产。此外,研究还发现,汽车和产业机械等机械零件用热锻造钢添加 V、S、N 后,以 MnS 为核心,可以形成细小的晶内铁素体,得到高韧性非调质钢[85]。随着对氧化冶金技术的认识和理解,人们也积极探索氧化物冶金技术在其他冶金过程中的应用,典型举例如下。

(1)40mm 以上厚板的组织细化。美国匹兹堡大学的 Al Hajeri 等[86]研究了 ASTM A572 级 50 钢中通过形成 Ti 氧化物和 MnS 夹杂物来形核 IGF 细化组织的可行性。发现即使在冷却速度慢至 0.08~0.24℃/s 的过程中,也可以利用 Ti 氧化物或 MnS 夹杂物来诱导粒状晶内铁素体(非针状 IGF)的形成,从而细化钢的组织。所形成的 Ti 氧化物和 MnS 夹杂物的平均尺寸分别为 1.08μm 和 1.33μm,但可有效形核 IGF 的 Ti 氧化物和 MnS 夹杂物的尺寸分别为 2.0μm 和 1.0μm。Ti 氧化物比 MnS 夹杂物具有更强的形核 IGF 能力。这可能是因为 Ti 氧化物的尺寸更大,多为复相成分,具有粗糙多孔的表面以及 Ti 是铁素体稳定元素。

(2)近终形连铸坯的组织细化。刘中柱等模拟近终形连铸坯凝固过程，在实验室制取 3mm 厚低碳钢试样，发现可以利用钢中生成的 $FeS-Cu_xS$ 夹杂来诱导针状 IGF 的生成，其机理可能是在 $FeS-Cu_xS$ 夹杂外围形成了 Mn 的贫乏区，而 Cu_xS 与 $\alpha\text{-}Fe$ 之间的低错合度也可能促进了 IGF 的生成。

(3)极厚 H 型钢的组织细化。这项技术被称为第 3 代控制轧制和控制冷却技术，即 TMCP(thermo-mechanical control process)技术。成分(质量分数)为 $w(C)=0.13\%$，$w(Si)=0.38\%$，$w(Mn)=1.38\%$，$w(Al)=0.028\%$，$w(V\text{-}Cu\text{-}Ni\text{-}N)=0.066\%$ 等的 H 型钢，加热后采取如图 4-8 所示的第 2 阶段轧制，其中第 2 阶段的轧制在 VN 析出峰值温度的下部进行，以轧制促使 VN 析出，其后的冷却过程中则利用 VN 形核 IGF。此外，新日铁也开发了综合运用 TMCP、微合金化和氧化物冶金技术的型钢生产工艺，已用于耐火、极厚以及低屈强比等 H 型钢的生产中。

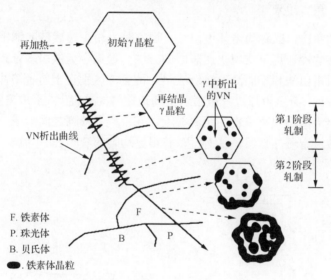

图 4-8　第 3 代 TMCP 组织细化原理

2000 年起，我国钢铁研究总院开始研发大线能量焊接用钢。与此同时，北京科技大学开始开展氧化物冶金技术研究。2006 年在国家新一代钢铁流程项目支持下，重点开发大线能量焊接船板及配套焊材。鞍山钢铁集团有限公司、武汉钢铁集团公司、宝钢集团有限公司和南京钢铁联合有限公司等企业陆续应用氧化物冶金原理成功研究出大线能量焊接用管线钢和石油储罐钢等。

氧化物冶金技术在管线钢的开发和焊接等领域也得到了初步的应用，但还有诸多技术问题没有很好解决。例如，作为有效核心的有益氧化物的临界尺寸、有益氧化物的生成条件和细化晶粒的机理还不甚明确。一旦这些问题得到解决，氧化物冶金技术必将得到更为广泛的应用[87-90]。氧化物冶金工艺概念的提出，已经促使人们开始重新审视以前研究较少的氧化物和硫化物，同时推动了钢中各种相变(如利用形核剂在液相中诱导固相,特别是晶内铁素体相变)的相关研究。

4.4 快速凝固法

快速凝固指的是在比常规工艺快得多的冷却速度(一般指 $10^4 \sim 10^9 K/s$)或大得多的过冷度(可达几百开尔文)下,合金以极快的凝固速度从液态转变为固态的过程[91-93]。快速凝固法制备出的材料最大特点是凝固组织显著细化。通常相比常规合金的晶粒尺寸要低几个数量级,甚至可以得到微晶及纳米晶[94,95]。在这一节中,主要介绍动力学急冷、热力学深过冷以及雾化这三种快速凝固技术。

4.4.1 急冷技术

动力学急冷,又称为熔体甩出法,通常是采用高速旋转的铜辊将合金液铺展成液膜并在急冷作用下实现快速凝固的方法。根据合金液引入方式的不同,可分为自由喷射甩出法和平面流动铸造法[96]。两者的区别在于前者熔体的喷嘴离单辊的距离比较远,合金液通过喷枪喷射到高速旋转的单辊上,形成薄膜并快速凝固,而后者合金液的出口离单辊的距离很近,在单辊和喷嘴之间形成一个熔池,该熔池对合金液流有缓冲作用,从而可以获得更均匀的液膜(图 4-9)。

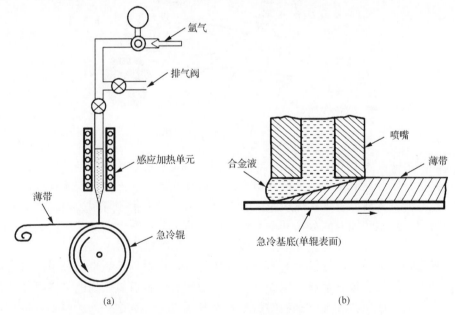

(a)   (b)

图 4-9 自由喷射甩出法(a)和平面流动铸造法(b)示意图[96]

急冷技术通过提高液态金属的动力学过冷度，从而达到增加总过冷度的目的。动力学急冷是获得熔体过冷的一个行之有效的方法，在实验和工程上已经取得重要成果，作为一种新型材料制备技术也越来越多地受到关注。同时研究对象由非晶材料逐渐转向多种功能性材料，如磁致伸缩材料[97]、形状记忆合金[98,99]、磁制冷材料[100-102]等。图 4-10 是不同辊速下制备出的 $Tb_{0.27}Dy_{0.73}Fe_{1.95}$ 磁致伸缩材料快速凝固组织。可以看出，快凝材料的晶粒尺寸随着辊速的提高而迅速减小，当辊速由 25m/s 提高至 45m/s 时，平均晶粒尺寸由 $2\mu m$ 降低至 600nm[97]。

(a)　　　　　　　　　　　　　　(b)

图 4-10　$Tb_{0.27}Dy_{0.73}Fe_{1.95}$ 单辊薄带不同辊速下的凝固组织[97]

(a) 25m/s；(b) 45m/s

4.4.2　深过冷技术

急冷技术难以实现大体积液态金属或合金的快速凝固，相比急冷技术，热力学深过冷技术不受外界散热条件的制约，可以在慢速冷却条件下实现大体积液态金属的快速凝固[103-106]。所谓过冷是指纯金属或合金在平衡液相线以下某一温度范围未发生结晶或凝固的现象。过冷度则是指液态金属开始形核的实际温度与平衡液相线温度之差。影响深过冷最重要的因素就是金属熔体中存在的异质晶核质点。根据经典形核理论，如果能够消除液态金属中触发形核的因素，如熔体内部的杂质、熔体与器壁之间的接触等，那么熔体的形核将完全来自本身的能量起伏和结构起伏。熔体的结晶行为将由非均质形核过渡至均质形核，使得熔体的过冷度大大增加，此时熔体的极限过冷度为金属或合金熔点的 0.2 倍。虽然后期研究发现极限过冷度可以远超过合金熔点的 0.2 倍，但是 Turnbull 从抑制形核的角度可以获得熔体深过冷的思路一直指导着人们不断改进方法，在合金中获得更大的过冷度。也就是说，热力学过冷度就是指通过各种有效的净化手段避免或消除金属或合金熔体中的异质晶核的形核作用，使得液态金属或合金获得在常规凝固条件下难以达到的过冷度。西北工业大学魏炳波等采用循环高温过热和无机盐玻璃净化剂除去液态 Ni-32.5%Sn 共晶合金中的异质晶核后获得了高达 397K 的热力学深过冷，但即使在如此大的过冷度下形核，液态金属仍然优先在表面或界面处发生异质形核[107]。目前热力学深过冷技术不仅作为现代快速凝固理论研究的重要手段，也是制备高性能大块非平衡材料的重要技术。

通常情况下，深过冷合金熔体一旦形核即发生快速凝固，此时结晶潜热的释放速度远大于体系向环境的散热速度，系统被重新加热到较高的温度，这就是所谓的再辉现象。再辉随快速凝固过程的终止而结束，然后进入慢速凝固阶段，残余的液相依靠向环境散热而凝固。与常规凝固过程相比，深过冷熔体在快速凝固过程中析出的枝晶要经历强烈的诸如热冲击、液流冲击这样的物理化学作用，原始枝晶的完整性遭到破坏，甚至从最终的凝固组织中完全消失。深过冷合金凝固组织最重要的特征之一就是合金在宽过冷区间内会出现两次不同类型的细化组织。图 4-11 是 Fe-7.5Ni 合金在不同过冷度下的凝固组织[108]，可以看出 Fe-7.5Ni 合金在小过冷度 15K，接近常规凝固条件下的凝固组织是发达的树枝晶；增加过冷度至 47K 时，晶粒出现第一次细化，形成第一类粒状晶；继续增加过冷度，在过冷区间 105～185K 凝固为细枝晶组织；当过冷度高于 304K 时，凝固组织发生明显变化细化，形成第二类粒状晶。

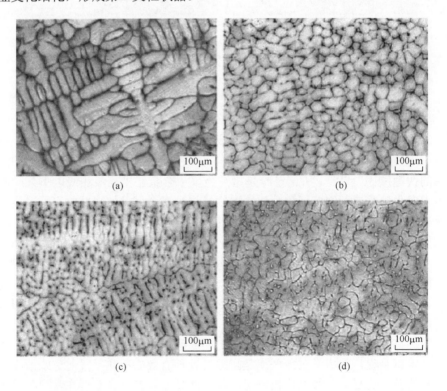

(a) (b)

(c) (d)

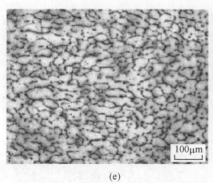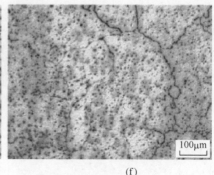

(e)　　　　　　　　　　　　　　　(f)

图 4-11　Fe-7.5Ni 合金在不同过冷度下的凝固组织[108]

(a)15K；(b)47K；(c)105K；(d)130K；(e)185K；(f)304K

对于过冷熔体的这种晶粒细化机制，至今仍然缺乏合理的解释，主流观点归结于枝晶重熔（第一类粒状晶）和枝晶破碎-再结晶机制（第二类粒状晶）[109-112]。在低过冷区间，枝晶生长主要受溶质扩散控制。在该过冷度范围形成的枝晶具有较大的重熔趋势，并且在再辉后的液固共存区内自由移动、旋转，形成细小的粒状等轴晶，即枝晶重熔机制。在高过冷度下的晶粒细化属于枝晶重熔和再结晶机制，初生枝晶形成连续的枝晶网络，随后枝晶间渗透性快速降低，凝固收缩导致液固共存区内压力梯度提高。凝固收缩和压力梯度控制下枝晶间的液相流动，以及枝晶间的相互作用，必然会造成枝晶网络中应力的积累。另一方面，生长过程由溶质扩散转化为热扩散控制，凝固速度大幅度提高，溶质截留效应更加明显，组织中的点、线、面缺陷增多。大量晶格缺陷的存在和大量溶质原子的溶入也必然会造成晶格畸变程度的上升，枝晶骨架内的内应力增大。也就是说，在高过冷度条件下，一方面，再辉过程中积累的应力超过枝晶骨架强度时，会造成枝晶骨架的断裂、破碎或塑性变形，并且以应变能的形式存储在枝晶碎片中；另一方面，储存于枝晶碎片中的应变能，与固相中产生的晶格畸变能叠加，最终导致枝晶碎片的再结晶，因此高过冷度下的第二类粒状晶细化机制应该是枝晶破碎-再结晶机制。目前深过冷技术作为新型材料制备技术尚处于实验室研究阶段。

4.4.3　雾化技术

雾化法作为快速凝固技术正发挥着越来越重要的角色。雾化法是通过雾化喷嘴产生高速、高压介质流将熔融的金属流破碎成细小的液滴并冷却凝固成微米级颗粒的方法[113-116]。Dong 等[117]采用雾化法制备的 $Al_{85}Ni_5Y_6Co_2Fe_2$ 颗粒，内部组织极为细密[图 4-12(a)]，当颗粒尺寸小于一定程度时，甚至呈现非晶态[图 4-12(b)]。目前雾化技术的发展十分迅速并得到了广泛应用，世界上约 50%

的粉体是用雾化法制备的。结合粉末冶金等后续加工技术，雾化技术正作为一种
新型的凝固组织细化技术而日益受到越来越多的关注。另外，雾化技术也被应用
于探索制备超性能凝固亚稳相工程结构材料，如 Fe-25Cr-3.9C 过共晶高铬合金在
颗粒直径较大（180～350μm）时主要由细板条状碳化物、共晶片层碳化物和共晶奥
氏体组成，而在较小粒体内（<38μm）初生碳化物完全消失，共晶组织呈细密网状
（图 4-13）[118-120]。

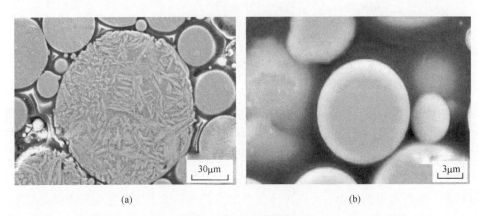

(a)   (b)

图 4-12 $Al_{85}Ni_5Y_6Co_2Fe_2$ 不同直径的雾化颗粒内部微观组织[117]

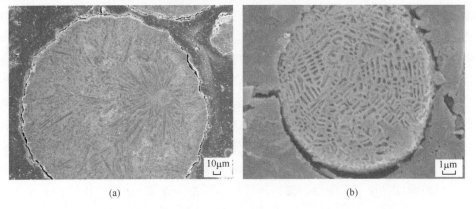

(a)   (b)

图 4-13   Fe-25Cr-3.9C 过共晶高铬合金不同直径的雾化颗粒内部微观组织[119]

参 考 文 献

[1] 肖纪美. 材料学的方法论. 北京: 冶金工业出版社, 1994.

[2] 龚少明. 凝聚态物理学. 北京: 科学出版社, 1994.

[3] 周尧和, 胡壮麒, 介万奇. 凝固技术. 北京: 机械工业出版社, 1998.

[4] 胡汉起. 金属凝固原理. 北京: 机械工业出版社, 2007.

[5] Lu L, Dahle A K. Effects of combined additions of Sr and AlTiB grain refiners in hypoeutectic Al-Si foundry alloys. Materials Science and Engineering A, 2006, 435～436(4): 288-296.

[6] Ma X G, Liu X F, Ding H M. A united refinement technology for commercial pure Al by Al-10Ti and Al-Ti-C master alloys. Journal of Alloys and Compounds, 2009, 471: 56-59.

[7] Cibula A. The mechanism of grain refinement of sand castings in aluminum alloys. Journal of Institute of Metals, 1949, 76: 321-361.

[8] Mollard F R, Lidman W G, Bailey J C. Light Metals 1987// Proceedings of 108th TMS Annual Meeting, Denver, 1987: 749-755.

[9] Mohanty P S, Gruzleski J E. Mechanism of grain refinement in aluminum. Acta Metallurgical Transactions et Materialia, 1995, 43: 2001-2012.

[10] Banerji A, Reif W. Development of Al-Ti-C grain refiners containing TiC. Metallurgical Transactions, 1986, 17A: 2127-2137.

[11] Abdel-Hamid A A. Effect of other elements on the grain refinement of Al by Ti or Ti and B. Part II. Effect of the refractory metals V, Mo, Zr and Ta. Zeitschrift für Metallkunde, 1989, 80: 643-647.

[12] Birch M E, Foscher P. Grain refining of commercial alloys with Titanium Boron Aluminum, Aluminum technology 86//Proceedings of International Conference, London, 1986: 117-124.

[13] Guzoski M M, Sigworth G K, Sentner D A. The role of Boron in the grain refinement of Aluminum with Titanium. Metallurgical Transactions, 1978, 18A: 749-755.

[14] Mannheim R, Reif W. Erstarung Metallisher Schmelzen DGM, 1981: 109-140.

[15] Reif W. Kornfeinung von Aluminium-, Blei-, Zin-, Kupfer-, and Nikel- leigierrunggen-ein Uberblick. Giesserei, 1989, 76: 41-47.

[16] Abdel-Reiheim M, Preibish B, Reif W. Kornfeinung von titanhaltigentechnishen Aluminium durch Erdalkalielemente. Metallurgy, 1984, 38: 520-525.

[17] Jones G P, Pearson J. Factors affecting the grain-refinement of aluminum using titanium and boron additives. Metallurgical Transactions, 1976, 7B: 223-234.

[18] Jie W Q, Reif W. Effect of Cu content on grain refinement of an Al-Cu alloy with AlTi$_6$ and AlTi$_5$B$_1$ refiners. Zeitschrift für. Metallkunde, 1993, 84: 445-450.

[19] Jie W Q, Reif W. Grain refinement of aluminum by titanium of hypoperitectic content//Proceedings of China–Japan International Conference on Foundry Engineering, Beijing: 1994: 311-317.

[20] Birch M E J. Grain refining of aluminum-lithium based alloys with titanium boron aluminum, aluminum-lithium alloys III//Proceedings of 3rd International Aluminum-Lithium Conference, London, 1986: 152-158.

[21] Bian X F, Wang W M, Qin J Y. Liquid structure of Al-12.5%Si alloy modified by Antimony. Materials Characterization, 2001, 46: 25-29.

[22] Pekguleryuz M O, Gruzleki J E. Conditions for strontium master alloy addition to A356 melts. AFS Transactions, 1988: 55-64.

[23] Hogan L M, Song H. Interparticle spacing and undercoolings in Al-Si eutectic microstructure. Metallurgical Transactions, 1987, 18A: 707-713.

[24] Lu S Z, Hellawell A. Growth mechanisms of silicon in Al-Si alloys. Journal of Crystal Growth, 1985, 73: 316-328.

[25] Lu S Z, Hellawell A. The mechanism of silicon modification in aluminum–silicon alloys: Impurity induced twinning. Metallurgical Transactions, 1987, 18A: 1721-1733.

[26] 宋基敬, 菊地俊史, 吉田诚, 等. 溶融 Al-Si 共晶合金と Si との固液界面エネルギ-测定. 日本金属学会志, 1994, 58: 1454-1459.

[27] 黄良余. 铝硅合金变质处理的新发展和新观点(上). 特种铸造及有色合金, 1995, 4: 30-32.

[28] 黄良余. 铝硅合金变质处理的新发展和新观点(下). 特种铸造及有色合金, 1995, 5: 19-22.

[29] 赵永治, 高泽生. 过共晶 Al-Si 合金连续铸造中初生 Si 细化的新方法. 轻合金加工技术, 1995, 33: 5-8.

[30] Schneider W. Light Metals. Denver: Metals and Materials Society, 1993: 815-820.

[31] Yoshiki M, Takuya T, Kenji M. Microstructural refinement process of pure magnesium by electromagnetic vibrations. Materials Science and Engineering. A, 2005, (413~414): 205-210.

[32] 翟启杰, 赵沛, 胡汉起, 等. 金属凝固细晶技术研究//凝固科学技术与材料发展——香山科学会议第 211 次学术讨论会论文集, 北京, 2005: 173-176.

[33] Ohno A. The Solidification of Metals. Tokyo: Chijin Shokan Co. Ltd. 1976: 50-104.

[34] 冯文圣, 赵继宇, 易卫东. 低过热度浇铸工艺在高碳钢连铸生产中的应用. 连铸, 2005, 2: 15, 16.

[35] 倪满森. 降低出钢温度实现低过热度连铸. 炼钢, 1999, 15: 10-13.

[36] Kenzo A, Hideo M, Kazuyuki T, et al. Low superheat teeming with electromagnetic stirring. ISIJ International, 1995, 35: 680-685.

[37] Sukumaran K, Pai B C, Chakraborty M. The effect of isothermal mechanical stirring on an Al-Si alloy in the semisolid condition. Materials Science and Engineering A, 2004, 369: 275-283.

[38] 李军文, 王晓艳. 机械搅拌对 Al-Si 合金凝固组织的影响及其模拟实验. 铸造, 2006, 55: 742-745.

[39] Men H, Jiang B, Fan Z. Mechanisms of grain refinement by intensive shearing of AZ91 alloy melt. Acta Materialia, 2010, 58: 6526-6534.

[40] Barekar N S, Dhindaw B K, Fan Z. Improvement in silicon morphology and mechanical properties of Al-17Si alloy by melt conditioning shear technology. International Journal of Cast Metals Research, 2010, 23: 225-230.

[41] Xia M, Wang Y, Li H, et al. Refinement of solidification microstructure by MCAST process//Proceedings of Magnesium Technology. TMS2009, 138th Annual Meeting and Exhibition, San Francisco, 2009: 135-140.

[42] Kotadia H R, Hari B N, et al. Microstructural refinement of Al-10.2%Si alloy by intensive shearing. Materials Letters, 2010, 64: 671-673.

[43] Zuo Y, Xia M, Liang S, et al. Grain refinement of DC cast AZ91D Mg alloy by intensive melt shearing. Materials Science and Technology, 2011, 27: 101-107.

[44] Tzamtzis S, Zhang H, Babu N H et al. Microstructural refinement of AZ91D die-cast alloy by intensive shearing, Materials Science and Engineering A, 2010, 527: 2929-2934.

[45] Bayandorian I, Xia M, Keyte R, et al. Microstructure and mechanical properties of melt conditioned twin roll cast AZ31 alloy strip//Proceedings of Magnesium, TMS2009, 138th Annual Meeting and Exhibition, San Francisco, 2009: 200-205.

[46] Zuo Y, Liu G, Zhang H, et al. Microstructure and mechanical properties of Mg-alloys produced by the MC–HPDC process//Proceedings of Magnesium, TMS2009, 138th Annual Meeting and Exhibition, San Francisco, 2009: 246-351.

[47] Tzamtzis S, Zhang H, Liu G, et al. Melt conditioned high pressure die casting (MC-HPDC) of Mg-alloys// Proceedings of Magnesium Technology. TMS2009, 138th Annual Meeting and Exhibition, San Francisco, 2009: 91-96.

[48] Bayandorian I, Bian Z, Xia M, et al. Magnesium alloy strip produced by melt conditioned twin roll casting (MC-TRC) process//Proceedings of Magnesium Technology. TMS2009, 138th Annual Meeting and Exhibition, San Francisco, 2009: 363-368.

[49] Kadir K. Effect of low frequency vibration on porosity of LM25 and LM6 alloys. Material & Design, 2007, 28: 1767-1775.

[50] 王元庆, 樊自田, 李继强, 等. 浇注温度和机械振动对消失模铸造镁合金组织和力学性能的影响. 铸造, 2007, 56: 266-269.

[51] 赵宪海. 机械振动改善凝固组织机理的基础研究. 鞍山: 鞍山科技大学硕士学位论文, 2006.

[52] Langenberg F C, Pestel G, Honeycutt C R. Grain refinement of steel ingots by solidification in a moving electromagnetic field. Transactions of the Metallurgical Society of AIME, 1961, 221: 993-1000.

[53] Ohno A. The effects of rotation of mold and electromagnetic stirring on the structure of aluminum ingots. Journal of the Japan Inst itute of Metals, 1977, 41: 545.

[54] Ohno A, Motegi T, Shimizu T. The formation of equiaxed crystals in ammonium chloride-water model and Al alloy ingots by electromagnetic stirring. Journal of the Japan Institute of Metals, 1982, 46: 554.

[55] 大野笃美. 金属的凝固、理论、实践及应用. 北京: 机械工业出版社, 1990.

[56] Vivès C, Ricou R. Experimental study of continuous electromagnetic casting of aluminum alloy. Metallurgical Transactions, 1985, 16B: 377-384.

[57] Vivès C. Electromagnetic refining of aluminum alloys by the CREM process. Part I: Working principle and metallurgical results. Metallurgical Transactions, 1989, 20B: 623-629.

[58] Vivès C. Electromagnetic refining of aluminum alloys by the CREM process. Part II: Specific practical problems and their solutions. Metallurgical Transactions, 1989, 20B: 631-643.

[59] 毛大恒, 严宏志. 电磁搅拌对铝及其合金凝固和铸态组织的影响. 轻合金加工技术, 1991, 19: 10-16.

[60] Patchett J A, Abbaschian G J. Grain refinement of copper by the addition of iron and by electromagnetic stirring. Metallurgical Transactions, 1985, 16B: 505-511.

[61] Griffiths W D, McCartney D G. The effect of electromagnetic stirring during solidification on the structure of Al-Si alloys. Materials Science and Engineering A, 1996, 216: 47-60.

[62] Griffiths W D, McCartney D G. The effect of electromagnetic stirring on macrostructure and macrosegregation in the aluminum alloy 7150. Materials Science and Engineering A, 1997, 222: 140-148.

[63] Cao Z Q, Ren Z M, Zhang L P, et al. Separated eutectic in the solidification of Fe-C alloy with electromagnetic stirring. Journal of Materials Science Letters, 1992, 11: 1579-1581.

[64] Han Y, Ban C Y, Guo S J, et al. Effect of alternating magnetic field on the distribution of Fe containing phase in hypereutectic Al-2. 89%Fe alloy. Acta Metallurgica Sinica, 2006, 42: 624-628.

[65] Zhang B J, Cui J Z, Lu G M. Effects of low-frequency electromagnetic field on microstructures and macrosegregation of continuous casting 7075 aluminum alloy. Materials Science and Engineering A, 2003, 355: 325-330.

[66] Zhang B J, Cui J Z, Lu G M. Effect of low-frequency magnetic field on macrosegregation of continuous casting aluminum alloys. Materials Letters, 2003, 57: 1707-1711.

[67] 张北江. 低频电磁场作用下铝合金半连续铸造工艺与理论研究. 沈阳: 东北大学博士学位论文, 2003.

[68] Dong J, Cui J Z, Zeng X, et al. Effect of low-frequency electromagnetic field on microstructures and macrosegregation of φ 270mm DC ingots of an Al-Zn-Mg-Cu-Zr alloy. Materials Letters, 2005, 59: 1502-1506.

[69] Guo S J, Cui J Z, Le Q C, et al. The effect of alternating magnetic field on the process of semi-continuous casting for AZ91 billets. Materials Letters, 2005, 59: 1841-1844.

[70] Zoqui E J, Paes M, Es-Sadiqi E. Macro- and microstructure analysis of SSM A356 produced by electromagnetic stirring. Journal of Materials Processing Technology, 2002, 120: 365-373.

[71] Nafisi S, Emadi D, Shehata M T, et al. Effects of electromagnetic stirring and superheat on the microstructural characteristics of Al-Si-Fe alloy. Materials Science and Engineering A, 2006, 432: 71-83.

[72] Liu S F, Liu L Y, Kang L G. Refinement role of electromagnetic stirring and strontium in AZ91 magnesium alloy. Journal of Alloys and Compounds, 2008, 450: 546-550.

[73] Zhang X L, Li T J, Teng H T, et al. Semisolid processing AZ91 magnesium alloy by electromagnetic stirring after near-liquidus isothermal heat treatment. Materials Science and Engineering A, 2008, 475: 194-201.

[74] Lu D H, Jiang Y H, Guan G S, et al. Refinement of primary Si in hypereutectic Al-Si alloy by electromagnetic stirring. Journal of Materials Processing Technology, 2007, 189: 13-18.

[75] Hideyuki Y, Takehiko T, Kazuhiko I, et al. Recent progress of EPM in steelmaking, casting, and solidification processing. ISIJ International, 2007, 47: 619-626.

[76] Kyung S O, Young W C. Macrosegregation behavior in continuously cast high carbon steel blooms and billets at the final stage of solidification in combination stirring. ISIJ International, 1995, 35: 866-875.

[77] Li J C, Wang B F, Ma Y L, et al. Effect of complex electromagnetic stirring on inner quality of high carbon steel bloom. Materials Science and Engineering A, 2006, 425: 201-204.

[78] Campanella T, Charbon C, Rappaz M. Grain refinement induced by electromagnetic stirring: A dendrite fragmentation criterion. Metallurgical and Materials Transactions A, 2004, 35: 3201-3210.

[79] Takamura J. Roles of oxides in steels performance//Proceedings 6th International Iron & Steel Congress. Nagoya: ISIJ, 1990: 591-597.

[80] Mizoguchi S. Control of oxides as inoculants//Proceedings 6th International Iron & Steel Congress. Nagoya: ISIJ, 1990: 598-604.

[81] Sawai T. Effect of Zr on the precipitation of MnS in low carbon steels//Proceedings of 6th International Iron & Steel Congress. Nagoya: ISIJ, 1990: 605-611.

[82] Ogibayashi S. The features of oxides in Ti-deoxidized steel//Proceedings of 6th International Iron & Steel Congress. Nagoya: ISIJ, 1990: 612-617.

[83] Kojima A, Kiyose A, Uemori R, et al. Super high HAZ toughness technology with fine microstructure imparted by fine Particles. Nippon Steel Technical Report, 2004, 380: 2-5.

[84] Nagai Y, Fukami H, Inoue H, et al. YS500/mm^2 high strength steel for off shore structures with good CTOD properties at welded joints. Nippon Steel Technical Report, 2004, 380: 12-16.

[85] Hatano H. Effect of Ti and B on microstructure of 780MPa class high strength weld metal (in Japanese). Research & Development Kobe Steel Engineering Reports, 2005, 91: 397-402.

[86] Al Hajeri K F, Isaac G C, Deardo A J. Particle-stimulated nucleation of ferrite in heavy steel section. ISIJ International, 2006, 46: 1233-1240.

[87] 赵素华, 潘秀兰, 王艳红, 等. 氧化物冶金工艺的新进展及其发展趋势. 炼钢, 2009, 25: 66-69.

[88] 刘中柱, 桑原守. 氧化物冶金技术的最新进展及其实践. 炼钢, 2007, 23: 7-13.

[89] 刘中柱, 桑原守. 氧化物冶金技术的最新进展及其实践. 炼钢, 2007, 23: 1-6.

[90] 吕春风, 尚德礼, 李文竹, 等. 氧化物冶金技术及其应用前景. 鞍钢技术, 2007, 6: 10-15.

[91] 陈光, 傅恒志. 非平衡新型金属材料. 北京: 科学出版社, 2005.

[92] 张荣生, 刘海洪. 快速凝固技术, 北京: 冶金工业出版社, 1996.

[93] 张程甫, 肖理明, 黄志光. 凝固理论与凝固技术. 武汉: 华中工学院出版社, 1985.

[94] Flinn J E. Rapidly Solidification Technology for Reduced Consumption Strategic Materials. Park Ridge: Noyes Publications, 1985, 32-38.

[95] 沈宁福, 汤亚力, 关绍康, 等. 凝固理论进展与快速凝固. 金属学报, 1996, 32: 674-684.

[96] Yu H. A fluid mechanics model of the planar flow melt spinning progress under low Reynolds number conditions. Metallurgical Transactions, 1987, 18B: 557-563.

[97] Liu H Y, Li Y X, Zhang M, et al. Structure and magnetic properties of melt-spun $Tb_{0.27}Dy_{0.73}Fe_x$ ribbons. Journal of Magnetism and Magnetic Materials, 2008, 320: 1871-1874.

[98] Crone W C, Wu D, Perepezko J H. Pseudoelastic behavior of nickel-titanium melt-spun ribbon. Materials Science and Engineering A, 2004, 375-377: 1177-1181.

[99] Zheng H X, Xue S C, Wang W, et al. Effect of deformation on the martensitic transformation of TiNi melt-spun ribbons. Journal of Alloys and Compounds, 2013, 561: 180-183.

[100] Yan A R. Structure and magnetocaloric effect in melt-spun $La(Fe,Si)_{13}$ and MnFePGe compounds. Rare Metals, 2006, 25: 544-549.

[101] Wu D Z, Xue S C, Frenzel J, et al. Atomic ordering effect in $Ni_{50}Mn_{37}Sn_{13}$ magnetocaloric ribbons. Materials Science and Engineering A, 2012, 534: 568-572.

[102] Zheng H X, Wu D Z, Xue S C, et al. Martensitic transformation in rapidly solidified Heusler $Ni_{49}Mn_{39}Sn_{12}$ ribbons. Acta Materialia, 2011, 59: 5692-5699.

[103] 郭学锋, 吕衣礼, 杨根仓. Cu-Ni-Fe 合金在特殊涂层中的深过冷及其遗传性. 材料研究学报, 1998, 12: 598-603.

[104] Ecker K, Herlach D M. Measurements of dendrite growth velocities in undercooled Ni-melts–Some new results. Materials Science and Engineering A, 1994, 178: 159-162.

[105] Goetzinger R, Barth M, Herlach D M, et al. Disorder trapping in Ni_3 (Al, Ti) by solidification from the undercooled melt. Materials Science and Engineering A, 1997, 226-228: 415-419.

[106] Ecker K, Gartner F, Assadi H, et al. Phase selection, growth and interface kinetic in undercooled melt. Materials Science and Engineering A, 1997, 226-228: 410-414.

[107] 魏炳波, 杨根仓, 周尧和. 深过冷液态金属的凝固特点. 航空学报, 1991, 12: 213-220.

[108] Li J F, Jie W Q, Yang G C, et al. Solidification structure formation in undercooled Fe-Ni alloy. Acta Materialia, 2002, 50: 1797-1807.

[109] 郭学锋, 刘峰, 杨根仓, 等. 过冷 $Cu_{70}Ni_{30}$ 熔体凝固组织的第一类粒状晶. 金属学报, 2000, 4: 351-355.

[110] Li J F, Liu Y C, Lu Y L, et al. Structural evolution of undercooled Ni-Cu alloys. Journal of Crystal Growth, 1998, 192: 462-470.

[111] 惠增哲, 杨根仓, 周尧和. 大体积 Ni-Sn 共晶合金的化学净化与过冷. 材料研究学报, 1998, 12: 37-41.

[112] 魏炳波, 杨根仓, 周尧和. Ni-32.5Sn 共晶合金的净化与深过冷. 金属学报, 1990, 26: B343.

[113] Anderson I E, Figliola R S, Morton H. Flow mechanisms in high pressure gas atomization. Materials Science and Engineering A, 1991, 30: 101-114.

[114] Endo I, Otsuka I, Okuno R, et al. Fe-based amorphous soft-magnetic powder produced by spinning water atomization process. IEEE Transactions on Magnetics, 1999, 35: 3385-3387.

[115] Alan L. Atomization: The Production of Metal Powders. Princeton. New Jersey: Metal Powder Industries Federation, 1992.

[116] Yang M, Dai Y X, Song C J, et al. Microstructure evolution of grey cast iron powder by high pressure gas atomization. Journal of Materials Processing Technology, 2010, 210: 351-355.

[117] Dong P, Hou W L, Chang X C, et al. Amorphous and nanostructured $Al_{85}Ni_5Y_6Co_2Fe_2$ powder prepared by nitrogen gas-atomization. Journal of Alloys and Compounds, 2007, 436: 118-123.

[118] 杨敏. 气雾化铁–碳系合金粉体组织演化及其形成研究. 上海: 上海大学博士学位论文, 2010.

[119] Yang M, Song C J, Dai Y X, et al. Microstructural evolution of gas atomized Fe-25Cr-3. 2C alloy powders. Journal of Iron and Steel Research, 2011, 18: 75-78.

[120] Dai Y X, Yang M, Song C J, et al. Solidification structure of $C_{2.08}$ $Cr_{25.43}$ $Si_{1.19}Mn_{0.43}$ $Fe_{70.87}$ powders fabricated by high pressure gas atomization. Materials Characterization, 2010, 61: 116-122.

第 5 章

低过热度低温度梯度凝固细晶技术

过热度和温度梯度对金属凝固组织有显著影响。大多数情况下控制过热度和温度梯度不需要添置额外的装备，因此这一技术长期以来一直受到冶金和铸造工作者的高度重视。近几十年，由于测控温手段的进步，这一技术在冶金和铸造生产中应用更加广泛。

5.1 过热度对金属凝固组织的影响

过热度是指浇注温度与金属凝固温度之差，是冶金和铸造工作者确定浇注温度的重要依据。一般情况下，金属液的浇注温度越低，其过热度越低，得到的铸坯等轴晶区就越大。在冶金生产中，人们通过降低钢液的浇注温度，即低过热度浇注，来改善铸坯质量。在铸造生产中，也常常采用"高温出炉，低温浇注"的方法改善铸件质量。

在连铸过程中，金属液的过热度显著影响连铸坯凝固组织和成分均匀性。降低浇注温度，进而降低钢液过热度，可以扩大等轴晶区，不仅能够改善铸坯的凝固组织，还能够降低铸坯的中心疏松和偏析。

5.1.1 过热度对金属液生核能力的影响

由第 1 章内容可知，液态金属由大量游动的原子团簇、空穴和化合物组成。在原子团簇的内部，原子有序排列；而在原子团簇的外部，原子无序排列。液态金属表现为近程有序和长程无序的结构特征。金属的液态结构随着金属液过热度的不同发生显著变化，降低液态金属的过热度可以显著提高金属液的生核能力，进而细化金属凝固组织。Elliott[1]将液体及非晶体中的结构划分为三类：短程有序，尺寸范围为 0.12～0.15nm；中程有序，尺寸范围为 0.5～2nm；长程有序。

在金属及合金熔体的衍射试验研究中，不论是 X 射线衍射还是中子衍射，在接近金属及合金熔点附近的低过热度温度区间，结构因子曲线上的第一峰前均发现明显的预峰。预峰的存在表明熔体中有类亚稳固体结构的中程有序结构。当金属液在低过热度浇注时，金属熔体中不仅存在短程有序结构，还存在中程有序结构。在金属液温度降低时，此类中程序的原子团簇可能达到金属形核的临界形核尺寸，成为晶胚进而转变为晶核。

20 世纪 60 年代，Steeb 和 Entress[2]在 Mg$_2$Sn 合金熔体结构的衍射实验中发现，该合金熔体在较大的成分浓度范围内都存在尺寸较大的类固体结构 Mg$_2$Sn，但当时还未提出中程有序结构的概念。Hoyer 和 Jodicke[3]在 Au$_{72}$Ge$_{28}$ 合金熔体的衍射实验研究中发现，当熔体温度低于两组元的熔点时，在衍射矢量 Q 为 13.5nm^{-1} 处，结构因子曲线上存在明显预峰，说明合金熔体中有类固体结构的中程有序结构。预峰的强度随熔体温度的提高而减少，当熔体温度大于 1000℃时，预峰消失，即过热度升高时，熔体中的中程有序结构会减少直至消失。有学者[4]在 Fe$_{68}$Si$_{32}$ 合金体系中也发现了类似的现象。合金在不同温度的结构因子曲线见图 5-1，从图中可以看出，在衍射矢量 Q 为 15.5nm^{-1} 处，合金熔体中存在预峰，说明在熔点附近熔体中存在 Fe$_3$Si 和 Fe$_2$Si 相的原子团簇。

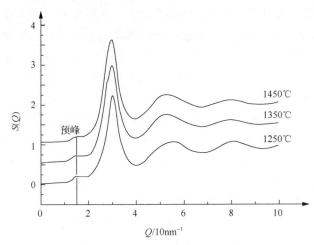

图 5-1　液态 Fe$_{68}$Si$_{32}$ 合金的结构因子曲线[4]

边秀房等[5]利用 θ-θ 液态金属 X 射线衍射仪研究了 Al-Fe 合金及 Al-Ni 合金熔体的中程有序结构及其演化规律。图 5-2 是 Al-20%Ni 合金(原子分数)在不同温度下结构因子的曲线，由图可以看出，当温度为 1400℃和 1500℃时，结构因子的预峰不明显，当熔体温度为 1300℃时，结构因子曲线上出现明显的预峰。说明，随着过热度的降低，中程有序的原子团簇开始出现，并且信息越来越强。

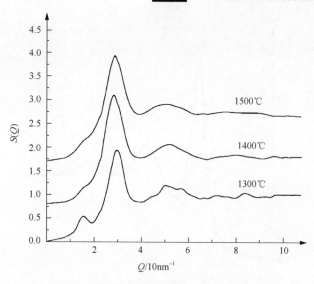

图 5-2 Al-20%Ni 合金在不同温度下的结构因子[5]

秦敬玉等[6]研究了 675℃时 Al-1.1%Fe 合金的熔体结构及其与熔体热历史的关系，并用纯铝作对比研究。结果表明，在无过热的 Al-Fe 合金熔体结构因子的小角部分出现预峰（图 5-3 放大框中实线部分），高温过热后预峰消失（图 5-3 放大框中空心点画线部分）。预峰的存在与 Fe-Fe 原子的中程序结构相关。纯铝熔体的结构因子与过热度无关，有、无过热度条件下均未出现预峰（图 5-4）。边秀房等[5]的观点是，熔体结构因子中，预峰的产生与合金体系中化合物的形成存在着关联。若体系相图中没有化合物出现，则不会出现预峰，即中程有序结构的原子团簇。

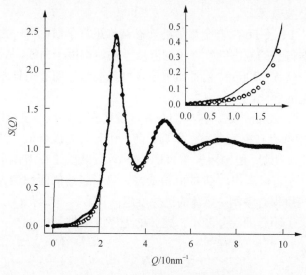

图 5-3 亚共晶铝铁合金熔体的结构因子[6]

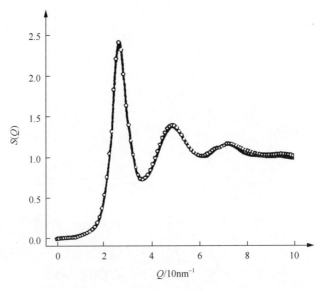

图 5-4　纯铝熔体的结构因子[6]

秦敬玉等[6]以晶体结构作为一级近似构造了一个液体结构模型，基本单元是一体心立方，8 个 Al 原子位于顶点，1 个 Fe 原子位于中心。此结构单元沿体对角线方向平移一条对角线的长度，形成类 DO3 结构，能够满足预峰对 Fe-Fe 原子间距的要求。将单元之间的立方空间用 Al 的面心立方晶胞填充，则原子团簇的成分约为 Al_7Fe，接近由快速凝固得到的亚稳相 Al_6Fe 的成分。所以认为，在无过热的液体亚共晶 Al-Fe 合金中，存在成分近似 Al_6Fe 的中程序原子团簇。过热后，此类中程序原子团簇会被破坏。

骆军等对纯 Fe 及 Fe-C 合金熔体的液态结构进行了研究[7]。图 5-5 是由 X 射线散射强度数据得到的液态纯铁在不同温度下的结构因子曲线，从图中可以看出，在三种温度下，$Q=5\sim20nm^{-1}$ 内都出现了预峰，而且，随着熔体温度的降低，预峰的峰值和峰宽的变化趋势是变大。

预峰 Q_p 在 $5\sim20nm^{-1}$ 这一区间的存在，说明在近熔点温度范围内，纯 Fe 和 Fe-C 合金熔体中都存在中程序原子团簇，随着熔体过热度降低，结构因子中的中程序结构信息更加明显。结构因子中的第一峰 Q_1 反映的是在熔体中存在的短程有序结构，从图 5-5 可以看出，Q_1 的峰值最高，峰所包络的面积最大，说明熔体中的主体相是这些短程有序相。熔体的过热度越高，第一、二峰（Q_1、Q_2）峰位下降，说明短程有序原子团簇的尺寸变小，熔体的无序度增加。

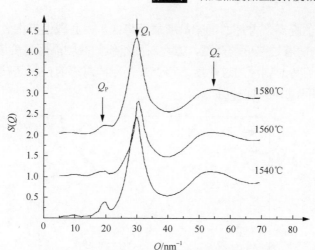

图 5-5 液态纯铁在不同温度下的结构因子曲线[7]

当温度接近熔点时，液态纯 Fe 和 Fe-C 合金熔体中的短程有序原子团簇尺寸增大，并开始出现越来越多的中程有序原子团簇。液态纯 Fe 的中程序原子团簇内保持有熔化前的体心立方结构单元；而 Fe-C 合金熔体中既有 Fe-C 原子团簇，也有 Fe-Fe 原子团簇，Fe-Fe 原子团簇内存在体心立方单元。在原子团簇间原子是完全无序排布的。表 1-4 列出了 Fe-C 合金熔体的主要结构参数，从表中可以看出，原子间平均最近邻距离基本不随温度变化而改变，而平均配位数、原子团尺寸和原子团内原子数目都随着温度的降低而增加。这说明，随着过热度的降低，中程有序原子团簇尺寸逐渐增大。

对于没有杂质的理想金属而言，具有中程序的原子团簇在其后熔体的降温过程中容易发展成为金属均质形核的核心。而对于存在异质核心质点的实际金属，具有中程序的原子团簇整体附着于异质核心质点上，更容易使异质核心质点达到异质形核所要求的临界形核尺寸。

由此可见，降低过热度能够提高金属液的生核能力。在实际生产中，降低浇注温度还有利于利用浇注过程中金属液产生的流动促进初生晶核的脱落、漂移和增殖，为后续熔体的凝固提供更多的晶胚。

5.1.2 过热度对凝固组织的影响

研究显示，高过热度浇注时，凝固前沿温度梯度会相应增加，靠近铸件表面区域的柱状晶发达[8]。连铸生产实践证明，在高过热度条件下浇注，不利于铸坯中形成细等轴晶组织；相反，低过热度条件下浇注，则有利于减小柱状晶区宽度，而且柱状晶及中心等轴晶分布也比较均匀[9]。

图 5-6 给出了过热度对高碳钢连铸方坯等轴晶率和中心偏析指数的影响[10]。

可见随过热度的提高，方坯的等轴晶率显著降低，中心碳偏析指数提高。过热度超过 15℃时，随着过热度的降低，方坯凝固组织的等轴晶区显著增大。文献[11]显示，高碳钢连铸时钢液的过热度 $\Delta T > 25$℃，凝固组织的柱状晶发达；而过热度 $\Delta T < 25$℃时，其中心等轴晶区扩大。

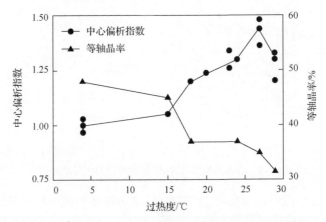

图 5-6　过热度对等轴晶率和中心偏析指数的影响[10]

图 5-7 为钢液过热度对 GCr15 连铸方坯等轴晶率的影响[12]，铸坯断面为 200mm×200mm。结果表明，随着过热度的提高，连铸方坯等轴晶率显著降低，当过热度从 30℃降低到 10℃时，GCr15 钢的平均等轴晶率从 20%升高到 40%。

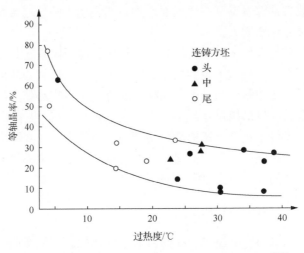

图 5-7　过热度对 GCr15 连铸方坯等轴晶的影响[12]

东北大学姜茂发课题组的闵义等研究了 37Mn5 连铸圆坯的凝固组织[13]，利用 Hunt[14]的 CET（柱状晶/等轴晶转变）判据模拟计算了过热度对连铸圆坯中心等轴晶率的影响，模拟结果与工业试验检测结果一致，降低过热度能够降低固液混合区的温度梯度,有利于晶体的形核与长大,阻止柱状晶生长,提高中心等轴晶率。Hunt[14]认为,当柱状晶生长前沿固相分数大于 0.49 时,将发生 CET 转变,以 C_{CET} 作为 CET 的判据。图 5-8 是以固相分数为 0.49 时的温度为基准,模拟计算的温度梯度 G 和枝晶尖端生长速度 v 随圆坯半径 r 的变化关系以及过热度对 CET 转变的影响[13]。从图 5-8(a)中可以看出,随着凝固进行,固液界面前沿的温度梯度 G 缓慢降低;枝晶尖端生长速度 v 在凝固初始阶段较快,之后缓慢降低,在铸坯完全凝固前快速升高;$G/v^{1/2}$ 值呈逐渐降低的趋势,当过热度由 32℃降低到 27℃ 和 22℃时,$G/v^{1/2}$ 曲线向右移动。图 5-8(b)为图 5-8(a)中小方框区域的放大图,从中可以看出,由于 $G/v^{1/2}$ 曲线向右移动,CET 转变点也向右移动,中心等轴晶区域增大。也就是说,在冷却条件不变的前提下,圆坯中心等轴晶率随过热度的降低而增大。计算可以得出,在实际浇注温度变化范围内,过热度降低 5℃,圆坯中心等轴晶率相应增加 0.7%。

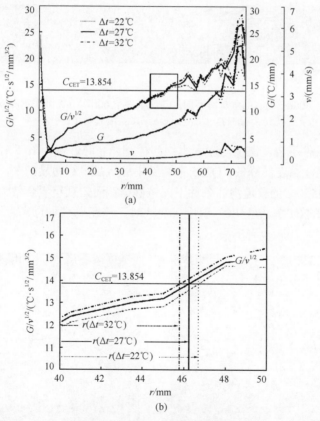

图 5-8　过热度对 CET 的影响[13]

(a) G、v 和 $G/v^{1/2}$ 与 r 的关系;　(b) 图 (a) 中方形区域的放大图

敖鹭等所做的热模拟实验表明[15],对于连铸 60Si2MnA 弹簧钢凝固,当过热

度由 30℃[图 5-9(c)]依次降低为 20℃[图 5-9(b)]和 10℃[图 5-9(a)]时,铸坯等轴晶区比例由 13%[图 5-9(c)]依次提高到 22%[图 5-9(b)]和 29%[图 5.9(a)]。当钢液过热度较低时,游离的晶粒能够保存下来并增殖和长大,可以阻止并抑制柱状晶的生长,进而提高等轴晶率。

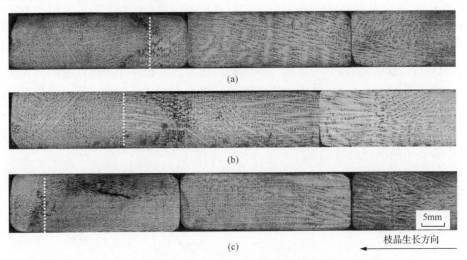

图 5-9　500mL/min 的水量时不同过热度条件下 60Si2MnA 弹簧钢凝固组织[15]
(a)过热 10℃；(b)过热 20℃；(c)过热 30℃

在模铸条件下浇注温度对凝固组织同样有显著的影响。图 5-10 和图 5-11[16]表明,随着浇注温度的降低,Q235 钢铸锭中柱状晶组织明显减少,等轴晶数量明显增加。在 1520℃的普通浇注条件下,铸锭横截面宏观组织全部为柱状晶组织；而过热度降低 20℃,在 1500℃温度下浇注时,铸坯横截面的等轴晶率达到 40%,同时,柱状晶片间距也有所减小。

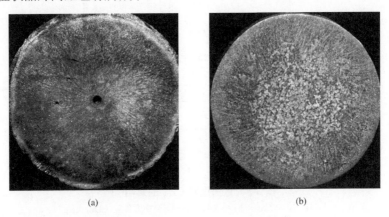

图 5-10　浇注温度对模铸坯组织的影响
(a)1520℃普通浇注；(b)1500℃低过热浇注

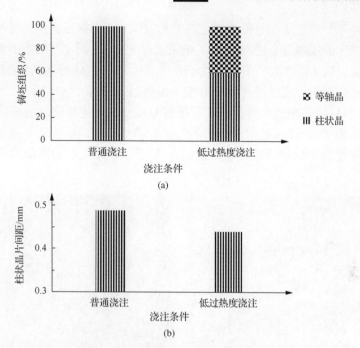

图 5-11 浇注温度与铸坯组织关系示意图

(a)浇注条件对柱状晶比例的影响；(b)浇注条件对柱状晶片间距的影响

Ozbayraktar 等[17]研究了过热度对 AISI 310S 奥氏体不锈钢铸锭凝固组织的影响规律，建立了等轴晶率、柱状晶宽度以及一次枝晶间距和过热度之间的函数关系，分别列于式(5-1)～式(5-3)

$$等轴晶率 = a + b\ln(1/\Delta T) \tag{5-1}$$

式中，a 和 b 为常数；ΔT 为过热度。

$$柱状晶宽度 = e^{(c+d/\Delta T)} \tag{5-2}$$

式中，c 和 d 为常数，数值与柱状晶至铸锭边缘的距离有关。

$$\lambda_1 = p + q\ln(1/\Delta T) \tag{5-3}$$

式中，λ_1 为一次枝晶间距；p 和 q 为常数，数值与柱状晶至铸锭边缘的距离有关。

式(5-1)～式(5-3)中 ΔT 均为过热度，从中可以看出，铸锭的等轴晶率随过热度的降低而提高，铸锭中柱状晶宽度随过热度的降低而变大，同时一次枝晶间距也随过热度的降低而增大。

张家涛等[18]研究了低过热度浇注对半固态 Al-30Si 凝固组织的影响。他们对低过热度浇注的液态合金进行 4.8kW 电磁搅拌 12s，不同浇注温度下水淬，得到试样的显微组织见图 5-12。图中 A 为初生 Si，B 为富 α-Al 的共晶相，C 为(α+Si)共晶体。研究表明，浇注温度对初生 Si 的影响主要表现为对初生 Si 形貌改善和对初生 Si 晶粒度影响两个方面。进行低过热度浇注时，随浇注温度降低，过热度减小，初生 Si 由板条状向细小的多角状及球状演变，形状逐渐圆整，分布也更均匀；浇注温度越接近液相线，初生 Si 的形状、细化和分布均匀性的改善效果越明显。

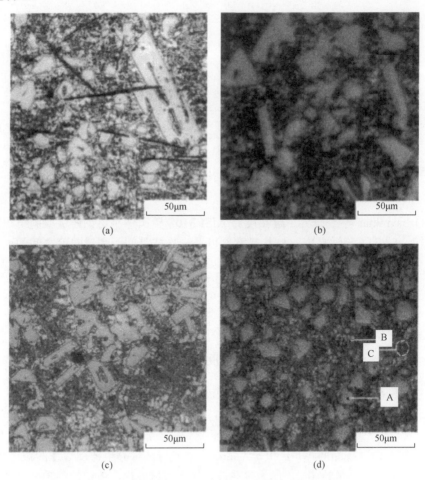

图 5-12　不同浇注温度下半固态 Al-30Si 合金的显微组织[18]

(a)870℃；(b)860℃；(c)850℃；(d)840℃

对不同浇注温度得到的组织中初生 Si 尺寸分析结果显示[18]，随着浇注温度的降低，铸坯组织中大尺寸的多角状或板片状初生 Si 明显减少，晶粒的最大尺寸由

84～136μm 减小到了 25～64μm。较小尺寸的晶粒明显增多，尺寸分布也更均匀。

Easton 等[19]研究了形核剂的添加以及浇注过热度对 Al-7Si-0.4Mg 合金铸件晶粒尺寸的影响，结果显示，随着浇注温度的升高，浇注过热度提高，晶粒尺寸越来越粗化，见图 5-13。

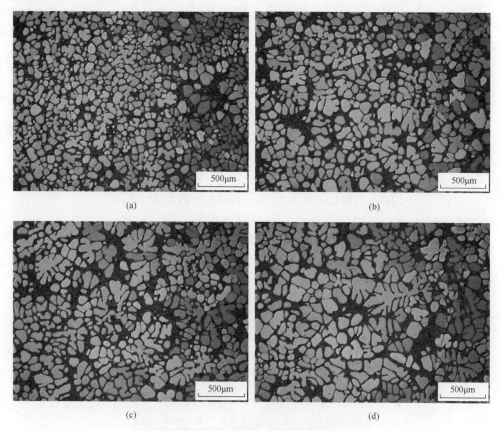

图 5-13　不同浇注温度对应的晶粒组织图[19]
(a) 630℃；(b) 650℃；(c) 670℃；(d) 720℃

对所有实验中晶粒组织进行计算统计的结果列于图 5-14[19]，从图中可以看出，当熔体过热度从 105℃降至 15℃时，晶粒尺寸从 300μm 降至 100μm。当浇注过热度为 85℃时，添加形核剂对细化晶粒尺寸的效果最为显著。当浇注过热度为 55℃时，添加形核剂仅对铸件中心部位的晶粒尺寸细化效果显著。当浇注过热度降低至 15℃时，形核剂的添加对晶粒尺寸的影响效果甚微，铸件不同部位的晶粒尺寸趋于相近。

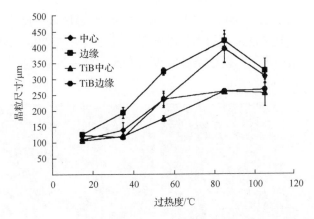

图 5-14   Al-7Si-0.4Mg 合金中晶粒尺寸与浇注过热度的关系[19]

5.2   温度梯度对金属凝固组织的影响

在本章中，温度梯度特指固液界面前沿熔体中的温度梯度，它控制了固液界面推进的形貌，决定了最终凝固的微观组织形态。工业中的大多数金属、合金及其他材料的凝固过程均属于低温度梯度凝固，此时，典型的晶体生长方式为枝晶生长[20]。当固液界面前沿的温度梯度足够低时，固液界面前沿的成分过冷度就会大于形核所要求的过冷度，在固液界面前沿析出新的晶核，长大并阻止柱状晶向铸坯内延伸生长，从而形成等轴枝晶[21]。图 5-15 为典型的柱状枝晶向等轴枝晶转变的凝固组织形貌[22]。

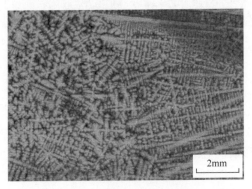

图 5-15   T10A 钢的局部凝固组织形貌[22]
凝固方向为自右向左

对于一定的合金，凝固的进行伴随着溶质再分配。图 5-16 为铸锭凝固过程的溶质再分配示意图，其中图(a)显示了某凝固瞬间，固液界面附近固液两相中的溶质分布情况；图(b)显示了随着固液界面的推进，固液界面附近固液两相中溶质分布的变化情况。从中可以看出，固液界面前沿的液相中溶质浓度逐渐升高。由于溶质的重新分配，在固液界面前沿形成一个溶质富集的边界层(对 $k_0 < 1$ 的合金)，这种溶质富集改变了固液界面前沿结晶温度，导致固液界面前沿熔体的实际结晶温度低于液相线温度。

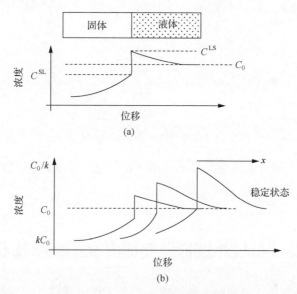

图 5-16 凝固界面的溶质分配示意图[23]

(a)凝固瞬间；(b)固液界面的推进过程中，固液界面附近固液两相中溶质分布及其变化情况

根据式(3-4)列出的成分过冷的判据，在其他因素不变的条件下，若降低熔体中的实际温度梯度，则会增大成分过冷区。当成分过冷区很大时，固液界面前方成分过冷的最大值大于熔体中非均质大量生核的过冷度，在柱状树枝晶由外向内生长的同时，界面前方这部分熔体将大量生核，形成方向各异的等轴枝晶。因此，低的温度梯度有利于等轴晶的形核，进而细化晶粒。

Ares 等[24,25]采用定向凝固方法研究了铅基和铝基、锌基合金凝固组织由柱状枝晶向等轴枝晶转变(CET)的温度梯度范围。结果显示，Pb-Sn 合金 CET 的临界温度梯度为 0.80～1.0K/cm，Al-Cu 合金为–11.41～2.80K/cm，Al-Si 合金为–4.20～0.67K/cm，Al-Mg 合金为–1.67～0.91K/cm，Al-Zn 合金为–11.38～0.91K/cm[24]。Zn-Al 合金的 CET 临界温度梯度范围为–0.66～1.25K/cm[25]。

作者及其同事研究了温度梯度对铁基合金凝固组织的影响，结果列于图 5-17，当温度梯度在 50～150K/cm 范围时，所获得的铸锭组织为全柱状晶组织，降低温度梯度至 20～70K/cm 时，铸锭组织中等轴晶比例增加至 24%，继续降低温度梯度至低于 30K/cm 时，铸锭组织中等轴晶比例达到 43%。

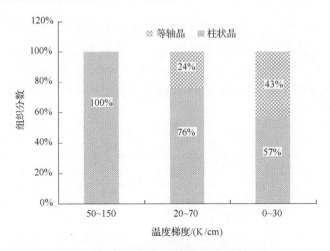

图 5-17 温度梯度对圆铸锭组织的影响

由以上分析可知，降低凝固界面前沿液相的温度梯度，能够加大成分过冷区，从而细化凝固组织。

5.3 低过热度低温度梯度凝固细晶技术

基于低过热度和低温度梯度的思路，冶金工作者开发了相应的实用技术，主要包括水冷水口技术及复式结晶器技术。

5.3.1 水冷水口技术

为防止中间包钢水过热度太低可能导致的水口冻结，需要保持中间包钢水足够的过热度，而结晶器要求钢水的过热度低，使其接近液相线温度。为此，人们开发了各种水冷浇注水口装置[26-31]。

20 世纪 90 年代，Madill 及 Scholes 等开发了降低钢水过热度的热交换水口[27]，所谓热交换水口就是在浸入式水口上方安装一个空心喷射器的耐火材料室，钢水由中间包进入这个耐火材料室，沿水冷壁流动进行热交换，达到降低过热度的目的，并进行了工业实验。研究结果表明，拉速达到 1200kg/min，输出热流密度达到 2MW/m²，中间包钢水的过热度为 15℃时，经过热交换水口后钢水的过热度为 1℃。当中间包过热度为 25℃时，结晶器内钢水的过热度为 7℃[28]，其热交换水口的示意图及其降低过热度的效果如图 5-18 所示。日本神户钢铁有限公司的研究人员 Ayata[26] 设计了一种新型带有空气冷却和电磁搅拌的水口，进行过 3t 规模的工业试验，这些水口都能显著降低浇注过热度。

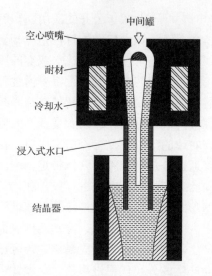

图 5-18　降低过热度的空心喷嘴示意图[28]

　　刘国权和刘璞昱提出一种调整钢水过热度的方法以及水冷浇注水口装置[29]，其示意图如图 5-19 所示。让钢水通过带循环水换热器的水冷浇注水口流入结晶器，浇注过程中能够适度降低钢水过热度。带循环水换热器的浇注水口的基本结构由水口壁、水冷套、上、下端盖、开浇滑板五部分组成。水口壁安装在上、下端盖之间与水冷套构成容纳冷却水的密闭腔室，水冷套上设有进水口和出水口，使冷却水形成通道。

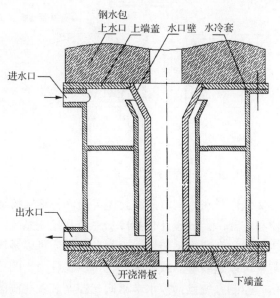

图 5-19　一种水冷浇注水口装置示意图[29,32]

仇圣桃等于 2006 年申请并于 2007 年公开的实用新型专利，提出一种带冷却芯的浇注水口[30]，如图 5-20 所示。该水口结构特征是冷却套设置在冷却芯的周围并与其紧密接触。在冷却套中填充可以是气体、水或雾的冷却介质，冷却套可以采取气冷、水冷或喷淋形式。冷却芯的左上方设置有惰性气体输入管，向冷却芯中输入惰性气体。冷却芯是浇注金属的通道，其外壁与冷却套紧密配合。冷却芯的材质可以是与浇注金属液同一材质(同质)或者是基本元素相同但组元含量不同的材质(异质)。在冷却套右边的下方设置有冷却水出口，在其上方设置有冷却气体出口，将冷却芯的热量通过冷却水或冷却气体带走。浇注时，当金属液进入冷却芯时，由气体输入管向冷却芯中吹氩气并进行搅拌和均匀温度。由于冷却芯的传热功能，在冷却芯内壁形成冷却形核前沿，冷却形核前沿根据传热强度可能表现为两种状态：冷却芯内表面产生动态凝壳、冷却芯内表面熔蚀。动态凝壳在相同成分金属液的冲刷下产生部分细晶作为凝固晶核。内表面熔蚀时同质冷却芯会产生晶核，异质冷却芯会产生成分起伏促进形核。此设计可以在降低浇注金属液的过热度基础上，不断形成凝固晶核，避免出现传统耐材水口的结瘤现象，能够提高铸坯的等轴晶率，减少铸坯的偏析和疏松。

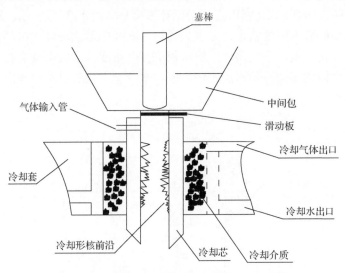

图 5-20　一种带冷却芯的浇注水口示意图[30]

仇圣桃等之后又优化了水冷水口，将其完善为一种连续铸造用的带冷却芯浇注水口的冷却与控制装置[31]。此设计包括冷却系统和控制系统，如图 5-21 所示。其中，冷却系统包括冷却套和雾化装置，冷却套的材质可以是铜或其他导热性较好的材质，雾化装置可以是喷雾器或喷嘴，也可以设计为一凹形狭窄通道通过高速气雾流进行雾化。控制系统包括控水电磁阀、控制装置和测温热电偶。冷却芯安置在冷却系统的冷却套中，并与其紧密接触。冷却系统的雾化装置与冷却套之间有一定距离，并通过控水电磁阀与控制装置相连，控制装置通过测温热电偶的连接导通冷却芯与冷却套，从而形成闭环控制回路。此设计可以将导热强度控制在合适范围，确保过热度得到一定程度的降低。

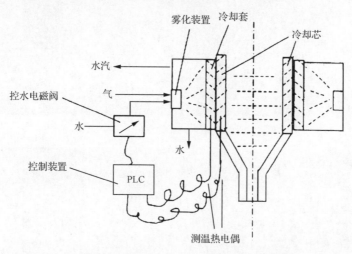

图 5-21　一种带冷却芯的浇注水口的冷却与控制系统示意图[31]

之后，李培松等开发了环缝式水冷水口[32,33]，其示意见图 5-22，并进行了工业试验。工业试验结果表明[32]，该水口的冷却效果良好，可以降低过热度 14℃，采用水冷水口的铸坯等轴晶率比用常规水口的铸坯等轴晶率提高 10%左右。与正常生产时的铸坯相比，试验流铸坯凝固组织更加致密，缺陷更少，见图 5-23。

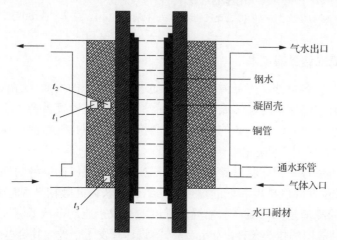

图 5-22　冷却水口冷却系统示意图[32]

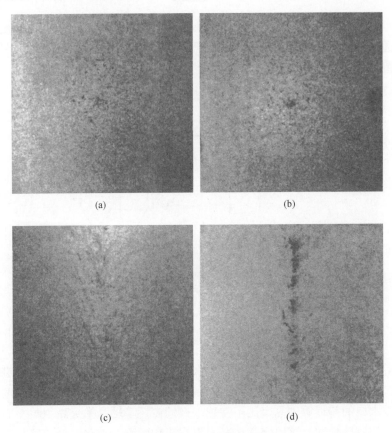

图 5-23　铸坯低倍组织对比[32]

(a)试验流(横向)；(b)对比流(横向)；(c)试验流(纵向)；(d)对比流(纵向)

5.3.2　复式结晶器技术

由 5.2 节内容可知，降低温度梯度对促进凝固组织的均质化有重要影响。当固液界面前沿的温度梯度足够低时，界面前沿的成分过冷度就会大于形核所要求的过冷度，在界面前沿析出新的晶核，新晶核长大并阻止柱状晶向铸坯内延伸生长，从而形成和扩大等轴晶区。

低的过热度有利于低温度梯度的形成，加之低过热度的钢液内储备有大量一触即发的晶胚，低温度梯度和低的过热度的结合对获得高等轴晶率是非常有利的。减缓结晶器的冷却是降低凝固前沿温度梯度的有效措施。钢液低温度梯度的获得主要借助于结晶器的传热条件，为此，赵沛等设计开发了一种内复合型结晶器[34,35]。图 5-24 分别给出了内复合型结晶器技术与原传统结晶器技术原理示意图。传统结晶器[图 5-24(a)]的铜管或铜板内表面镀有一层厚度为 $20\sim80\mu m$ 的金属传热较好的耐磨镀层，这样的结晶器导热过快，易造成凝固前沿温度梯度过大，使得铸坯凝固组织中柱状晶容易产生,不利于等轴晶的形成。复式结晶器[图 5-24(b)]的铜壁内壁喷镀一层厚度大于 200μm 的上厚下薄的等高倒置楔形隔热耐磨镀层,镀层的高度小于 1/3～1/2 结晶器的总高度。这种设计通过改变结晶器上段的材质,使其导热能力减弱,从而降低钢液凝固前沿的温度梯度,以抑制柱状晶的生长,增大等轴晶比率。

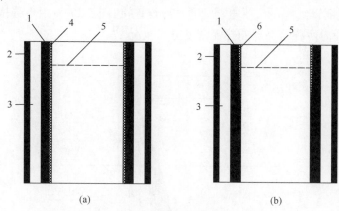

图 5-24　内复合型结晶器[34]

(a)原结晶器技术;(b)复式结晶器技术。1. 结晶器铜壁;2. 水套;3. 冷却水;4. 散热镀层;5. 钢液表面;6. 喷镀隔热耐磨镀层

　　复式结晶器技术的基本原理是:首先通过对结晶器上段的钢液进行缓冷,降低上部钢液的温度梯度,从而抑制柱状晶的生长,促进形核。然后在结晶器下部对钢液进行强制冷却,以保证铸坯在出结晶器时有必要的坯壳厚度,如图 5-25 所示。

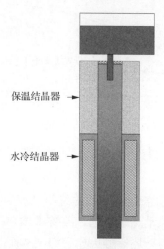

保温结晶器

水冷结晶器

图 5-25　复式结晶器结构示意图

5.3.3 复式结晶器传热特征

赵沛等[32,36,37]对连铸过程中复式结晶器和传统结晶器的传热特征进行了深入的研究。复式结晶器内钢液凝固的传热机制如图 5-26 所示，上段采用隔热材料作为工作介质，外层有一铜管保证水密封和机械支撑，铜管外面是水缝，结晶器下段仍是传统铜管结构，上、下段铜管通过冷焊连接。图 5-27 为距离结晶器上口 60～170mm 范围内两种结晶器的热流密度分布状况[36]。

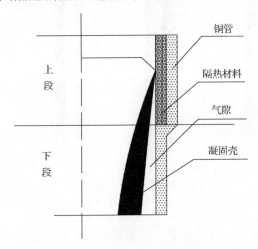

图 5-26　复式结晶器内钢液凝固传热机制[38]

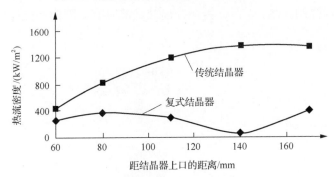

图 5-27　复式结晶器和传统结晶器的热流密度[36]

从图 5-27 中可以看出：

(1)随着距结晶器上口距离的延长，传统结晶器的热流密度逐渐增加。其原因一方面是弯月面以下钢液流动逐渐加强，改善了传热条件；另一方面是钢液静压力逐渐增大，使结晶器壁与铸坯接触更加密切，从而改善了传热条件。

(2)随着距结晶器上口距离的延长，复式结晶器的热流密度并未增加，这与复式结晶器隔热段内钢液凝固过程中两相区的流动规律有关。

(3)在距结晶器上口 60～170mm 范围内，传统结晶器的热流密度均高于复式结晶器。计算得到复式结晶器隔热段和传统结晶器上段的平均热流密度分别为 $2.78×10^5 W/m^2$ 和 $1.04×10^6 W/m^2$。

以上述热流密度的变化规律为边界条件，用 CFX 商业软件对两种结晶器内钢液凝固过程温度场进行了数值模拟，可以得到在距结晶器上口任意距离处方坯横截面上各节点的温度值。为便于分析，根据傅里叶定律，用下式对方坯横截面中心线上凝固前沿的温度梯度进行计算，即

$$G_j = \frac{T_{j+1} - T_j}{y_j - y_{j+1}} \tag{5-4}$$

式中，G_j 为方坯横截面中心线凝固前沿对应节点 j 上的温度梯度，K/mm；T_j 为钢的液相线温度，T_j=1769K；T_{j+1} 为结晶器内方坯横截面上距钢液中心更近的节点的温度，K；y_j、y_{j+1} 为结晶器内方坯横截面上划分的网格节点 j、j+1 距钢液中心的距离，mm。

结晶器不同高度处方坯横截面中心线上钢液凝固前沿的温度梯度如图 5-28 所示。从图中可以看出，距弯月面 0～250mm 范围内不同距离处，复式结晶器和传统结晶器方坯横截面中心线上钢液凝固前沿的温度梯度均不断变化。在距弯月面 0～350mm 范围内，温度梯度的平均值分别为 1.7K/mm 和 3.7K/mm。距弯月面 0～250mm 范围内任意距离处，复式结晶器内钢液凝固前沿的温度梯度比传统结晶器小。

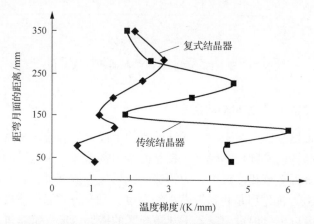

图 5-28 复式结晶器和传统结晶器内钢液凝固前沿的温度梯度[36]

由于复式结晶器内钢液凝固前沿的温度梯度比传统结晶器小，所以使用复式结晶器对柱状晶向等轴晶的转变很有利。在结晶器内及随后钢液的凝固过程中，

钢中溶质元素在固液界面前沿造成的"成分过冷"会对铸坯凝固组织产生很大的影响。在钢中溶质浓度一定的条件下，$G/\sqrt{R}$ 值的减小有利于柱状晶向等轴晶的转变。

在距弯月面不同距离处，铸坯横截面中心线上钢液的凝固速度可用式(5-5)进行计算，即

$$R_i = \frac{(\delta_{i+1} - \delta_i)v}{h_{i+1} - h_i}, \quad i = 1,2,3,\cdots,8 \tag{5-5}$$

式中，R_i 为距弯月面距离为 h_i 的钢液的凝固速度，mm/s；δ_i、δ_{i+1} 为距弯月面 h_i 和 h_{i+1} 处形成的坯壳厚度，mm；v 为拉坯速度，mm/s；h_i、h_{i+1} 为节点 i、$i+1$ 距弯月面的距离，mm。

结合式(5-4)，可以得出距弯月面不同距离处传统结晶器和复式结晶器 $G/\sqrt{R}$ 值的变化规律，见图 5-29。可以看出，距弯月面 0～250mm 范围内任意距离处，复式结晶器的 $G/\sqrt{R}$ 值明显小于传统结晶器。这进一步证实复式结晶器对提高铸坯等轴晶率非常有利。

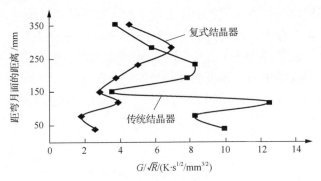

图 5-29　复式结晶器和传统结晶器的 $G/\sqrt{R}$ 值[36]

5.3.4　复式结晶器铸坯凝固组织

钢液在复式结晶器内凝固，复式结晶器的上段为控温段，采用增大上段热阻的办法，使结晶器的上部传热较慢，在结晶器上部造成一个缓冷的区间，钢液在低温度梯度下降温至液相线温度，为钢液大量形核做好准备。复式结晶器下段为冷却段(图 5-25)，其作用是将接近液相线温度并具有近零温度梯度的钢液快速冷却至液相线温度以下，促进结晶器下部激冷区的铸坯内部大量非自发形核[39]，扩大等轴区比例。

赵沛和仇圣桃利用复式结晶器技术进行了大量的方坯连铸生产试验，研究结果显示，利用复合型结晶器能够提高铸坯的等轴晶率，如图 5-30 所示[39]。

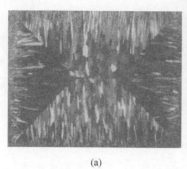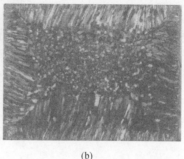

(a)　　　　　　　　　　　　(b)

图 5-30　柱状晶区发达和中心等轴晶区发达的硅钢连铸坯的低倍组织[32]

(a)铸坯 1；(b)铸坯 2

图 5-30 的铸坯断面为 160mm×210mm，连铸坯取自同一炉钢液，铸坯 1 为未采用复式结晶器电磁搅拌工艺的低倍组织，柱状晶区发达；铸坯 2 为采用复式结晶器电磁搅拌工艺的低倍组织，中心存在较大比例的等轴晶区。

过热度或温度梯度大时，界面前沿不易发生温度起伏，也不易生成低熔点的固相，不会出现枝晶再熔断现象，而且凝固界面也很平滑，不能捕捉自由晶粒。由于过冷度小，即使存在游离的自由晶粒也易再熔化，不会迅速长大。仇圣桃等[36]对比分析了传统结晶器和复式结晶器浇注铸坯的横截面宏观组织，复式结晶器和传统结晶器浇注钢液的碳含量（质量分数）分别为 0.43%和 0.16%，硫含量均为0.023%。结果表明，复式结晶器能够降低钢液凝固前沿的温度梯度，从而使铸坯的等轴晶率超过 80%。铸坯宏观组织示于图 5-31。分析研究表明，传统结晶器浇注铸坯的激冷层比复式结晶器铸坯大约厚 1mm；复式结晶器浇注铸坯的中心等轴晶区比传统结晶器浇注铸坯明显增加，前者约为 80%，而后者仅为 40%；复式结晶器浇注铸坯的柱状晶比传统结晶器浇注铸坯的柱状晶更粗大。

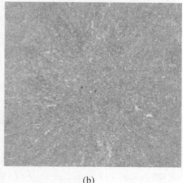

(a)　　　　　　　　　　　　(b)

图 5-31　复式结晶器(a)和传统结晶器(b)凝固组织对比[36]

唐红伟等[37]利用实验研究了低温度梯度结晶器对方坯凝固组织的影响，并在方坯连铸机上进行了工业试验。结果表明，与传统结晶器相比，低温度梯度结晶器出口铸坯表面温度提高了 108℃，相近拉速下该结晶器的平均热流密度相对更低，表明其减缓了钢液在凝固初期的传热，从而降低了凝固前沿的温度梯度；通过与低过热度、电磁搅拌技术相结合，低温度梯度结晶器生产的铸坯等轴晶率提高了 8%～13%，中心偏析和缩孔严重程度明显降低。

参 考 文 献

[1] Elliott S R. Medium-range structural order covalent amorphous solids. Nature, 1991, 354: 445-452.

[2] Steeb S, Entress H. Atomverteilung sowie spezifischer eleketrischer Widerstand geschmolzener Magncsium-Zinn-Legierungen. Zeitschrift für Metallkunde, 1966, 57: 803.

[3] Hoyer W, Jodicke R. Short-range and medium-range order in liquid Au-Ge alloys. Journal of Non-Crystalline Solids, 1995, 192/ 193(4): 102-105.

[4] 滕新营. 铁基合金的液态结构与物性研究. 济南: 山东大学博士学位论文.

[5] 边秀房, 王伟民, 潘学民, 等. Al-TM 合金熔体的中程有序结构及其演化规律. 化学学报, 2002, 60(7): 1215-1219.

[6] 秦敬玉, 边秀房, 王伟民, 等. 液态亚共晶铝铁合金结构因子的预峰. 科学通报, 1998, 43(13): 1445-1450.

[7] 骆军, 翟启杰, 赵沛. 近熔点液态纯铁和一二元合金的微观结构. 金属学报, 2003, 39(1): 5-9.

[8] 孟庆勇, 王福明, 李长荣, 等. 过热度对 12Cr2Mo1R 大扁锭凝固过程中心宏观偏析的影响. 材料热处理学报, 2015, 36(3): 244-250.

[9] 马欢鱼, 张珉, 李中, 等. 连铸工艺参数对圆管坯内部质量的影响初探. 四川冶金, 2005, 27(3): 8-10.

[10] Yim C H, Park I K, Oh K S. The control of internal quality by the reduction of bloom. Steelmaking Conference Proceedings, Toronto, 1998, 81: 309-313.

[11] 李桂军, 张桂芳, 陈永, 等. 连铸钢水过热度对大方坯凝固的影响. 钢铁钒钛, 2005, 26(1): 1-4.

[12] 鲁路, 鲁开岐. 钢液过热度控制对连铸工艺和铸坯质量的影响. 特殊钢, 2008, 29(5): 50-51.

[13] 闵义, 刘承军, 王德永, 等. 37Mn5 连铸圆坯中心等轴晶率预测. 钢铁研究学报, 2011, 23(10): 38-43.

[14] Hunt J D. Steady state columnar and equiaxed growth of dendrites and eutectic. Materials Science and Engineering, 1984, 65(11): 75-83.

[15] 敖鹭, 仲红刚, 陈湘茹, 等. 过热度对60Si2MnA 弹簧钢连铸坯凝固组织的影响. 钢铁, 2010, 45(2): 68-72.

[16] 邢长虎. 洁净钢微量流生核处理的基础研究. 北京: 北京科技大学硕士学位论文, 2000.

[17] Ozbayraktar S, Koursaris A. Effect of superheat on the solidification structures of AISI 310S austenitic stainless steel. Metallurgical and Materials Transactions B, 1996, 27B: 287-296.

[18] 张家涛, 樊刚, 魏昶, 等. 低过热度浇注弱电磁搅拌对半固态 Al-30Si 组织的影响. 特种铸造及有色合金, 2008, 28(5): 362-366.

[19] Easton M A, Kaufmann H, Fragner W. The effect of chemical grain refi nement and low superheat pouring on the structure of NRC castings of aluminium alloy Al-7Si-0.4Mg. Materials Science and Engineering A, 2006, 420: 135-143.

[20] Glicksman M E, Koss M B. Dendritic growth velocities in microgravity. Physical Review Letters, 1994, 73 (4): 573.

[21] 杨武, 仇圣桃, 陶红标, 等. 降低过热度对方坯凝固组织的影响. 钢铁, 2010, 45 (2): 45-48.

[22] 仲红刚. 连铸坯凝固过程热模拟研究. 上海: 上海大学博士学位论文, 2013.

[23] Bhadeshia H K D H. Geometry of solidification//Course A. Metals and Alloys: Part IB Materials Science & Metallurgy. Cambridge: University of Cambridge, 2014: 19-21.

[24] Ares A E, Gueijman S F, Caram R, et al. Analysis of solidification parameters during solidification of lead and aluminum base alloys. Journal of Crystal Growth, 2005, 275: e319-e327.

[25] Ares A E. Unidirectional solidified Zn-Al-Si-Cu alloys: columnar-to-equiaxed transition (CET). International Journal of Engineering and Innovative Technology, 2014, 3 (9): 285-289.

[26] Ayata K. Low superheat teeming with electromagnetic stirring. ISIJ International, 1995, 35: 680.

[27] Madill J D, Scholes A. Continuous casting developments at british steel//1998 Steelmaking Conference Proceedings. Warrendale, PA: ISS, 1998.

[28] 刘海啸, 苗信成, 薛志明. 极低过热度连铸技术及水冷水口设计的研究探讨. 炼钢, 1998 (4): 26-30..

[29] 刘国权, 刘璞昱. 一种调整钢水过热度的方法以及水冷浇注水口装置: 2005100440996. 2006-01-11.

[30] 仇圣桃, 颜慧成, 张慧, 等. 一种带冷却芯的浇注水口: 200620003952X. 2007-02-14.

[31] 仇圣桃, 颜慧成, 张慧, 等. 一种带冷却芯浇注水口的冷却与控制装置: 2007201042647. 2008-03-05.

[32] 李培松, 卢军辉, 仇圣桃, 等. 提高高碳钢连铸方坯等轴晶率的试验研究. 炼钢, 2010, 26 (5): 39-42.

[33] Yan H C, Qiu S T, Tong T Q, et al. Industrial experiment of reducing superheat of steel by nozzle cooling. Journal of Iron and Steel Research, International, 2011, 18 (6): 22-25.

[34] 张慧, 赵沛, 胡坤太, 等. 一种内复合型结晶器: CN2574806Y. 2003-09-24.

[35] 王玟, 张慧, 陶红标, 等. 复式结晶器铜板表面涂层的热性能检测及分析. 连铸, 2006, (4): 24-26.

[36] 仇圣桃, 陶红标, 张慧, 等. 复式结晶器传热特征及其对铸坯凝固组织的影响. 钢铁研究学报, 2005, 17 (4): 30-32.

[37] 唐红伟, 陶红标, 杨武, 等. 低温度梯度结晶器的传热分析及其工业应用试验. 钢铁研究学报, 2010, 22 (10): 20-24.

[38] 唐红伟, 陶红标, 席常锁, 等. 复式结晶器热流的测定及其分布. 第二届先进钢铁结构材料国际会议, 上海, 2004: 1155-1159.

[39] 赵沛, 仇圣桃. 铸坯的等轴晶化和均质性的研究//第一届中德(欧)冶金技术研讨会论文集, 北京, 2004: 144-151.

第 6 章

温度扰动与成分扰动凝固细晶技术

生核处理作为细化铸坯组织的有效措施,一直受到国内外冶金和铸造工作者的关注,并先后开发出了铸铁孕育处理、金属氧化物生核、悬浮浇注生核等技术[1-4]。这些技术在金属材料生产中发挥了重要作用。但是,由于这些方法影响了金属熔体的洁净度,故难以满足现代金属高洁净化的要求。因此,开发对环境及金属均无污染的绿色凝固细晶技术已成为新世纪冶金与材料工作者的重要任务。本章基于热力学理论阐述了微区温度与成分扰动对金属生核过程的影响,并在此基础上介绍了温度扰动和成分扰动凝固细晶技术。

6.1 概　述

物质由一种状态转变为另一种状态需要经历一种或一系列过程。这个过程中有三个重要的问题:方向、途径、结果。这三个问题又遵循着三条原则:①沿着能量降低的方向发生;②沿着阻力最小的途径进行;③过程的结果是适者生存,即所谓能量降低、捷足先登、适者生存[5]。金属的凝固是一个极其复杂的相变过程,要经过形核和长大两个过程,而金属形核要克服的能垒远大于长大所需要克服的能垒。因此,按照热力学原理,金属在理想平衡条件下凝固时,应该得到单晶体,但是实际金属凝固组织往往是多晶体。这是环境(温度和振动等)和金属自身(溶质偏聚和杂质的存在)的“扰动”使得金属凝固过程偏离了平衡状态。由此可见,通过人为干预使金属液的凝固过程最大限度地偏离平衡条件是获得细晶组织的有效途径。

温度扰动凝固细晶技术就是向金属熔体中加入少量与金属熔体成分相同的金属粉末、颗粒或丝带,通过加入物质与金属液的热交换在金属熔体中造成有利于生核的微区温度起伏,达到促进生核的目的。成分扰动就是向金属熔体中加入与金属液组元相同而溶质含量不同的少量金属溶液,通过加入物质与金属液的物质交换在金属熔体中造成有利于生核的成分起伏,从而促进生核。

6.2 温度扰动和成分扰动的热力学原理

虽然实际凝固过程是一个非平衡问题，但是对某一时刻、某一范围，即某一选定的区域，可以用热力学理论来讨论凝固形核过程。从热力学出发，体系凝固形核的过程，就是破坏体系原有平衡状态，使体系的能量降低的过程。因为自由能 G 是温度和成分的函数，所以可以通过改变温度，使体系暂时偏离平衡，见图 6-1 中的 T_1。类似地，也可以通过给平衡体系一个外来的成分起伏暂时地破坏体系的平衡，如图 6-2 所示 X_1。

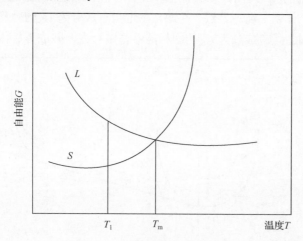

图 6-1 自由能与温度曲线关系

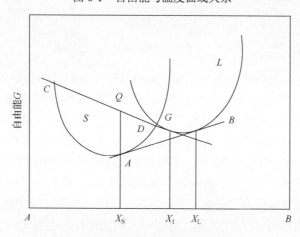

图 6-2 成分扰动对形核驱动力影响示意图

首先讨论在金属熔体的微小区域内实施温度扰动时，微小区域内自由能的变化与形核的关系。图 6-3 为熔体内微区温度受到扰动时金属固液两相自由能曲线。图中 T_m 为平衡结晶温度，该温度下液相和固相自由能曲线分别为 L_m 和 S_m。当熔体微区内出现扰动时，如果扰动微区内的温度高于平衡结晶温度 T_m，如图 6-3 所示为 T_1，则液相自由能曲线 L_{T_1} 上过液相成分 C_L 所做的切线不能与固相自由能曲线相切或相交，此时在该扰动微区内固自由能高于液相，晶核不能形成。如果扰动微区内的温度低于平衡结晶温度 T_m，如图 6-3 所示为 T_2，则液相自由能曲线 L_{T_2} 上过液相成分 C_L 所做的切线与固相自由能曲线相交，在两个交点之间固相自由能均低于液相，液相可以自发地转变为该成分区域内的固相。但是，由于微区温度扰动是局部的和暂时的，所以由扰动所形成的固相能否稳定存在还取决于它们是否能与整个体系平衡。显然，在熔点附近只有成分为 C_S 的固相能与成分为 C_L 的液相平衡，因此只有成分为 C_S 的固相能够稳定存在，并成为晶体生长的核心。

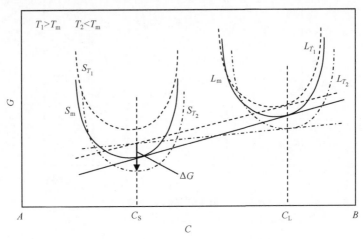

图 6-3　温度扰动对形核驱动力的影响

再来看看在金属熔体的微小区域内实施成分扰动时，微小区域内自由能的变化与形核的关系。图 6-2 为熔体内微区成分受到扰动时金属液形核驱动力示意图。这些起伏是否可以促进金属液生核，取决于这些起伏的引入是否会降低体系形核所要求的能量。以 AB 二元合金为例，温度为 T_m 时，合金体系中存在液相和固相，其自由能曲线如图 6-2 所示，两相的平衡成分可由这两个相自由能曲线的公切线求得，分别为 X_L 和 X_S。当液相中存在成分为 X_1 的起伏时，可以认为该起伏微区暂时地、局部地偏离了平衡，此时其自由能可由液相自由能曲线上相应于 X_1 成分的 G 点求得。过 G 点作切线，与固相自由能曲线相交于 C、D 两点。由热力学原理可知，凡成分位于 C、D 两点之间的固相皆可在该成分的起伏微区内形成。这些不同成分的固相能否稳定存在，取决于它们是否与金属液的稳定体系相平衡。如前所述，与成分为 X_L 液相平衡的固相成分为 X_S，因此微区内只有 X_S 成分的固相可以在宏观平衡体系中稳定存在；生成成分为 X_S 的固相的形核驱动力为 ΔG_{QA}（图中 QA 段的自由能），此时 $\Delta G_{QA}<0$，说明该成分起伏可以稳定存在，并成为新相形核的晶胚。

　　对某一平衡体系而言，并不是所有的成分起伏都对形核有效，成分起伏要有方向性。假定体系存在成分分别为 X_1、X_2、X_3、X_4 的起伏，如图 6-4 所示，它们在液相自由能曲线上相应位置的切线分别为切线 1、切线 2、切线 3 和切线 4。可以发现，能形成成分为 X_S 固相的起伏成分只有 X_1 和 X_3，其形核驱动力为 ΔG_{QA} 和 ΔG_{HA}，都小于零（图中 QA 和 HA 段的自由能）。成分为 X_2 和 X_4 形核驱动力 ΔG_{RA} 和 ΔG_{PA} 都大于零（图中的 RA 和 PA 段的自由能）。由此可知，成分起伏必须有一定的方向性。起伏方向正确，该成分起伏才有利于形核。过 A 点作液相自由能的切线（图中的切线 5），切点为 M，B 点和 M 点处的形核驱动力为零。由以上的分析可知，只有位于 $X_M \sim X_L$ 范围内的成分起伏能稳定存在，并成为新相形成的核心。

　　同样可以证明，成分扰动要有一定的程度。成分扰动过大或过小都不会促进形核。由图 6-4 可见，当外来起伏的成分位于 $[X_S, X_L]$ 时，随着起伏浓度的降低（B 组元的含量），形核驱动力越来越大，当起伏成分为 X_S 时，此时形核驱动力最大，为 ΔG_{EA}（图中 EA 段自由能）；当起伏成分位于 $[X_M, X_S]$ 时，随着起伏浓度的增加，形核驱动力越来越小，起伏成分为 X_M 时，形核驱动力为零。因此，最优的起伏成分为 X_S，偏离该成分越远，成分起伏的形核驱动力越小[6-8]。

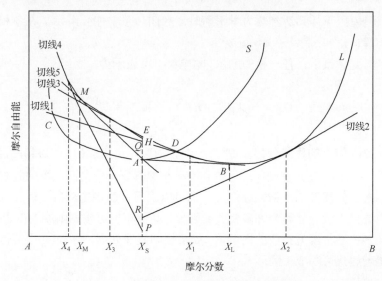

图 6-4　成分起伏的方向性和程度示意图

6.3 成分扰动生核剂成分的选择

根据前节的热力学理论，对于任何合金都可以根据自由能-成分曲线来选择生核剂的成分。下面以轴承钢为例，具体讨论热力学原理在生核剂成分选择上的应用[8]。

6.3.1 热力学模型

根据热力学原理，体系在恒温恒压下达到平衡的一般条件是体系内各相的自由能之和 G 取最小值，组元在各相的化学位 μ 相等。这体现在如下几点。

1. 体系平衡状态的广度判据

设在体系中有 C 个组元，Φ 个相共存，在恒温恒压下达到热力学平衡时，封闭体系总的自由能 G 取最小值，即

$$G = \sum_{i=1}^{C} \sum_{j=\alpha}^{\Phi} G_i^j = G_{\min}, \qquad i = 1, 2, 3, \cdots, C; \; j = \alpha, \beta, \gamma, \cdots, \Phi \tag{6-1}$$

2. 体系平衡状态的强度判据

在恒温恒压下体系达到热力学平衡时，封闭体系中任一组元 i 在各相中的化学位 μ 相等，$\mu_i^\alpha = \mu_i^\beta = \mu_i^\gamma = \cdots = \mu_i^\Phi$。 $\tag{6-2}$

在多组元体系中，任一相的摩尔自由能 G_{m} 可表示为

$$G_{\mathrm{m}} = \sum_{i=1}^{C} X_i G_i^0 + RT \sum_{i=1}^{C} X_i \ln X_i + G^{\mathrm{E}} \tag{6-3}$$

式中，X_i 为 i 组元的摩尔分数；G_i^0 为纯组元的摩尔自由能；G^{E} 为剩余自由能。

对于 Fe-M-C 三元奥氏体，尽管它是一个兼具置换型与间隙型的固溶体，如果我们不去追究模型的严格物理意义，仍可以采用一般规则溶液模型加以处理，所得到的结果仍然能够解释许多有关的现象，其液相也可按规则溶液模型处理[9]。

由 A-B-C 三个组元组成的固溶体，如按规则溶液处理，则 1mol 固溶体的吉布斯自由能表达式可写成下列形式：

$$\begin{aligned} G = &(X_A G_A^0 + X_B G_B^0 + X_C G_C^0) \\ &+ RT(X_A \ln X_A + X_B \ln X_B + X_C \ln X_C) + (X_A X_B \Omega_{AB} + X_B X_C \Omega_{BC} + X_A X_C \Omega_{AC}) \end{aligned} \tag{6-4}$$

式中，Ω_{AB}、Ω_{BC}、Ω_{AC} 为 A-B 二元固溶体、B-C 二元固溶体及 A-C 二元固溶体中组元之间的相互作用参数。右方的第一项是纯组元按其所占的摩尔分数计算的吉布斯自由能。第二项是组元在混合过程中，因组态熵而对整个固溶体吉布斯自由能的贡献值。这两项之和构成了 1mol 理想溶液的吉布斯自由能，可写为 $G(\text{id})$。第三项就是实际溶液与理想溶液吉布斯自由能之差，亦即过剩吉布斯自由能 G^{E}。但是，在讨论 Fe-M-C 三元固溶体时，由于合金元素 M 和 C 的含量较溶剂元素 (Fe) 少得多，故式 (6-4) 中的最后一项又写成如下的形式：

$$G^{\mathrm{E}} = X_B(1-X_B)\Omega_{AB} + X_C(1-X_C)\Omega_{AC} + X_B X_C(\Omega_{BC} - \Omega_{AB} - \Omega_{AC}) \qquad (6\text{-}5)$$

令 $W_{BC} = \Omega_{BC} - \Omega_{AB} - \Omega_{AC}$，则

$$G^{\mathrm{E}} = X_B(1-X_B)\Omega_{AB} + X_C(1-X_C)\Omega_{AC} + X_B X_C W_{BC}$$

式中，W_{BC} 为 A-B-C 三元固溶体中 B 原子与 C 原子之间的相互作用参数。

于是式 (6-4) 可改写为

$$
\begin{aligned}
G = &(X_A G_A^0 + X_B G_B^0 + X_C G_C^0) + RT(X_A \ln X_A + X_B \ln X_B + X_C \ln X_C) \\
&+ X_B(1-X_B)\Omega_{AB} + X_C(1-X_C)\Omega_{AC} + X_B X_C W_{BC}
\end{aligned} \qquad (6\text{-}6)
$$

对于 GCr15 轴承钢，Fe-Cr-C 奥氏体及液相的吉布斯自由能表达式为

$$
\begin{aligned}
G^{\mathrm{L}} = &(X_{\mathrm{Fe}}^{\mathrm{L}} G_{\mathrm{Fe}}^{0\mathrm{L}} + X_{\mathrm{Cr}}^{\mathrm{L}} G_{\mathrm{Cr}}^{0\mathrm{L}} + X_{\mathrm{C}}^{\mathrm{L}} G_{\mathrm{C}}^{0\mathrm{L}}) + RT(X_{\mathrm{Fe}}^{\mathrm{L}} \ln X_{\mathrm{Fe}}^{\mathrm{L}} + X_{\mathrm{Cr}}^{\mathrm{L}} \ln X_{\mathrm{Cr}}^{\mathrm{L}} + X_{\mathrm{C}}^{\mathrm{L}} \ln X_{\mathrm{C}}^{\mathrm{L}}) \\
&+ [X_{\mathrm{C}}^{\mathrm{L}}(1-X_{\mathrm{C}}^{\mathrm{L}})\Omega_{\mathrm{FeC}} + X_{\mathrm{Cr}}^{\mathrm{L}}(1-X_{\mathrm{Cr}}^{\mathrm{L}})\Omega_{\mathrm{FeCr}} + X_{\mathrm{C}}^{\mathrm{L}} X_{\mathrm{Cr}}^{\mathrm{L}} W_{\mathrm{CrC}}^{\mathrm{L}}]
\end{aligned} \qquad (6\text{-}7)
$$

$$
\begin{aligned}
G^{\gamma} = &(X_{\mathrm{Fe}}^{\gamma} G_{\mathrm{Fe}}^{0\gamma} + X_{\mathrm{Cr}}^{\gamma} G_{\mathrm{Cr}}^{0\gamma} + X_{\mathrm{C}}^{\gamma} G_{\mathrm{C}}^{0\gamma}) + RT(X_{\mathrm{Fe}}^{\gamma} \ln X_{\mathrm{Fe}}^{\gamma} + X_{\mathrm{Cr}}^{\gamma} \ln X_{\mathrm{Cr}}^{\gamma} + X_{\mathrm{C}}^{\gamma} \ln X_{\mathrm{C}}^{\gamma}) \\
&+ [X_{\mathrm{C}}^{\gamma}(1-X_{\mathrm{C}}^{\gamma})\Omega_{\mathrm{FeC}} + X_{\mathrm{Cr}}^{\gamma}(1-X_{\mathrm{Cr}}^{\gamma})\Omega_{\mathrm{FeCr}} + X_{\mathrm{C}}^{\gamma} X_{\mathrm{Cr}}^{\gamma} W_{\mathrm{CrC}}^{\gamma}]
\end{aligned} \qquad (6\text{-}8)
$$

为了讨论问题方便，我们把摩尔分数换算成质量分数，其换算式为

$$X_{\mathrm{C}} = \frac{\dfrac{\mathrm{C}\%}{12}}{\dfrac{\mathrm{C}\%}{12} + \dfrac{\mathrm{Fe}\%}{56} + \dfrac{\mathrm{Cr}\%}{52}}, \quad X_{\mathrm{Fe}} = \frac{\dfrac{\mathrm{Fe}\%}{56}}{\dfrac{\mathrm{C}\%}{12} + \dfrac{\mathrm{Fe}\%}{56} + \dfrac{\mathrm{Cr}\%}{52}}, \quad X_{\mathrm{Cr}} = 1 - X_{\mathrm{C}} - X_{\mathrm{Fe}} \qquad (6\text{-}9)$$

GCr15 轴承钢的铬含量为 1.5%，只要知道组元在标准状态下的吉布斯自由能值 G^0 和相互作用参数 Ω_{FeC}、Ω_{FeCr}、W_{CrC} 的值，就可根据式 (6-7) ～式 (6-9) 求出不同温度的自由能-成分曲线。目前，许多热力学数据库提供了大量的热力学数据，并具有一定的计算功能。我们的计算工作利用了 Termo-Calc 软件，计算结果如图 6-5 所示。

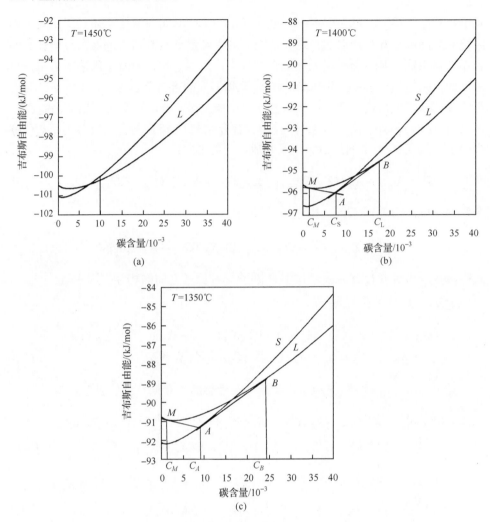

图 6-5　GCr15 轴承钢温度与自由能关系曲线

(a) 1450℃；(b) 1400℃；(c) 1350℃

6.3.2　计算结果讨论

　　成分为 C_0（含碳量 1.0%）的轴承钢，当 $T=1450℃$ 时，其 $G(\text{fcc})>G(\text{liq})$，说明凝固还未开始 [图 6-5(a)]。当 $T=1400℃$ 时，凝固已经开始 [图 6-5(b)]，此时，作 $G(\text{liq})$ 与 $G(\text{fcc})$ 的公切线 AB，其平衡相的浓度为 $C_S=0.7\%$，$C_L=1.8\%$。过 A 点作液相 $G(\text{liq})$ 曲线的切线，切点为 M，$C_M=0.15\%$。由图 6-4 的分析可知，只要选择的生核剂成分位于 C_M 和 C_L 之间，所形成的成分起伏都能稳定存在，并成为新相形成的核心，且最优成分为 C_S。随着温度降低，二者的自由能曲线也将发生变化［图 6-5(c)］，此时平衡相的成分点 A、B 向右移，M 点向左移，有效的起伏范围增大。生核剂最优成分是凝固开始时的固相成分。对含碳 1.0% 的轴承钢，最佳成分是 (0.6%～0.7%)。若生核剂的成分 $0.7% < C_\gamma < 1.8%$ 或 $0.15% < C_\gamma < 0.6%$，虽然该起伏能够形核，但形核效果差，且随着生核剂的成分远离最佳范围，其形核驱动力越来越小。若生核剂的成分 $C_\gamma < C_M = 0.15%$ 或 $C_\gamma > C_L = 1.8%$，则该成分的生核剂不能靠成分起伏形核。

综上所述，选择生核剂时，要保证该成分在金属液中造成的成分起伏具有一定的方向(是否使 $\Delta G < 0$) 和程度(ΔG 的大小)，这也同 6.2 节中成分扰动的热力学原理分析结果一致。

6.4　温度扰动和成分扰动凝固细晶技术

温度扰动凝固细晶思想的最成功实践是 20 世纪 60 年代初苏联学者提出的悬浮浇注技术(suspension casting process)[10-14]，他们将这一技术应用于冶金铸锭、连铸坯和厚大铸件的生产。在浇注过程中他们向金属液内加入与金属液成分相同的金属粉末或颗粒，从而改善金属凝固特性，细化金属的凝固组织。我国在 80 年代对这一技术进行了大量研究[15-21]。北京科技大学的陈希杰教授在首钢成功地用这一技术生产了优质高锰钢衬板。哈尔滨工业大学、沈阳工业大学、沈阳铸造研究所和沈阳重型机器厂合作，成功地用这一技术生产出了十几吨重的厚大铸钢件。

悬浮浇注技术的不足是仅仅考虑了所加入固体颗粒的热作用，因此在加入固体颗粒成分选择上一般选择与所浇注金属相同成分的合金。翟启杰和于艳等[6-8, 22-24]基于所提出的温度扰动和成分扰动原理，从微区温度扰动和成分扰动角度来认识这一实践活动，极大地提高了加入物质的生核作用。他们以 Q235 钢和 GCr15 轴承钢为实验材料，采用"同时浇注、分流充型"的方法进行了实验验证。结果表明，温度扰动、成分扰动以及温度和成分二者同时扰动均可以促进钢液生核，增加铸坯中等轴晶数量，细化凝固组织，而且二者同时扰动促进形核的作用提高近一倍。

6.4.1　温度扰动和成分扰动对 Q235 钢凝固组织的影响

Q235 钢的化学成分见表 6-1，用真空感应电炉进行熔炼，并采用热电偶和计算机组成的数据采集系统测温。

元素	C	Si	Mn	P	S
含量	0.17	0.26	0.46	0.0047	0.017

表 6-1 实验钢种的化学成分 （单位：%）

为了保证钢液成分、充型温度和冷却条件完全一致，增加实验的可比性，采用"同时浇注，分流充型"的实验方法(图 6-6)。黏土干砂型，铸坯尺寸为 Φ50mm×150mm。金属液经浇口杯分成三个液流注入三个铸坯型腔，三个铸坯分别为普通铸坯(普通浇注)、加选定成分微量液态金属生核铸坯(成分扰动)、加非选定成分钢丝铸坯(温度扰动，钢丝尺寸 1mm，加入量 1%)。为了研究浇注温度的影响，选择 1550℃、1520℃和 1500℃三个充型温度分别进行了实验。

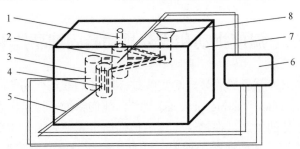

图 6-6 同时浇注分流、充型实验示意图

1. 微量流浇口；2. 微量流坯型腔；3. 普通坯型腔；4. 钢丝坯型腔；
5. 测温热电偶；6. 数据采集系统；7. 砂箱；8. 钢液浇口

根据前述热力学原理，利用热力学数据库在计算机上作自由能-成分曲线，得该钢种生核处理的微量流成分为 0.035%C。液态金属流从铸型顶部浇入，加入量为 1%。

用网格计点法测定等轴晶区比例，用化学法测定铸坯碳分布，定义 $S = \left| C - C_{均} \right| / C_{均}$ 为偏析系数。

图 6-7～图 6-9 为三种铸坯的宏观组织。图 6-10 为根据网格计点法所测出的铸坯等轴晶区数量。实验结果表明，无论成分扰动还是温度扰动都使铸锭中柱状晶组织明显减少，等轴晶数量明显增加。随浇注温度降低，普通浇注、成分扰动和温度扰动三种浇注条件下铸坯的等轴晶均增加。对比成分扰动和温度扰动的作用效果发现，成分扰动在增加等轴晶数量方面比温度扰动效果略好。

图 6-11 为碳成分偏析系数分布曲线。虽然受测试条件限制，实验结果有一定的误差，但是仍可看出成分扰动和温度扰动使得钢锭的成分均匀性提高。

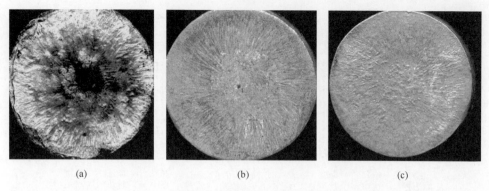

图 6-7 铸锭宏观组织(1)

砂型，1:1，充型温度 1550℃。(a)普通浇注；(b)成分扰动；(c)温度扰动

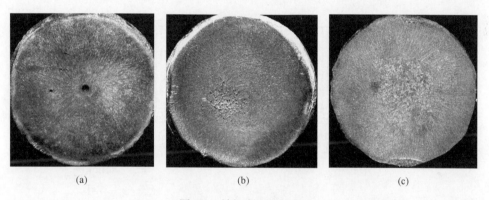

图 6-8 铸坯宏观组织(2)

砂型，1:1，充型温度 1520℃。(a)普通浇注；(b)成分扰动；(c)温度扰动

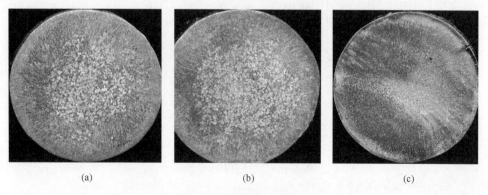

图 6-9 铸坯宏观组织(3)

砂型，1:1，充型温度 1500℃。(a)普通浇注；(b)成分扰动；(c)温度扰动

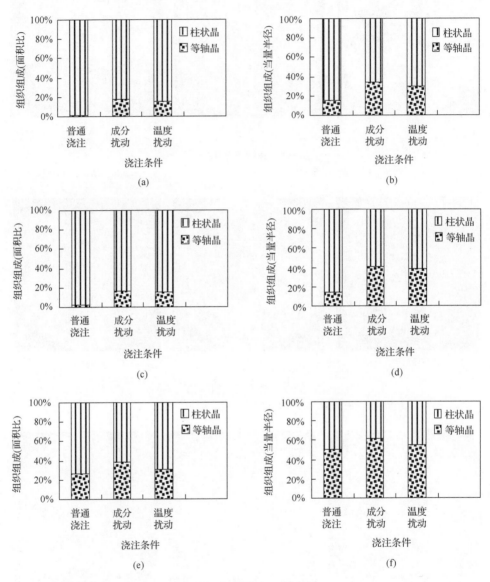

图 6-10　试样宏观组织组成

(a),(b)充型温度 1550℃；(c),(d)充型温度 1520℃；(e),(f)充型温度 1500℃

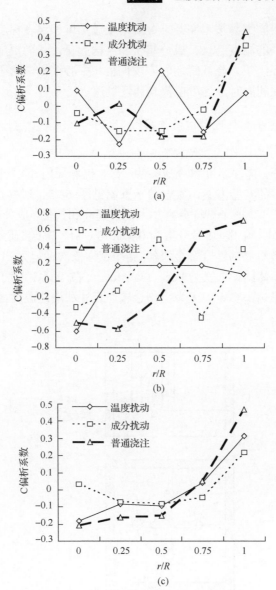

图 6-11　不同浇注条件下碳成分偏析系数分布
(a) 充型温度 1550℃；(b) 充型温度 1520℃；(c) 充型温度 1500℃

6.4.2　温度扰动和成分扰动对 GCr15 轴承钢凝固组织的影响

前面提到，传统的悬浮浇注技术出发点是悬浮剂的微区冷却作用，而没有依据热力学原理从微区温度扰动和成分扰动的角度来认识它。相对而言，传统的悬浮浇注研究大多集中在工艺和作用效果上，对其过程研究甚少。本章介绍的温度扰动和成分扰动凝固细晶技术在减小金属熔液过热度和温度梯度的同时，创造了对金属液凝固有利的温度起伏、成分起伏和结构起伏，从而更加有效地促进金属液生核，细化铸坯组织，降低铸坯的宏观偏析和中心缩松。对于连铸而言，在改善连铸坯质量问题的同时，还可以提高铸坯拉速。

1. 不同成分生核剂促进形核的作用

采用 GCr15 轴承钢作为实验材料，在中频感应炉中重熔，出炉前用铝脱氧。为确保金属液成分、浇注温度和冷却条件一致，仍然采用 6.4.1 节中提到的"同时浇注、分流充型"的实验方案，其合箱示意图见图 6-12，试样直径为 $\Phi30mm$。铸型采用黏土砂干型。四个试样分别加入同样尺寸和数量，成分分别为低碳（质量分数为小于 0.15%）、中碳（质量分数为 0.5%～0.6%）、高碳（质量分数为 0.85%～0.95%）和表面涂敷石墨的铁合金金属丝（四个试样依次标记为 a、b、c、d），表面熔化后高温相的晶体结构依次为 bcc、fcc、fcc、六方晶系。为了认识金属丝对凝固过程及组织的影响，实验中人为控制金属丝尺寸和浇注温度，以使金属丝不能完全熔化。

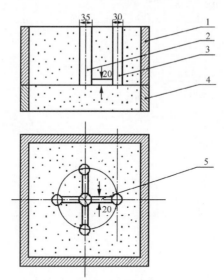

图 6-12　合箱示意图(单位：mm)
1. 上箱；2. 直浇道；3. 试样；4. 下箱；5. 横浇道

图 6-13 是不同成分金属丝轴承钢铸锭组织形貌金相照片。从图中可以看出，金属丝在凝固过程中不仅起冷源作用，而且熔化、扩散给金属液造成了特定的"成分起伏"和"结构起伏"，还起到了形核作用。由于本实验采用"同时浇注、分流充型"的实验方法，保证了金属液的原始成分、充型温度和温度梯度完全相同，所以可以认为铸锭的组织形貌主要受金属丝成分和结构的影响。

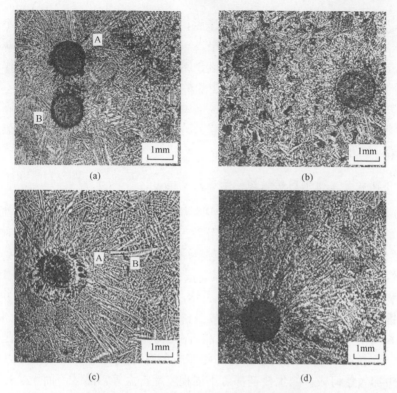

图 6-13 不同成分的金属丝对界面形貌的影响
(a)低碳；(b)中碳；(c) 高碳；(d) 表层涂敷石墨

图 6-13(a)是低碳金属丝周围的组织形貌，在某些区域(A 区)，晶体沿着界面呈发射状生长，柱状晶很长；在某些区域(B 区)，柱状晶很短。这说明低碳合金的金属丝不利于金属液的形核。由生核剂生核作用的热力学分析可知，虽然低碳合金成分起伏的热力学驱动力大，但由结构起伏所带来的形核阻力也大，根据能量计算，对含碳 1.0%的 GCr15 轴承钢而言，低碳生核剂对形核不利。图 6-13(b)是中碳金属丝周围的组织形貌，枝晶组织都是等轴晶，这说明该成分的生核剂给金属液带来的成分起伏和结构起伏对金属液的形核有利。图 6-13(c)是高碳金属丝周围的组织形貌。可以看出，晶粒也呈发射状生长(B 区)，但并不是直接从界面处生长(A 区)。这说明高碳金属丝在熔化、扩散过程中造成的成分起伏和结构起伏在一定程度上可以促进形核(A 区是等轴晶)，但离开界面一定距离(B 区)，冷源仍起很大作用。这是因为高碳合金的高温相是γ，在结构上对 GCr15 轴承钢的形核有利。但其成分起伏的热力学驱动力小，因此离开界面处，形核能力大为减小，其形核能力介于低碳和中碳之间[图(c)A 区的枝晶比图(b)粗大]。图 6-13(d)是表面涂敷石墨金属丝周围的组织形貌。枝晶都是沿界面直接生长出的柱状晶，而且枝晶都很长。这说明该成分的金属丝只起到冷却作用，没有起到形核作用。

由热力学分析可知，对含碳 1.0%的轴承钢，石墨在扩散中所造成的起伏不能在金属液中稳定存在。根据晶体学分析结果，石墨是六方晶系，其结构与金属液的高温面心立方的 γ 结构相差较大。因此该金属丝对钢液的凝固只起到冷源作用，界面周围的枝晶形貌是沿着界面发射状生长的。

由以上分析可见，四种成分的生核剂中，中碳生核剂对形核最有利，其次是高碳生核剂，低碳次之，涂敷石墨最差。该实验结果与生核剂生核作用热力学机理相吻合，初步证明该理论是正确的。

2. 不同成分生核剂对铸锭组织形貌的影响

采用与 6.4.2 节第 1 部分同样的实验方法和同样成分的生核剂浇注轴承钢试样。为了保证实验的重复性，分别采用了三个尺寸规格的生核剂，用同一包钢水浇注三组试样。每组试样都采用"同时浇注、分流充型"的方法，保证实验条件的一致性和实验结果的可比性。浇注温度按生核剂尺寸由大到小，依次为 1560℃、1540℃和 1520℃，其合箱图如图 6-12 所示。用 50%HCl 热蚀试样低倍组织，在金相显微镜下测定一次枝晶长度和二次枝晶臂间距。

图 6-14 是各试样中等轴晶和柱状晶所占比例。图 6-15 和 6-16 分别是不同生核剂对一次枝晶长度和二次枝晶臂间距影响的直方图。从实验结果可以看出：①钢液中加入任何成分的生核剂都可不同程度地扩大等轴晶区，而无生核剂作用的试样，等轴晶区最小。对于无生核剂的试样，随着浇注温度的降低，等轴晶区比例由 0 升至 15.9%，如图 6-14 所示。②从图 6-14 还可看出，四种成分的生核剂中，中碳生核剂试样的等轴晶区最宽(42.7%～69.1%)。四种生核剂对扩大试样等轴晶区的效果依次为中碳生核剂、高碳生核剂、低碳生核剂和表面涂敷石墨的生核剂。③从三种尺寸的生核剂作用效果的对比来看，本实验条件下，虽然大尺寸生核剂试样的浇注温度最高，但其作用效果最好，等轴晶区的比例最大，达到69.1%，枝晶长度和枝晶臂间距最短，如图 6-14～图 6-16 所示。

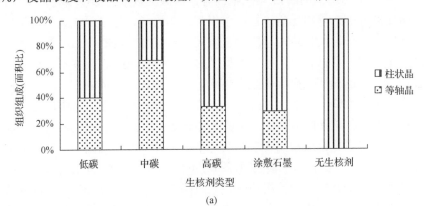

(a)

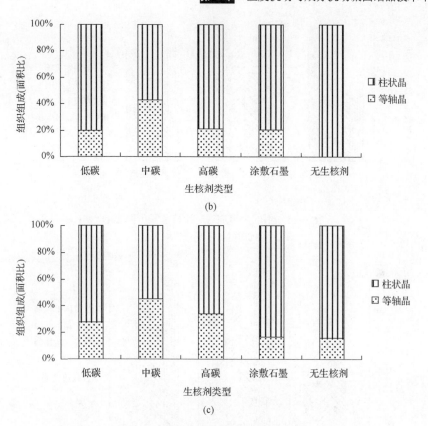

(b)

(c)

图 6-14　试样宏观组织组成

(a)大尺寸生核剂,浇注温度 1560℃; (b)中尺寸生核剂,浇注温度 1540℃;
(c)小尺寸生核剂,浇注温度 1520℃

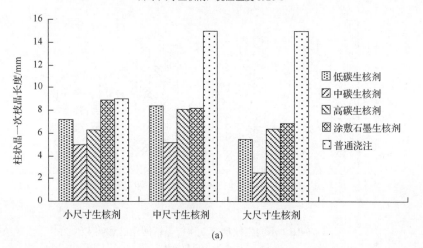

(a)

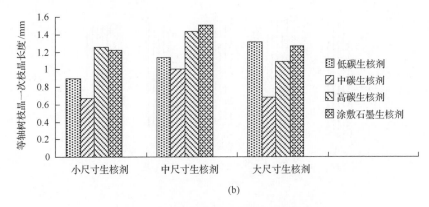

图 6-15　不同生核剂对一次枝晶长度的影响

(a)柱状晶；(b)等轴晶

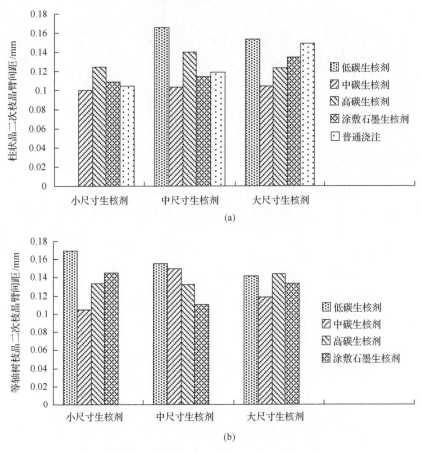

图 6-16　不同生核剂对二次枝晶臂间距的影响

(a)柱状晶；(b)等轴晶

我们知道，等轴晶的形成受两个因素的影响。一是成分过冷度；二是形核所需的过冷度。当金属液中固液前沿的成分过冷度大于形核所需的过冷度，即 $\Delta T_{max} > \Delta T^*$ 时，在这样部位的液体中便能生核并长大，这就是中心等轴晶。因此，增大成分过冷度 ΔT_{max} 和减小形核所需的过冷度 ΔT^*，都有利于等轴晶的形成。在生核剂吸热熔化的过程中，既增加了固液界面前沿的过冷度 ΔT_{max}，又为金属液提供了外来核心，因此试样 a, b, c, d 的等轴晶区都比无生核剂的试样 e 要大，故温度扰动工艺可以有效扩大等轴晶区，减小柱状晶区。

由于采用了"同时浇注，分流充型"的实验方法，a, b, c, d 四个试样的冷却条件相同，可以认为其成分过冷度 ΔT_{max} 基本相同。产生组织形貌差异的根本原因是形核所需的过冷度 ΔT^* 不同。生核剂的生核能力越强，生核所需的过冷度越小，等轴晶区就越大。对 GCr15 轴承钢来说，由 6.3 节的热力学分析可知，只有成分在 0.15%～1.8%范围内的起伏对形核才有利，且最优的成分为 0.6%～0.7%。由晶体学分析可知，只有与金属液高温结构相似的结构起伏才对形核有利。因此，表面涂敷石墨的生核剂在熔化、扩散过程中给金属液带来的成分起伏和结构起伏都不能成为形核的晶胚，其形核能力最差，在金属液中只起到内冷铁的作用。中碳和高碳生核剂的高温相与 GCr15 轴承钢相同，都是γ相，其结构起伏对形核有利，但根据热力学分析，在成分起伏上，中碳生核剂比高碳生核剂有利，因此中碳生核剂的形核能力强于高碳生核剂，而低碳生核剂在结构起伏和成分起伏上对形核都不利，其形核能力低于中碳和高碳生核剂。枝晶形貌(图 6-14)和枝晶长度(图 6-15)的三组实验结果都表明，生核剂的生核能力的顺序为中碳生核剂、高碳生核剂、低碳生核剂和表面涂敷石墨生核剂，该实验结果证实了生核剂生核机理的正确性。另外，比较各种生核剂对柱状晶和等轴晶一次枝晶长度(图 6-15)的影响可以看出，不同成分的生核剂对一次枝晶长度影响的规律性明显；而对于柱状晶和等轴晶二次枝晶臂间距，各种生核剂的影响规律性较差(图 6-16)。这说明无论对柱状晶还是等轴晶，成分与温度扰动浇注可以显著影响其形核过程，而对其长大过程影响则相对弱一些。

成分与温度扰动的作用效果与其成分起伏和结构起伏的"存活"时间有关。在同样的凝固时间下，由于小尺寸生核剂给钢液带来的成分起伏和结构起伏的"存活"时间最短，起伏已经衰退，因此生核效果差。本书实验条件下，大尺寸生核剂的效果最好，其等轴晶区最宽(图 6-14)，枝晶明显细化(图 6-15，图 6-16)。

由以上分析可知，为了保证最优的效果，必须根据合金类型选择不同的生核剂。在本书实验研究条件下，中碳、大尺寸生核剂最为理想，它可十分有效地增加铸坯等轴晶数量，并使柱状晶和等轴晶细化。

温度扰动和成分扰动凝固细晶技术在解决厚大铸件及铸锭组织粗大和热裂等铸造缺陷方面有良好的应用前景。上海大学翟启杰教授采用该技术，通过细化凝固组织和减小温度梯度，解决了江西某厂离心铸造管模铸坯热裂问题，得到了理想的效果。

参 考 文 献

[1] Pilyushenko V L. Application of methods of external effect in order to prevent macro structure defects in ingots and conticast billets. Chern Metallurgical Bulletin NTI., 1992, (5): 3-15.

[2] Minnekhanov G N. Inoculation modification of medium and low carbon steels.Russian Casting Technology, 1994, (3): 7-9.

[3] Yu Y, Zhai Q J, Zhang LB, et al. A comparison study between suspension casting process and low superheat casting process. Journal of University of Science and Technology, 1999, 6 (1): 31-34.

[4] Zhai Q J. Morphology and forming mechanism of rare earth inclusions during solidification of steel. Journal of Rare Earths, 1994, 12 (3): 228-230.

[5] 肖纪美. 合金能量学. 上海: 上海科学技术出版社, 1985.

[6] 于艳. 悬浮浇注对连铸轴承钢凝固过程影响的基础研究. 北京：北京科技大学博士学位论文, 1998.

[7] 于艳, 翟启杰, 胡汉起. 成分起伏对钢液形核影响的热力学研究. 钢铁研究学报, 2006, 18(11): 19-21, 42.

[8] 翟启杰, 刑长虎, 赵沛, 等. 微区成分扰动生核处理基础研究. 钢铁, 2002, 37(6): 39-41.

[9] 石霖. 合金热力学. 北京: 机械工业出版社, 1992.

[10] Ryzhikov A A, Chudner R V. Gavrilin I V, et al. Improvements in the suspension casting process. Russ. Cast. Prod., 1975, 11: 457-458.

[11] Efimov V A. Suspension casting technological foundaments//48th International Foundry Congress, 1981.

[12] Tsaplin A I, Selyaninov Yu A, Mangasarov B N. Solidification of continuously cast strand with suspension casting of superheated melt. Steel in the USSR, 1982, 12(6): 258-260.

[13] Knyazev V N, Panferov V N, Kim G P. Steel castings production by suspension pouring with a shortened heat treatment cycle. Soviet Castings Technology (English Translation of Liteinoe Proizvodstvo), 1986, 6: 29-30.

[14] Roshchin M I, Leikina G I, Orlova L A, et al. Production of steel castings by the suspension method. Soviet Castings Technology (English Translation of Liteinoe Proizvodstvo), 1987, 9: 62-64.

[15] 杜怀生, 翟启杰, 线国高. 悬浮铸造对铸钢件缩孔及缩松的影响. 特种铸造及有色合金, 1998, (5): 14-17.

[16] 安阁英, 刘敏歆, 惠晓蜂, 等. 悬浮浇注对 ZG35 凝固特性及机械性能的影响. 铸造, 1985, (6): 24-29.

[17] 黄定安. 用悬浮浇注和定向凝固消除 ZL111 铝合金汽缸头的针孔. 铸造, 1983, (5): 57-60.

[18] 翟启杰, 杜怀生. 添加剂对悬浮浇注钢夹杂物及力学性能的影响. 北京科技大学学报, 1995, 17(6): 520-523.

[19] 樊铁船, 周起玉, 王栓强, 等. 悬浮浇注和 Sr 变质对 A356 合金组织性能的影响. 热加工工艺, 1997, (6): 40-41.

[20] 刘满平, 孙少纯, 周伯仪. 悬浮浇注对大断面球铁石墨形态及凝固特性的影响. 现代铸铁, 1998, (1): 26-29.

[21] 周春明, 徐建辉, 龙文元, 等. 悬浮浇注对铝铜合金组织性能的影响. 热加工工艺, 1999, (2): 28-29.

[22] 于艳, 翟启杰, 刑长虎, 等. 悬浮浇注对 GCr15 轴承钢凝固过程的影响. 北京科技大学学报, 1998, 20(3): 262-265, 306.

[23] 于艳, 陈迪林, 陈金保, 等. 悬浮浇注对轴承钢锭温度场及偏析的影响. 钢铁, 1998, 33(4): 20-23.

[24] 翟启杰, 赵沛, 胡汉起, 等. 金属凝固细晶技术研究//中国铸造活动周论文集, 2004: 52-61.

第 7 章

脉冲电流凝固细晶技术

脉冲电流由于电路负荷低、能耗小、对金属液无污染、工业上易应用，在材料加工和制备领域备受青睐，相关研究很多。尤其是近二十余年，许多材料科学工作者对应用脉冲电流有效控制金属凝固组织进行了不懈的努力和探索，取得了一系列重要的研究成果[1-16]。

7.1 脉冲电流在金属熔体中的效应

7.1.1 脉冲电流特点

脉冲电流通过脉冲电流发生装置产生，间歇式释放出高密度能量，从而间歇式获得瞬时高电压、大电流。

7.1.2 脉冲电流效应

在金属凝固过程中导入脉冲电流，会产生以下效应。

1) 热效应

电流通过金属熔体时由于电阻的存在，将产生焦耳热效应[17]。焦耳热会引起金属熔体的温度产生以下变化：

$$\Delta T = \frac{J^2 \rho_e t}{\rho c} \tag{7-1}$$

式中，ρ 为熔体的密度，kg/m^3；ρ_e 熔体的电阻率，$\Omega \cdot mm^2/m$；J 为电流密度，A/mm^2；c 为比热容，$J/(kg \cdot K)$；t 为通电时间，s。

焦耳热相当于内热源，它将降低凝固冷却速率，减小过冷度。对于液固共存的状态，因为液相的电导率比同材质固相电导率小，所以固相是电流优先选择的通道，因而固相内产生的热效应大于相邻的液相，这可降低界面处的温度梯度，甚至导致固相重熔。

电导率不同的两种材料接触时，由于接触界面上存在接触电势差，当电流通过界面时会产生附加的热量，称为 Peltier 热[18]。在金属凝固过程中，当电流由液相流向固相时界面处将放出热量，反之界面处将吸收热量。热量的大小与通过界面的电流密度 J 成正比，其比例系数称为 Peltier 系数，如下式：

$$Q_P = P_{SL} J \tag{7-2}$$

式中，P_{SL} 为 Peltier 系数，V。

2）力效应

当金属熔体中有变化的电流通过时，根据法拉第电磁感应定律，将会产生变化的磁场，磁场与电流的交互作用产生 Lorentz 力[17]，如下式：

$$f = J \times B \tag{7-3}$$

式中，B 为磁感应强度，T。

当脉冲电流通过材料时，会产生一个压力挤压表面，这个收缩应力可表示为[19]

$$\sigma = \nu[\mu J^2 (r^2 - a^2)/4] \tag{7-4}$$

式中，σ 为伸缩应力，Pa；ν 为泊松比；μ 为磁导率，H/m；J 为电流密度，A/m^2；r 为样品半径，m；a 为样品横截面上任意一点到中心的距离，m。

根据磁流体力学理论，Lorentz 力在导电的金属熔体中将作为驱动力引起强制流动，流速可由下述的 Navier-Stokes 方程获得[20]

$$\rho\left[\frac{\partial U}{\partial t} + (U \cdot \nabla)U\right] = -\nabla p + \mu_v \nabla^2 U + F \tag{7-5}$$

式中，U 为流速，m/s；ρ 为密度，kg/m^3；μ_v 为动力学黏度，N·s/m^3；p 为压力，Pa。

3）趋肤效应

按照电动力学观点，当有交变电流通过导体时，电流将趋向于聚集在导体的表面，从而使电流在导体横截面上分布不均匀[21]。对于圆柱形导体，其横截面上电流密度由表面沿径向到轴线随深度 δ 的增加按指数规律衰减。δ 表示为

$$\delta = \left(\frac{\rho_e}{\pi \mu f}\right)^{\frac{1}{2}} \tag{7-6}$$

式中，μ 为磁导率，H/m；f 为电流频率，Hz。

直流电流通过导体时不存在趋肤效应。脉冲电流的形式千差万别，其产生趋肤效应的程度也差别很大，取决于脉冲电流的波形和频率。

7.2　脉冲电流对金属凝固组织的影响

20 世纪 90 年代初，美国麻省理工学院 Nakada 等[1]首次研究了脉冲电流对 Sn-15%Pb 合金的凝固过程的影响，发现脉冲电流不仅使 Sn-15%Pb 合金晶粒尺寸明显减小，而且发生初生相形貌由树枝状向球状的转变(图 7-1)。1995 年，北卡罗来纳州大学的 Barnak 等[2]对近共晶的锡铅合金施加脉冲电流，发现脉冲电流同样可以显著细化共晶组织。在随后的时间里，我国学者在脉冲电流对金属凝固过程和组织影响的研究领域开展了大量的工作，占据主导地位[3-16,19,21,22]。大量研究发现，脉冲电流可以细化锌、镁、铝和铁基合金等几乎所有金属的凝固组织。脉冲电流不仅对晶粒尺寸等宏观凝固组织产生显著影响，还对枝晶形貌等微观组织有明显的改善作用。

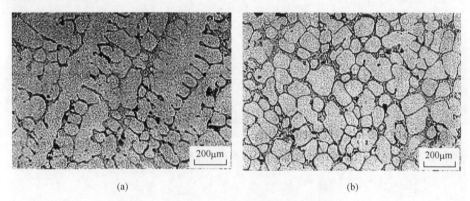

(a)　　　　　　　　　　　　　　　(b)

图 7-1　脉冲电流作用下锡铅合金凝固组织[1]

(a)未处理；(b)脉冲电流处理

7.2.1　脉冲电流对宏观凝固组织的影响

脉冲电流参数包括脉冲电流峰值、脉冲频率和脉冲宽度等。人们在不同金属凝固过程中施加脉冲电流研究其对宏观凝固组织的影响，其中对纯铝及其合金的研究较多，也比较系统。下面以纯铝和铝基合金为主，系统地展示这三个脉冲电流参数变化对金属宏观凝固组织的影响。

1. 电流峰值的影响

图 7-2 是不同脉冲电流峰值作用下纯铝宏观凝固组织。图 7-2(a) 是未施加脉冲电流试样的凝固组织，由粗大的柱状晶组成。柱状晶在圆柱形试样表面沿径向朝中心方向生长形成典型的穿晶组织形态。图 7-2(b)～(f) 是采用相同脉冲频率和宽度，在金属整个凝固过程施加不同峰值密度脉冲电流的试样凝固组织。由图 7-2 可以看出，当电流密度较小时其凝固组织仍然是柱状晶，只是柱状晶尺寸比未施加脉冲电流的试样小一些。随着电流峰值密度的增加，柱状晶逐渐变得短而细，试样底部开始出现等轴晶组织，且随电流密度的增大，等轴晶晶粒尺寸逐渐减小，等轴晶晶区占整个试样纵截面面积比例(简称等轴晶面积比)逐渐增大。所测得的等轴晶晶粒尺寸与等轴晶面积比随脉冲电流的变化规律如图 7-3 所示。可以看出，当电流峰值较小时，晶粒尺寸和等轴晶面积比随着峰值增加急剧变化，当电流峰值增大到一定程度时，两者的变化逐渐趋缓。

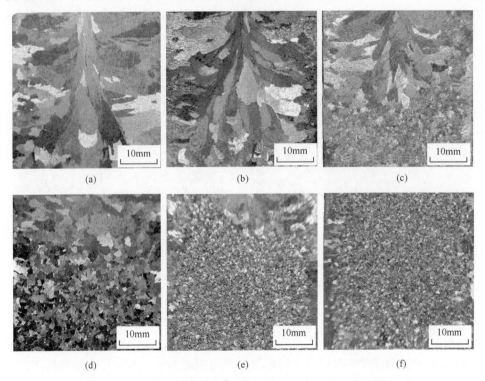

图 7-2　脉冲电流峰值对纯铝凝固组织的影响(k_i 为设备系数)

(a) 0 A/cm²；(b) 40k_i A/cm²；(c) 80k_i A/cm²；(d) 160k_i A/cm²；(e) 240k_i A/cm²；(f) 480k_i A/cm²

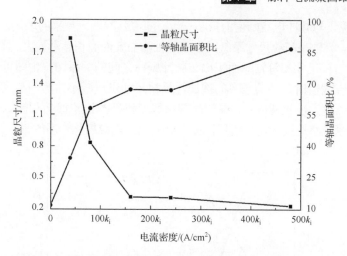

图 7-3 脉冲电流峰值对等轴晶晶粒尺寸和等轴晶面积比的影响(k_i 为设备系数)

2. 脉冲频率的影响

图 7-4 所示为脉冲电流频率对纯铝宏观凝固组织的影响。图 7-4(a)～(f)为相同电流密度和脉冲宽度条件下，施加不同脉冲电流频率的纯铝试样凝固组织。

图 7-4 脉冲电流频率对纯铝凝固组织的影响(h_i 为设备系数)

(a) 50h_i Hz； (b) 100h_i Hz； (c) 200h_i Hz； (d) 300h_i Hz； (e) 400h_i Hz； (f) 500h_i Hz

由图 7-4 可见，与脉冲电流峰值的影响一致，随着脉冲电流频率的增加，柱状晶逐渐变为等轴晶，等轴晶晶粒尺寸不断减小且等轴晶晶区的面积逐渐增大。图 7-5 为所测得的等轴晶晶粒尺寸和等轴晶面积比与脉冲频率之间的关系图。由图可知，当脉冲频率小于某一阈值时，随着频率的增加，晶粒尺寸迅速减小，等轴晶区面积迅速增大，当脉冲频率大于该阈值时，晶粒的细化程度和等轴晶区面积的增大都趋于减缓，说明脉冲电流频率达到一定阈值后，频率的变化对晶粒细化作用的影响逐渐变小。

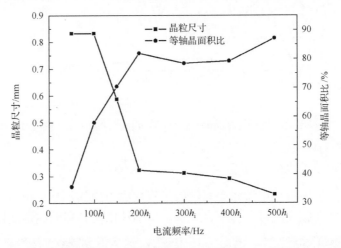

图 7-5　脉冲电流频率对等轴晶晶粒尺寸和等轴晶面积比的影响（h_i 为设备系数）

3. 脉冲宽度的影响

脉冲宽度也是脉冲电流的一个重要参数，脉宽的大小决定了单个电脉冲延续时间的长短。在电流密度和脉冲频率恒定的条件下，不同脉宽处理纯铝所得的凝固组织如图 7-6 所示。从中可以看出，凝固组织随着脉宽的增加反而逐渐粗化，表明窄脉宽有利于细化凝固组织。

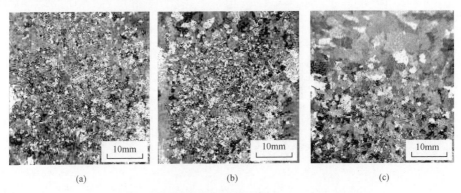

图 7-6　脉宽对纯铝凝固组织的影响（f_i 为设备系数）

(a) $3f_i$ μs；(b) $4f_i$ μs；(c) $5f_i$ μs

为了进一步研究脉冲电流对合金宏观凝固组织的影响，在 Al-Cu 和 Al-Si 合金中分别研究了宏观凝固组织随脉冲电流峰值和频率变化的演变规律。从图 7-7 中可以看出，施加脉冲电流后，Al-Cu 合金的晶粒尺寸随着电流峰值的增大逐渐减小。图 7-8 展示了 Al-Si 合金凝固组织随着脉冲电流频率增大的演变规律。从中可以看出，Al-Si 合金的晶粒尺寸随着脉冲电流频率的增大逐渐降低。由上所述可知，Al-Cu 和 Al-Si 合金的凝固组织随着脉冲电流峰值和频率的演变规律和纯铝在脉冲电流作用下的凝固组织变化基本一致。

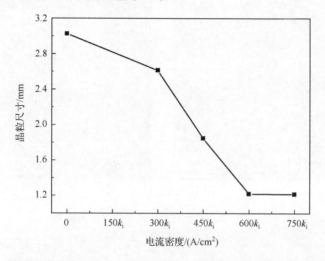

图 7-7 脉冲电流峰值与 Al-Cu 合金凝固组织晶粒尺寸的关系(k_i 为设备系数)

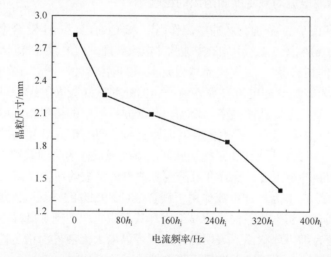

图 7-8 脉冲电流频率与 Al-Si 合金凝固组织晶粒尺寸的关系(h_i 为设备系数)

脉冲电流对钢的凝固组织同样具有显著的细化作用。图 7-9 是脉冲电流对奥氏体不锈钢 1Cr18Ni9Ti 凝固组织的影响。由实验结果可见，尽管试样的凝固组织均为全柱状晶组织，但未处理试样为粗大的柱状晶[图 7-9(a)]，经脉冲电流处理后各试样的柱状晶组织都发生了明显细化[图 7-9(b)]。至于脉冲电流为什么没有将奥氏体不锈钢柱状晶转变为等轴晶目前尚不清楚。作者随后的研究证实，脉冲电流在大多数钢中的作用规律与铝合金相似，即可以显著地细化凝固组织并增加等轴晶数量。

图 7-9　脉冲电流对奥氏体凝固组织的影响
(a)未处理；(b)脉冲电流处理

7.2.2　脉冲电流对微观凝固组织的影响

图 7-10 和图 7-11 分别为脉冲电流作用下 Al-Cu 合金和 Al-Si 合金的微观凝固组织。图 7-10(a) 和图 7-11(a) 是未施加脉冲电流处理试样的微观凝固组织，初生相 α-Al 呈粗大的树枝状，二次枝晶臂发达且其间距较大。图 7-10(b)~(e) 和图 7-11(b)~(e) 为施加脉冲电流参数逐渐增大的处理试样凝固组织。可以看出，无论是随电流峰值还是随脉冲频率的增加，其凝固组织中的初生相α-Al 逐渐细化，一次枝晶变短变细，二次枝晶变短且其间距变小，初生相α-Al 由柱状树枝晶向等轴晶转变。进一步分析还发现，未施加脉冲电流处理试样的凝固组织中初生相α-Al 的量少于施加脉冲电流的试样，并且随着脉冲电流参数的增大，初生相α-Al 的量也逐渐增加。图 7-12 为脉冲电流作用下镁合金(AZ91D)的微观凝固组织[23]。从中可以看出，镁合金初生相不仅被明显细化，其形貌也由不施加脉冲电流的粗大树枝晶逐渐转变为细小球状晶，表明脉冲电流可以增大固液界面稳定性，这与在定向凝固条件下脉冲电流提高固液界面稳定性的结论一致[24]。

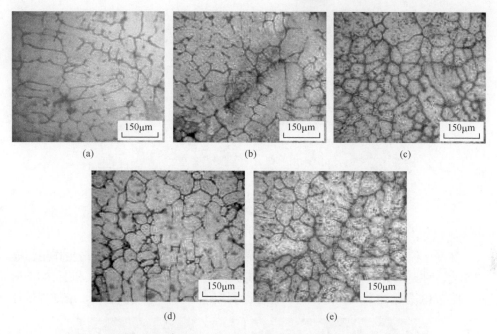

图 7-10 脉冲电流峰值对 Al-Cu 合金微观凝固组织的影响(k_i 为设备系数)

(a) $0A/cm^2$；(b) $300k_iA/cm^2$；(c) $450k_iA/cm^2$；(d) $600k_iA/cm^2$；(e) $750k_iA/cm^2$

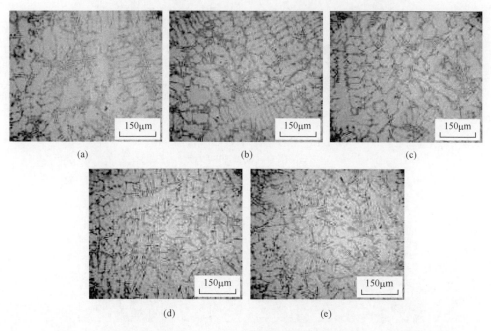

图 7-11 脉冲电流频率对 Al-Si 合金微观凝固组织的影响(h_i 为设备系数)

(a) 0Hz；(b) $50h_i$Hz；(c) $130h_i$Hz；(d) $260h_i$Hz；(e) $350h_i$Hz

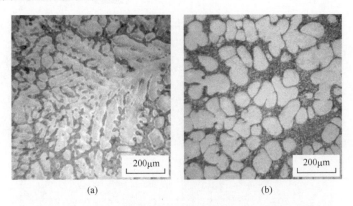

图 7-12　脉冲电流对镁合金（AZ91D）初生相的影响[23]

(a) 未处理；(b) 脉冲电流处理

　　脉冲电流不仅对非小平面初生相有显著影响，对小平面相同样产生作用。硅相作为一种典型的小平面相，其在脉冲电流作用下的变化如图 7-13 和图 7-14 所示。图 7-13 为脉冲电流作用下的共晶硅凝固组织[25]。从中可以看出，未处理试样

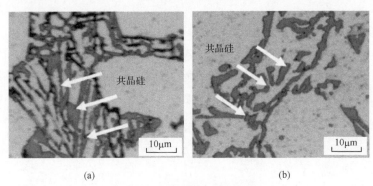

图 7-13　脉冲电流对共晶硅相的影响[25]

(a) 未处理；(b) 脉冲电流处理

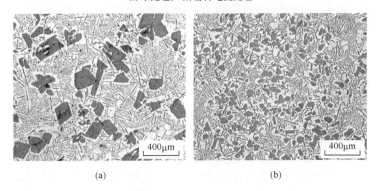

图 7-14　脉冲电流对过共晶铝硅合金（Al-22%Si）初生硅相的影响[9]

(a) 未处理；(b) 脉冲电流处理

组织中的共晶硅相呈粗大的长条状且分布不均匀，而在处理试样的凝固组织中共晶硅相变得细而短且分布趋于均匀。图 7-14 为脉冲电流作用下的初生硅凝固组织[9]。与共晶硅的变化规律类似，初生硅在脉冲电流作用下由粗大的颗粒状变为弥散分布的细小颗粒。

图 7-15 和图 7-16 分别为脉冲电流作用下奥氏体不锈钢的微观金相组织和扫描电镜组织。从中可以看出，在脉冲电流作用下，处理试样的枝晶生长形态变得不规则且明显细化。图 7-17 分别为图 7-16 中 1、2、3、4 点处化学成分的能谱分析结果。两个试样中白色相 1 点和 3 点的 Cr 含量明显低于黑色相 2 点和 4 点的 Cr 含量，而白色相 1 点和 3 点的 Ni 含量又明显高于黑色相 2 点和 4 点。因为 Cr 是铁素体形成元素，而 Ni 是奥氏体形成元素，所以奥氏体中溶解的 Ni 含量较多，Cr 含量较少；而铁素体中溶解的 Cr 含量较多，Ni 含量较少。组织中白色基体为奥氏体，其上分布着黑色铁素体。

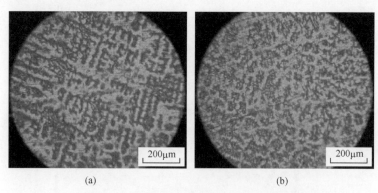

(a)   (b)

图 7-15　奥氏体不锈钢的微观金相组织形貌
(a) 未处理；(b) 脉冲电流处理

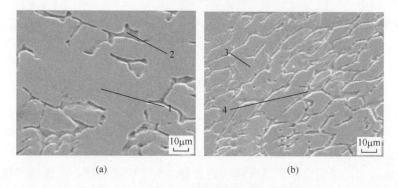

(a)   (b)

图 7-16　奥氏体不锈钢的扫描电镜微观组织形貌
(a) 未处理；(b) 脉冲电流处理

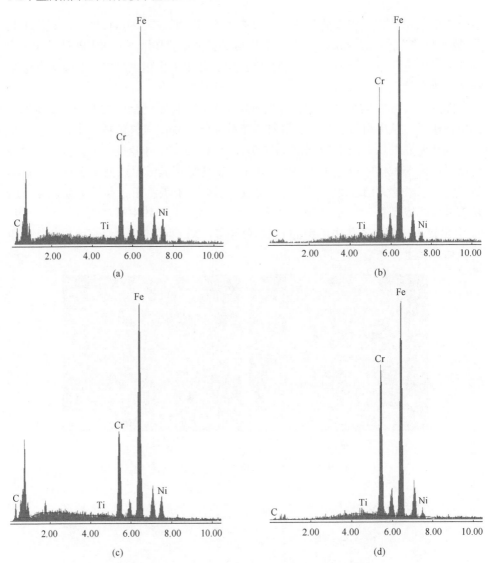

图 7-17　奥氏体不锈钢凝固组织中两相能谱分析

(a)～(d)依次对应图 7-16 中的 1～4 点

　　图 7-18 为两个试样的 X 射线衍射分析结果。从中可以看出，该不锈钢的凝固组织均主要由奥氏体和铁素体两相组成。另外，可以发现奥氏体相衍射峰的强度高于铁素体相，说明组织中奥氏体相的含量均大于铁素体相。上述结果与能谱分析结果一致。图 7-18(a)中未处理试样两相衍射峰强度的差值，明显小于图 7-18(b)中处理试样的差值，又因为凝固组织仅有奥氏体和铁素体这两相组成，因此可以推测，处理试样中奥氏体的含量高于未处理试样。根据 X 射线衍射结果，计算可

得未处理试样中奥氏体含量为 47%，处理试样中奥氏体含量为 55%。这里要特别说明的是，X 射线衍射是一种半定量分析技术，但这些研究结果可以定性地表明脉冲电流使不锈钢中奥氏体含量增加。

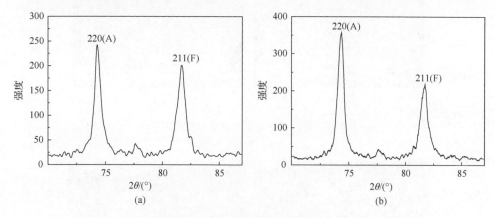

图 7-18　奥氏体不锈钢 X 射线衍射结果
(a)未处理；(b)脉冲电流处理

不锈钢是多元合金，凝固过程有溶质的扩散问题，且其凝固过程中存在着包晶转变，因此原子的扩散对凝固组织的影响更为明显。脉冲电流处理后的试样组织中，铁素体的分布更加细小分散，处理后组织中的奥氏体含量增高，铁素体含量减少。这一方面会提高不锈钢铸态下的力学性能，另一方面使不锈钢后续的固溶处理工艺变得简单，有利于固溶处理时铁素体相的溶解，更易于形成单一奥氏体组织。

脉冲电流对灰铸铁凝固组织也有影响。对过共晶灰铸铁施加脉冲电流后，其凝固组织的变化如图 7-19 所示。图 7-19(a) 是未施加脉冲电流的试样，图 7-19(b) 为施加脉冲电流后形成的凝固组织。可以看出，未处理试样的石墨形态分布相对比较均匀，整个断面基本均为大片状和少量块状的 C 型初生石墨和较大的 A 型片状共晶石墨，其组织为典型的过共晶灰铸铁铸态组织。经脉冲电流处理后共晶团和石墨形态都发生了不同程度的细化，且共晶团尺寸和石墨的大小、形态和分布都变得很不均匀。组织中既有粗大长直的 C 型石墨，又都出现了非常细小的枝晶点状 D 型石墨区。

在对过共晶灰铸铁未处理试样和处理试样进行盐酸深腐蚀后，其扫描电镜下的石墨形貌如图 7-20 所示。处理试样的石墨片细化弯曲，分支增多，定向生长的石墨片由于受到脉冲电流的干扰而频繁改变生长方向，导致分支和细化。

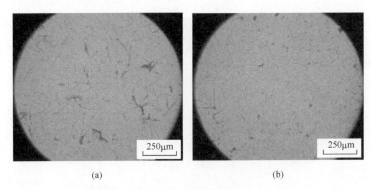

(a) (b)

图 7-19 过共晶灰铸铁试样的典型石墨形态
(a)未处理；(b)脉冲电流处理

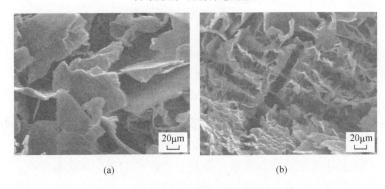

(a) (b)

图 7-20 过共晶灰铸铁的石墨微观形貌
(a)未处理；(b)脉冲电流处理

7.3 脉冲电流细化凝固组织的机制

根据学者们的研究，脉冲电流细化金属凝固组织的机制可归结为四大类：一是异质形核机制，二是原子团簇机制，三是枝晶断裂机制，四是结晶雨机制。

7.3.1 异质形核机制

根据形核理论，增大过冷度和降低形核功可以促进异质形核。Barnak 等[2]发现脉冲电流可以增大最大过冷度。当在锡铅合金中通入电流密度为 1500A/cm² 的脉冲电流时，过冷度可以增大 10℃。Zhao 等[22]认为最大过冷度由脉冲电流的焦耳热和电磁力来决定，电磁力可以通过过热快速消失来提高过冷度，而焦耳热的热效应会降低过冷度。因此，最终的过冷度大小是二者竞争的结果。秦荣山等[3]通过理论分析认为脉冲电流可以通过改变自由能来降低形核功。脉冲电流对自由能的改变可用下式来表示：

$$\Delta G_{\text{EC}}^* = KJ^2 \zeta V_{\text{n}} \tag{7-7}$$

式中，K 表示与材料性质相关的常数；J 是电流密度；V_{n} 表示晶核的体积，ζ 由下式来计算得到：

$$\zeta = \frac{\sigma_0 - \sigma_{\text{n}}}{\sigma_{\text{n}} + 2\sigma_0} \tag{7-8}$$

式中，σ_0 表示熔体的电导率；σ_{n} 表示晶核的电导率。

形核功 ΔG^* 最终可由下式给出：

$$\Delta G^* = \Delta G_v^* + \Delta G_i^* + \Delta G_{\text{EC}}^* \tag{7-9}$$

式中，ΔG_v^* 表示体积自由能差；ΔG_i^* 表示表面能差。

由于几乎所有合金的固相电导率都大于液相电导率，所以式(7-7)和式(7-8)中 ζ 和 ΔG_{EC}^* 的值为负，进而降低形核功 ΔG^* 的大小。形核功降低，有利于提高形核率。

7.3.2 原子团簇机制

王建中等[4,26]提出了脉冲电流原子团簇孕育机制，认为液态金属是由具有一定尺寸的稳定性金属团簇和液态原子构成的(图7-21)。这些金属团簇的尺寸和温度相关，温度较高时团簇尺寸较小，温度较低时团簇尺寸较大。如果在温度一定时，由于某种外部能量的输入产生了大量大尺寸的原子团簇，则在凝固过程中达到临界晶核尺寸的晶胚数量越多，进而最终的凝固组织越细小。脉冲电流施加在金属熔体中，可改变液态原子团簇外电层密度，引起电层结构畸变，导致团簇一侧外电层电位的降低，促使原子团簇和其他原子团簇或原子结合，使原电子团簇变为更大的原子团簇，降低晶胚形成所要克服的位垒，进而提高形核率，孕育出大量晶核来细化组织。在此基础上提出了电脉冲孕育技术，通过施加电脉冲对金属熔体预处理，改变熔体结构，使其更容易触发形核，进而达到晶粒细化的目的。

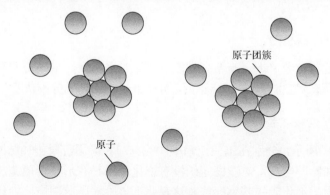

图 7-21　金属熔体结构示意图

7.3.3 枝晶断裂机制

通过枝晶断裂来实现晶粒数目的增殖被广大学者广泛提及。枝晶断裂形成的细小碎片可以直接作为晶核而不需要形核过冷。Nakada 等[1]认为脉冲电流通过瞬间产生极强的脉冲电磁力机械折断枝晶臂来实现细化。随后,考虑到脉冲电流的脉冲特性,可以在瞬间产生大量焦耳热,有学者认为枝晶断裂是以脉冲电流引起温度起伏导致枝晶熔断来实现的[14]。最近,Räbiger 等[15]通过超声波流动测速仪发现脉冲电流可以在金属熔体中引起强制流动(图 7-22),且流动强度与有效电流大小成正比关系。通过对比相同流动强度下的脉冲电流和电磁搅拌作用下的凝固组织,发现两种施加方式所得晶粒大小基本一致。因为电磁搅拌的强制流动引起溶质起伏和温度起伏导致枝晶熔断来细化晶粒已经基本被学者所接受[27],由此认为脉冲电流引起强制流动促进枝晶熔断是细化的主要机制。

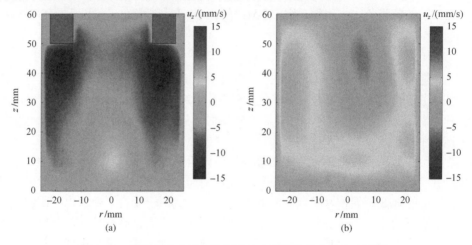

图 7-22　脉冲电流作用下镓铟锡液态金属熔体中的流动图[15]

(a)电极所在平面;　(b)电极所在平面的垂直面

7.3.4 结晶雨机制

结晶雨机制由翟启杰、廖希亮和李杰等通过采用上、下电极和平行电极施加方式,配合隔离网实验提出。下面从这两种电流施加方式分别进行论述。

1. 上、下电极实验

如图 7-23 所示,分别在工业纯铝不同的冷却和凝固阶段施加脉冲电流。发现在形核前施加脉冲电流,对凝固组织没有细化作用;在形核阶段施加脉冲电流和全程处理所得的细化效果基本一致。这表明形核阶段是脉冲电流细化晶粒的最有效时间。通过与不施加脉冲电流的冷却曲线对比(图 7-24),发现脉冲电流施加后,工业纯铝的凝固平台温度提高，将此现象称为"电致过冷"。根据经典形核理论，电致过冷是脉冲电流促进形核的主要原因。

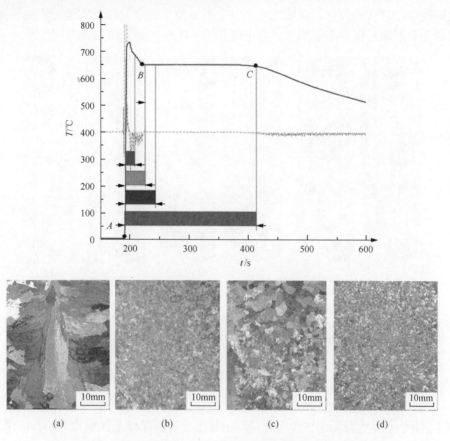

图 7-23 工业纯铝冷却的不同时间段施加脉冲电流的凝固组织图[10]

(a)形核前；(b)形核阶段；(c)生长阶段；(d)全程处理

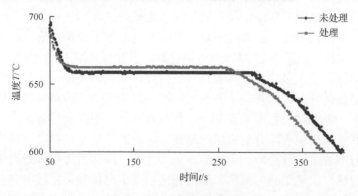

图 7-24 工业纯铝冷却曲线

未处理，未施加脉冲电流；处理，施加脉冲电流为了研究脉冲电流促进形核的位置,采用在铸型中加金属网来阻隔晶粒移动。由图 7-25 可以看出施加脉冲电流后金属网内凝固组织没有细化,而金属网和型壁之间发生了显著的细化,表明细化晶核主要从型壁而来。这从实验上证实了晶粒细化主要是通过促进型壁形核,在电流作用下不断脱落和增殖来实现的[10]。

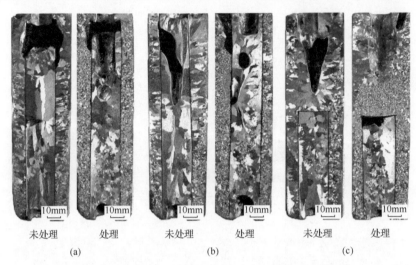

图 7-25 脉冲电流(上、下电极)作用下添加隔离网(图中试样缝隙处)工业纯铝凝固组织图[10]

(a)网上端不封口; (b)网上端封口; (c)下部网上端封口

2. 平行电极实验

图 7-26 所示的分别是未处理、全程处理和形核阶段处理工业纯铝的宏观组织。结果显示,全程处理和形核阶段处理均出现细小和高等轴晶面积比率的凝固组织,表明脉冲电流主要是在形核阶段发生细化。值得注意的是,图 7-26(b)、(c)中箭头所指的位置,均出现了少量的细小等轴晶组织。这些实验现象说明,在凝固初期或形核阶段施加脉冲电流能获得较好的细化效果。

同样,为研究平行电极条件下脉冲电流促进晶核形成的位置,在铸型中采用金属网进行实验。由图 7-27 可以清楚地看到,不管圆筒网的高度如何变化,在横网的上部均出现了大量的细小等轴晶粒。同样在横网的下部,无论是在圆柱不锈钢网的内部还是外部,均是粗大的晶粒组织。根据这些实验结果可以推断,脉冲电流作用下,细等轴晶可能主要来源于靠近顶部的铸型壁和熔体的上表面。为进一步研究晶核形成位置,分别采用冷却能力较弱的石墨电极和冷却能力较强的紫铜电极对自由液面进行冷却。从图 7-28 可以看出,采用石墨电极使自由液面尚未完全凝固的试样出现了晶粒细化。然而,采用紫铜电极使自由液面完全凝固的试样没有发生细化。由此表明,平行电极条件下,脉冲电流作用下的细等轴晶主要来自自由液面。平行电极条件下的晶粒细化示意图如图 7-29 所示,脉冲电流促进了自由液面处的形核，晶核在电磁力作用下不断脱落和漂移到金属熔体中，进而细化整个凝固组织[12]。

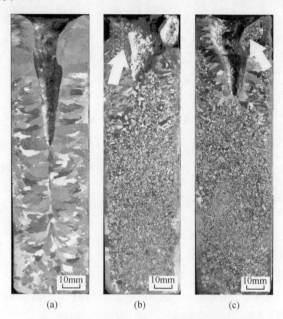

图 7-26　不同凝固阶段进行脉冲放电的宏观组织

(a) 未处理；(b) 全程处理；(c) 形核阶段处理

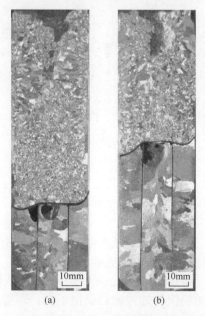

图 7-27　不同不锈钢网高度时施加脉冲电流后的凝固组织

(a) H=40mm；(b) H=70mm

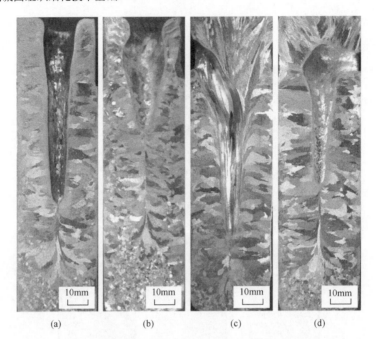

图 7-28　熔体顶部激冷后有无脉冲电流作用下纯铝凝固组织形貌的对比

(a) 经石墨棒激冷后未处理的宏观组织；(b) 经石墨棒激冷后脉冲电流处理的宏观组织；
(c) 经紫铜棒激冷后未处理的宏观组织；(d) 经紫铜棒激冷后脉冲电流处理的宏观组织

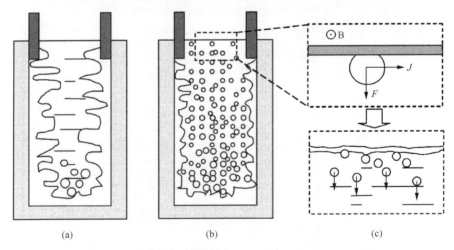

图 7-29　平行电极脉冲电流细化凝固组织的结晶雨机制[12]

(a) 未加脉冲电流处理时典型的柱状晶生长凝固组织；(b) 脉冲电流作用下液面结晶雨形成示意图；
(c) 脉冲电流作用下晶核的运动分析示意图

　　综上所述，翟启杰等提出脉冲电流结晶雨机制，即脉冲电流通过电致过冷促进金属液在液面和型壁处形核，晶核在电磁力作用下不断脱落形成结晶雨，细化金属凝固组织。

7.4　脉冲电流处理工艺对细化效果的影响

在对脉冲电流凝固细晶机制认识的基础上(见 7.3 节)，研究不同脉冲电流处理工艺下晶粒尺寸的变化规律，将为脉冲电流凝固细晶技术应用于工业生产中选择合理的处理工艺提供指导。

7.4.1　脉冲电流引入方式对细化效率的影响

对金属熔体施加脉冲电流处理时，研究从不同位置导入脉冲电流对凝固组织细化效果的影响，获得最优细化效果的通电位置，对施加脉冲电流工艺设计极具指导意义。如图 7-30(a)～(f) 所示，从铸型的顶部和底部、铸型两侧中部、两侧底部、同侧中部和底部、同侧顶部和底部以及顶部液面平行放置电极施加脉冲电流对纯铝的凝固过程进行处理。为了进行比较，采用相同的浇注工艺和脉冲电流处理参数，铸锭尺寸为 $\Phi40\text{mm}\times140\text{mm}$。

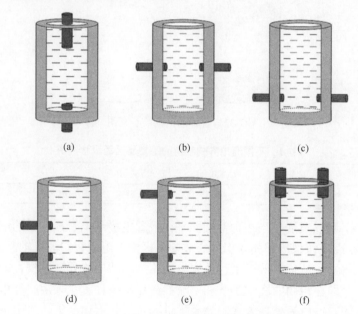

图 7-30　脉冲电流不同导入方式示意图
(a)顶部和底部中心通电；(b)两侧中部通电；(c)两侧底部通电；(d)同侧中部和底部通电；
(e)同侧顶部和底部通电；(f)顶部液面通电

为定量地比较纯铝凝固组织的细化效果，定义纯铝试样凝固组织中等轴晶所占的比例为 P，表示为

$$P = \frac{S_\text{E}}{S_0} \tag{7-10}$$

式中，S_E 为纯铝凝固组织中等轴晶区的面积；S_0 为纯铝铸锭整个纵断面的面积。测算比例时，首先用软件勾勒出纯铝凝固组织中等轴晶区的形状，再用 AutoCAD 软件计算其面积，如图 7-31 所示。勾勒描绘次数为 3 次，最后取平均值。经勾勒描绘测算后，上述几种不同通电方式处理后获得的等轴晶区比例如表 7-1 所示。

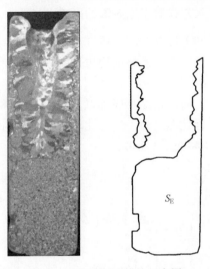

图 7-31 等轴晶区描绘示意图

表 7-1 不同通电方式获得的等轴晶区面积比例 P

方式(a)	方式(b)	方式(c)	方式(d)	方式(e)	方式(f)
21.56%	30.7%	41.52%	52.58%	65.73%	70.3%

从表 7-1 可以发现，当在顶部液面平行放置电极通电时，获得的细小等轴晶区比例最高，而从铸型顶部和底部中心放置电极施加电流获得的等轴晶比例最小。由上述结果得知，从顶部液面平行放置电极施加脉冲电流处理试样，能获得最佳的细化效果，即在相同的浇注工艺和电流参数作用条件下，采用平行电极导入方式是最优化的脉冲电流处理方式。为了更进一步确认上述结果，在上下电极导入方式下采用较高脉冲放电频率，处理后的宏观组织如图 7-32 所示。对比发现，即使采用平行电极导入方式的脉冲电流放电频率较低，但仍能得到较好的细化效果，进一步说明平行电极导入方式是一种更好的电流导入方式。

(a)　　　　　　　　　　　(b)

图 7-32　相同浇注温度、铸型尺寸下不同电极施加方式细化效果之间的比较

(a)平行电极方式；(b)上下电极方式

　　根据结晶雨机制，平行电极施加方式主要是通过触发自由液面形核和晶核脱落细化晶粒，而其余方式主要是在型壁处触发形核和晶核脱落。上述结果表明，在相同条件下脉冲电流在自由液面处能够产生更多的晶核。此外，需要说明的是，从自由液面插入平行电极的脉冲电流引入方式在工业中更容易实现。综上所述，在工业生产中应采用平行电极方式。

7.4.2　电极插入深度对细化效果的影响

　　Nakada 等[1]认为脉冲电流只对电极插入深度范围以内熔体产生电磁剪切力作用，进而起到细化晶粒的效果。电极插入深度是否是脉冲电流细化金属凝固组织的一个重要的工艺参数呢？这里采用从顶部液面平行放置电极的方式施加脉冲电流处理，从工艺的角度探讨脉冲电流电极插入的深度对细化效果的影响。

　　将电极插入熔体液面以下不同的深度，分别为 20mm、60mm 和 110mm，处理后的宏观组织如图 7-33 所示。图中不难发现三种电极插入深度的铸锭均得到了被显著细化的宏观组织，而且等轴晶面积比率都很高。分别用截线法和面积法统计其细等轴晶区的平均晶粒尺寸和等轴晶比率，结果如图 7-34 所示，其等轴晶比率和等轴晶平均晶粒尺寸都分别在 70% 和 0.3mm 左右。结果表明，电极插入深度对细化效果几乎没有影响。

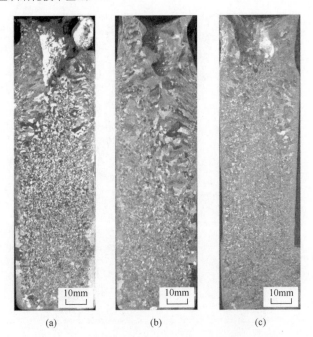

图 7-33 不同电极插入深度下纯铝的凝固组织

(a)插入深度 20mm；(b)插入深度 60mm；(c)插入深度 110mm

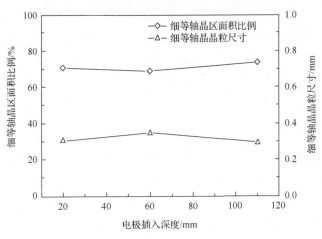

图 7-34 电极插入深度对细等轴晶晶粒尺寸和细等轴晶区面积-比例的影响

用电磁场理论可以分析以上试验结果。由于时变电流能引起趋肤效应[21]，所以不论电极插入液面以下深度是多少，其大部分电流主要在铸锭自由液面通过，触发液面形核和晶核脱落，形成结晶雨细化凝固组织。此外，从工艺的角度，以上结果给工业应用提供了很好的指导作用，在保证电极和熔体良好接触的前提下，可以根据现场需要调整平行电极的插入深度。

7.4.3　过热度对凝固组织的影响

工业生产中常选择低温浇注来达到细化凝固组织和提高等轴晶区比例的目的。这里采用 770℃ 和 850℃ 两种浇注温度，脉冲电流电磁参数相同，且均为全程处理，观察其熔体过热度对脉冲电流细化凝固组织的影响。其宏观组织如图 7-35 所示，结果显示在浇注温度相差 80℃ 的情况下，等轴晶区的面积和形貌表现出较强的一致性，表明浇注温度对脉冲电流细化效率影响并不大。

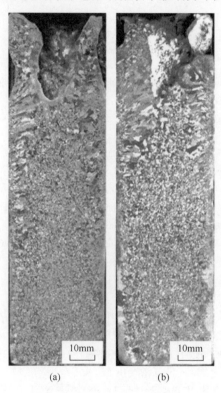

图 7-35　不同浇注温度下脉冲电流对宏观组织的影响
(a) 770℃浇注；(b) 850℃浇注

在工业化生产中，往往将浇注温度控制得较低，因为金属液温度过高时，尽管流动性较好且有利于气泡和夹杂物的上浮，但生成的晶核容易再次熔化，另外，因凝固界面的温度梯度大，凝固组织中的柱状晶发达且会变粗。然而降低浇注温度，尽管能在一定程度上增加等轴晶组织，但又会带来其他环节的限制，比如出现流动性差不易浇注、夹杂物不易上浮等缺点，致使内部缺陷大大增加。而上述实验结果表明，脉冲电流作用下在较高浇注温度条件下仍然可以获得细等轴晶凝固组织。这主要是因为无论浇注温度高还是低，脉冲电流都能够在金属熔体中持续触发形核，形成结晶雨细化凝固组织。因此，利用脉冲电流可以解决相对较高的浇注温度条件下难以获得细小等轴晶的难题，非常有利于该技术在工业中的应用。

经过近三十年的努力，人们已经对脉冲电流细化金属凝固组织的机制和处理工艺有了较为完整的认识，为脉冲电流凝固细晶技术的工业应用打下了坚实的基础。近年来，上海大学先进凝固技术中心采用平行电极施加脉冲电流的方式在宝钢特钢成功地进行了大锭凝固工业实验，取得良好的凝固组织细化和均质化效果，明显改善了大铸锭的碳分布。

参 考 文 献

[1] Nakada M, Shiohara Y, Flemings M C. Modification of solidification structures by pulse electric discharging. ISIJ International, 1990, 30: 27-33.

[2] Barnak J P, Sprecher A F, Conrad H. Colony (grain) size reduction in eutectic Pb-Sn castings by electroplusing. Scripta Metallurgica et Materialia, 1995, 32: 879-884.

[3] 秦荣山, 鄢红春, 何冠虎, 等. 直接晶化法制备块状纳米材料的探索——Ⅰ脉冲电流作用下无序金属介质的成核理论. 材料研究学报, 1995: 219-222.

[4] 王建中, 苍大强, 唐勇, 等. 电脉冲孕育处理对 Al-5.0%Cu 合金凝固结构的影响. 铸造, 1999: 4-7.

[5] Gao M, He G H, Yang F, et al. Effect of electric current pulse on tensile strength and elongation of casting ZA27 alloy. Materials Science and Engineering A, 2002, 337: 110-114.

[6] He S X, Wang J, Sun B D, et al. Effect of high density pulse current on solidification structure of A356 alloy. Chinese Journal of Nonferrous Metals, 2002, 12: 426-429.

[7] 訾炳涛, 姚可夫, 刘文今, 等. 高密度脉冲电流对 2024 铝合金凝固组织的影响. 稀有金属材料与工程, 2003, 32: 9-12.

[8] 方燕, 廖希亮, 甘长红, 等. 中频低压脉冲电流对纯铝凝固组织的影响. 特种铸造及有色合金, 2006, 26: 141-143.

[9] Ban C Y, Han Y, Ba Q X, et al. Influence of pulse electric current on solidification structures of Al-Si alloys. Materials Science Forum, 2007, 546: 723-728.

[10] Liao X L, Zhai Q J, Luo J, et al. Refining mechanism of the electric current pulse on the solidification structure of pure aluminum. Acta Materialia, 2007, 55: 3103-3109.

[11] Yang Y S, Zhou Q, Tong W H, et al. Evolution of microstructure of magnesium alloy AZ91D solidified with low-voltage electric current pulses. Materials Science Forum, 2007, 539: 1807-1812.

[12] Li J., Ma J H, Gao Y L, et al. Research on solidification structure refinement of pure aluminum by electric current pulse with parallel electrodes. Materials Science and Engineering A, 2008, 490: 452-456.

[13] Ma J H, Li J, Gao Y L, et al. Grain refinement of pure Al with different electric current pulse modes. Materials Letters, 2009, 63: 142-144.

[14] Yin Z X, Liang D, Chen Y E, et al. Effect of electrodes and thermal insulators on grain refinement by electric current pulse. Transactions of Nonferrous Metals Society of China, 2013, 23: 92-97.

[15] Räbiger D, Zhang Y, Galindo V, et al. The relevance of melt convection to grain refinement in Al-Si alloys solidified under the impact of electric currents. Acta Materialia, 2014, 79: 327-338.

[16] Zhang Y, Cheng X, Zhong H, et al. Comparative study on the grain refinement of Al-Si alloy solidified under the impact of pulsed electric current and travelling magnetic field. Metals, 2016, 6(7): 170.

[17] 梁百先. 电磁学教程. 北京: 高等教育出版社, 1984.

[18] Goldsmid H J. Introduction to Thermoelectricity. Berlin: Springer, 2010.

[19] 秦荣山. 电脉冲作用下的非平衡转变研究. 沈阳: 中国科学院金属研究所, 1996.

[20] Zhang Y, Miao X, Shen Z, et al. Macro segregation formation mechanism of the primary silicon phase in directionally solidified Al-Si hypereutectic alloys under the impact of electric currents. Acta Materialia, 2015, 97: 357-366.

[21] 俞允强. 电动力学简明教程. 北京: 北京大学出版社, 1999.

[22] Zhao Z L, Wang J L, Liu L. Grain refinement by pulse electric discharging and undercooling mechanism. Materials and Manufacturing Processes, 2011, 26: 249-254.

[23] Yang Y S, Zhou Q, Hu Z Q. The influence of electric current pulses on the microstructure of magnesium alloy AZ91D. Materials Science Forum, 2005, 488: 201-204.

[24] Liao X, Zhai Q, Song C, et al. Effects of electric current pulse on stability of solid/liquid interface of Al-4.5 wt.% Cu alloy during directional solidification. Materials Science and Engineering A, 2007, 466: 56-60.

[25] Ding H S, Zhang Y, Jiang S Y, et al. Influences of pulse electric current treatment on solidification microstructures and mechanical properties of Al-Si piston alloys. China Foundry, 2009, 6: 24-31.

[26] 王冰, 齐锦刚, 张震斌, 等. 中国工程院化工·冶金与材料工程学部学术会议, 济南, 2007.

[27] Metan V, Eigenfeld K, Räbiger D, et al. Grain size control in Al-Si alloys by grain refinement and electromagnetic stirring. Journal of Alloys and Compounds, 2009, 487: 163-172.

第8章

脉冲磁场凝固细晶技术

从 19 世纪诞生世界上第一块电磁铁以来，经过二百多年的发展，磁场已经成为现代科学研究的一个基本工具，并在许多领域得到广泛应用，发现很多新现象，产生许多新概念、新思想和新技术。近年来磁场在材料科学研究领域也得到广泛应用，材料电磁加工技术日趋成熟和完善。

本章主要介绍脉冲磁场对金属凝固过程和组织的影响。

脉冲磁场是脉冲电流输入磁场发生器后产生的短促而较强的磁场。这种磁场作用于金属熔体，会影响金属的凝固过程，从而改变金属凝固组织。

图 8-1 为一种脉冲磁场凝固实验装置示意图，主要由脉冲电源、磁场发生器、计算机测温采集系统和冷却系统组成。脉冲电源为脉冲磁场提供能量，而磁场发生器实现能量形式的转换。磁场强度在磁场发生器轴线方向的分布见图 8-2。图中 L 指磁场匀强区的长度，实验时金属熔体主要在该范围内被处理。

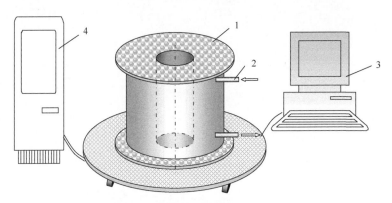

图 8-1　磁场凝固实验装置示意图

1. 磁场发生器；2. 冷却系统；3. 计算机测温采集系统；4. 脉冲电源

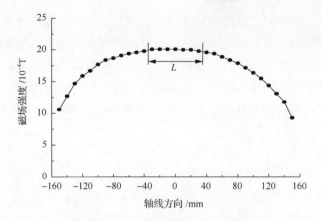

图 8-2　磁场强度在轴线方向的分布

8.1　脉冲磁场对金属凝固组织和凝固特性的影响

8.1.1　脉冲磁场对纯铝凝固组织的影响

脉冲磁场在金属凝固中的应用研究相对较晚，对组织的作用机理研究还处于探索阶段。

图 8-3 为金属凝固冷却曲线示意图。根据金属的冷却过程和施加磁场的时段不同，可将脉冲磁场对液态金属的处理分为三种方式：孕育处理（1～2 段）、凝固处理（2～3 段）及全程处理（1～3 段）。

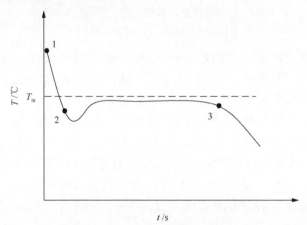

图 8-3　金属凝固冷却曲线示意图

图 8-4 所示为脉冲磁场孕育处理后纯铝的宏观组织照片。从图中可以看出，未进行脉冲磁场处理的组织呈典型柱状晶，晶粒粗大且穿至心部，中心有少量粗

大等轴晶出现。经过不同强度的脉冲磁场处理后，其柱状晶长度有所缩短，数量相对减少，而等轴晶数量却相应增多，尺寸逐渐变小，分布也趋于弥散。虽然随着脉冲磁场强度的增加，晶粒形貌和尺寸的变化趋势比较明显，但最终结果并不理想，即使磁场强度达到 0.51T，其组织中仍有部分柱状晶存在[图 8-4(f)]。

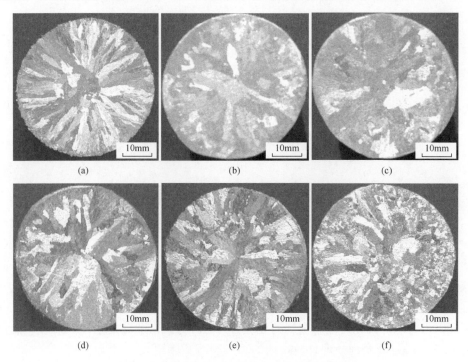

图 8-4　脉冲磁场孕育处理对纯铝宏观组织的影响
(a) 0T；(b) 0.12T；(c) 0.22T；(d) 0.31T；(e) 0.37T；(f) 0.51T

以上实验结果说明，脉冲磁场孕育处理对纯铝凝固组织有一定的细化作用，但是作用效果不十分理想。从实验结果看，笔者认为脉冲磁场没有孕育作用，凝固组织的微小变化是脉冲磁场改变熔体温度分布所致。

图 8-5 所示为脉冲磁场凝固处理后纯铝的宏观组织照片。可以看出，经脉冲磁场处理后，宏观凝固组织的演化趋势与上述的脉冲磁场孕育处理后的组织演化趋势基本一致，所不同的是当脉冲磁场强度增大到 0.31T 时，组织中柱状晶全部消失，取而代之的是等轴晶组织[图 8-5(d)]。继续增强磁场强度，其组织进一步得到细化，演变为极其细小的等轴晶组织，并且等轴晶遍及整个横截面[图 8-5(e)、(f)]，分布均匀。

图 8-6 为脉冲磁场全程处理后纯铝的宏观凝固组织。可以看出，在全程处理技术条件下宏观组织形貌随脉冲磁场强度的变化趋势与凝固处理技术基本一致，由柱状晶逐渐演化为等轴晶，但同一磁场强度下的晶粒尺寸却更加细化。

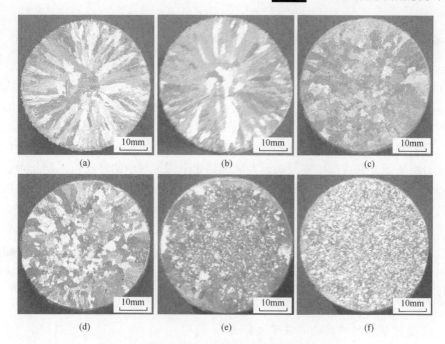

图 8-5 脉冲磁场凝固处理对纯铝宏观组织的影响

(a) 0T；(b) 0.12T；(c) 0.22T；(d) 0.31T；(e) 0.37T；(f) 0.51T

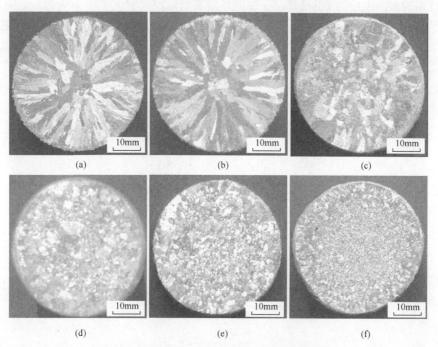

图 8-6 脉冲磁场全程处理对纯铝宏观组织的影响

(a) 0T；(b) 0.12T；(c) 0.22T；(d) 0.31T；(e) 0.37T；(f) 0.51T

8.1.2　脉冲磁场对纯铝凝固特性的影响

上述结果表明，合理的脉冲磁场处理技术能够大大细化纯铝的凝固组织，这与文献[1]的报道是一致的，而凝固组织的改变取决于金属的凝固特性，如凝固温度、凝固时间及冷却速率等因素。因此，研究脉冲磁场对这些特性的影响有助于阐明脉冲磁场改变金属凝固组织的作用机理。

我们知道，在金属凝固冷却曲线的形状和变化中包含着众多凝固特征信息，通过分析凝固冷却曲线能够准确地判断和确定凝固过程中的特征值，据此对金属凝固过程进行分析和判断。然而，如何正确地分析冷却曲线则是微分热分析技术的关键。

实际上，凝固冷却曲线的一次微分曲线 dT/dt 反映了金属的凝固冷却速率，而二次微分曲线 d^2T/dt^2 的物理意义则表示液态金属的冷却加速度，凝固冷却过程中相变引起的微小热量变化都会引起冷却加速度的剧变，变化点所对应的冷却曲线上的点即为凝固特征点，由此可以测出凝固冷却曲线的特征值。

1. 脉冲磁场对纯铝凝固温度的影响

在金属凝固过程中，凝固温度是一个非常重要的特征值。研究发现，不加磁场时铝的凝固温度为 659.2℃。施加磁场后其凝固温度发生了微小变化，如图 8-7 所示，施加 0.22T 磁场强度时纯铝凝固冷却曲线的二次微分曲线在 661.5℃时出现一个突变点，说明该点处温度发生了变化，导致凝固冷却加速度骤变。根据金属凝固理论可知，温度在此处发生变化预示着凝固过程的开始，也就是在 661.5℃时开始凝固。随后由于结晶潜热的放出，凝固温度产生微小的回升，表现在一次微分曲线上则为微小的正向波峰。凝固结束时由于结晶潜热释放完毕，温度迅速下降，此处的二次微分曲线又出现一个突变点，该突变点则预示着凝固过程的结束。

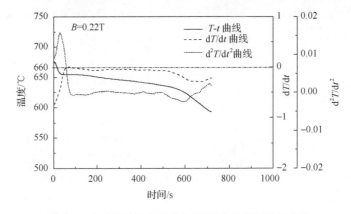

图 8-7　脉冲磁场处理下的金属铝液的凝固冷却曲线

用同样的分析方法可以找到其他凝固冷却曲线的特征值点，并确定对应的凝固特征值(表 8-1)。可以看出，施加不同强度脉冲磁场后，金属铝非平衡凝固温度有所提高。

表 8-1　脉冲磁场作用下铝的凝固温度特性

序号	脉冲磁场强度/T	凝固温度/℃
1	0	659.2
2	0.12	663.0
3	0.22	661.5
4	0.31	660.5
5	0.37	660.3
6	0.51	657.6

2. 脉冲磁场对纯铝凝固时间的影响

金属的凝固时间是指从液态金属充满铸型后至金属凝固完毕所需要的时间[2]，主要分为两个阶段，第一阶段是导出金属液过热热量所需要的时间，也就是液态冷却时间；第二阶段是从凝固开始到凝固结束所需要的时间。实际情况下很难十分精确地把两个阶段区分开。本书所研究的凝固时间主要是指第二阶段凝固所需要的时间。

金属的凝固时间可通过凝固冷却曲线进行分析和准确测量，测量结果见表 8-2。

表 8-2　脉冲磁场作用下的凝固时间

序号	脉冲磁场强度/T	凝固时间/s
1	0	645.7
2	0.12	538.2
3	0.22	510.0
4	0.31	520.3
5	0.37	491.9
6	0.51	482.5

图 8-8 为脉冲磁场强度与凝固时间的关系。可以看出，脉冲磁场能够缩短凝固时间，从而提高凝固速度，细化组织。

3. 脉冲磁场对纯铝温度场的影响

金属凝固过程是高温液态金属由液相向固相转变的过程，研究金属凝固过程中温度场的变化有助于了解和掌握液态金属在脉冲磁场作用下的凝固特性。

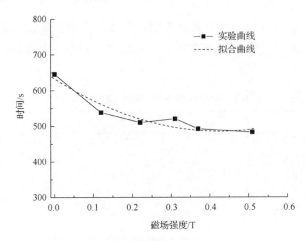

图 8-8　脉冲磁场强度与凝固时间的关系

　　金属铝的凝固方式为逐层凝固[2,3]。液态铝浇入铸型后，由于激冷作用，试样表面温度迅速降低，在铸型表面首先形成许多细小等轴晶，因为凝固界面前沿存在正的温度梯度（$G_r > 0$，G_r 表示沿径向的温度梯度），所以有利于晶体向柱状晶生长。图 8-9 为脉冲磁场对直径为 50mm 铝试样温度场的影响。未施加脉冲磁场时，从试样表面到中心的温度梯度 G_r 相对较大，其凝固组织为柱状晶。

　　施加脉冲磁场后，温度场分布发生了较大变化，温度梯度 G_r 随着脉冲磁场强度的增加而变得比较平缓。这有可能直接导致固液界面前沿液体内部生核，促使等轴晶形成，实验结果也证实了这个判断。

　　从图 8-9 可以发现，随着磁场强度的增大，整个系统温度向上提高，这主要是由于脉冲磁场提高了铝的凝固温度，而且试样表面温度的提高幅度大于中心温度的提高幅度，温度梯度 G_r 明显减小。而温度梯度的减小进一步抑制了柱状晶的生长，同时为等轴晶的形成创造了良好的外部条件。

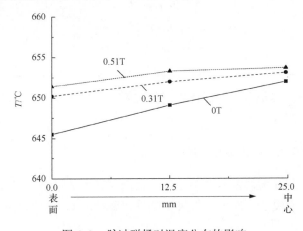

图 8-9　脉冲磁场对温度分布的影响

以上现象表明，脉冲磁场显著减缓试样表面温度的散失，在提高整个系统温度的同时，强化了金属液体的对流，加大了中心温度向四周的传导，使温度梯度降低。这将使纯铝的凝固方式发生改变，体积凝固倾向增大，凝固组织也变为等轴晶。

根据磁场发生器的工作原理，当高压脉冲电源为其提供脉冲电流时，就会产生一个急剧变化的磁场，由此在试样中产生感应电流和感应磁场，结果使试样侧面受到很大的脉冲磁压力 P，引起金属液振动，强化了对流。同时，在试样中产生的感应电流将产生焦耳热，导致试样温度上升。

根据电磁学理论[4]，脉冲磁场在金属试样中产生的感应电流为环状面电流，其大小为

$$K = \frac{B}{\mu_0} \exp\left(-\frac{\tau}{\tau_m}\right) \tag{8-1}$$

由此得出试样中的电流密度为

$$J = \frac{B}{l\mu_0} \exp\left(-\frac{\tau}{\tau_m}\right) \tag{8-2}$$

式中，B 为脉冲磁场强度，T；μ_0 为真空磁导率，H/m；τ 为放电时间，s；$\tau_m = \frac{1}{2}\mu\sigma\delta r$ 为因子，μ 为试样磁导率，H/m，σ 为试样材料的电导率，Ω/m，δ 为磁场扩散深度，m，r 为试样的半径，m；l 为稳定场区中试样高度，m。

根据 Joule 定律，上述感应电流所产生的热效应为

$$Q = I^2 R t \tag{8-3}$$

而

$$I = JS \tag{8-4}$$

$$R = \frac{l}{S}\rho \tag{8-5}$$

式中，ρ 为金属液的电阻率，$\Omega \cdot m$；S 为试样横截面积，m^2。

如果脉冲磁场发生器工作时每一次脉冲的时间宽度（简称脉冲宽度）为 A 秒，假设脉冲频率为 f，则脉冲处理时磁场对金属的有效作用时间为

$$t = Af\tau' \tag{8-6}$$

式中，τ' 为脉冲处理时间，s。

将式(8-4)、式(8-5)和式(8-6)代入式(8-3)得出

$$Q = AJ^2Sl\rho f\tau' = Af\rho V\frac{B^2}{l^2\mu_0{}^2}\tau'\exp\left(-\frac{2\tau}{\tau_{\mathrm{m}}}\right) \tag{8-7}$$

式中，V 为试样体积，m^3。

该热效应引起金属试样的温度升高为

$$\Delta T_{\mathrm{M}} = \frac{Q}{cm} = A\frac{f\rho}{Dc}\frac{B^2}{l^2\mu_0{}^2}\tau'\exp\left(-\frac{2\tau}{\tau_{\mathrm{m}}}\right) \tag{8-8}$$

式中，ΔT_{M} 为脉冲磁场热效应引起的温度升高，$^{\circ}\mathrm{C}$；c 为试样材料的比热，$\mathrm{J/(kg\cdot {}^{\circ}C)}$；$m$ 为试样质量，kg；D 为试样材料的密度，$\mathrm{kg/m}^3$。

公式(8-8)表明，脉冲磁场引起的温度升高 ΔT_{M} 与磁场强度 B^2 成正比，所以当磁场强度 B 增大时温度回升较快，而且由于集肤效应，试样外表面的感应电流较大，从而使得表面升温高于内部升温，极大地阻止了试样与外部的热传导，在一定程度上减小了内部温度的散失，使得金属液温度回升，温度场趋缓。

4. 液态金属原子的脉冲磁聚模型

由电磁学知道，脉冲磁场与其在液态金属中产生的感应电流共同作用，引起 Lorenz 力 $\boldsymbol{P} = \boldsymbol{J}\times\boldsymbol{B}$，对圆柱形试样来说，该力垂直于试样侧表面而指向轴心。磁场的"集肤效应"使得感应电流在试样径向方向呈现外强里弱的分布，由此产生一个由外向里逐渐变小的梯度力(图 8-10)。这个梯度力发生在每一脉冲过程中，根据动量定律有 $P_1t = m(v_1 - v)$，$P_2t = m(v_2 - v)$，因为 $P_1 > P_2$，所以 $v_1 > v_2$，即外层原子在力的方向上的运动速度大于里层的速度，发生追逐和碰撞，增大了原子集团聚集的概率，原来尺寸较小的原子集团由于聚集而变大。因此增加了短程有序的原子集团数目，当这些集团大到一定尺寸时即可成为晶核。脉冲磁场下液态原子的这种聚集现象称为"脉冲磁聚"效应。图 8-11 是液态金属原子的"脉冲磁聚"模型示意图。

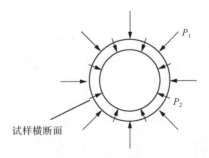

图 8-10　试样在脉冲磁场中的受力示意图

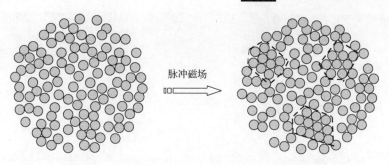

图 8-11　液态金属原子的"脉冲磁聚"模型示意图

正是因为脉冲磁场的"脉冲磁聚"效应能够产生大量晶核核心，所以金属只需要较小的"过冷"即可生核。这种情况与文献[5]提出的理论相似。这里需要说明的是，实际金属凝固过程均质形核很难发生，一般为异质形核。"脉冲磁聚"形成的原子团簇"集体""落户"异质形核衬底上，有效地促进了异质形核，使凝固组织细化。同时脉冲磁场对金属液体产生的对流冲刷和熔断作用又进一步造成晶核数量的不断增多[6]，二者的叠加使得最终凝固组织有特别显著的细化。

8.2　脉冲磁场对奥氏体不锈钢凝固组织和凝固特性的影响

从工业应用的角度来讲，由两种以上元素组成的合金的使用范围更加广泛，更具有研究价值。但钢铁等高熔点合金的液态温度较高，应用磁场对其进行研究具有一定的难度，对实验设备的要求也相对较高，因此其研究报道相对较少。目前应用磁场对高熔点合金的研究主要有电磁搅拌、电磁制动等。本节主要研究脉冲磁场对奥氏体不锈钢凝固组织和凝固特性的影响，探讨应用脉冲磁场来改善凝固组织的本质和规律。

8.2.1　脉冲磁场作用下奥氏体不锈钢宏观凝固组织的演化

图 8-12 为不同脉冲磁场强度作用下的 1Cr18Ni9Ti 奥氏体不锈钢宏观凝固组织。可以看出，未经脉冲磁场处理或者脉冲磁场强度较小时，奥氏体不锈钢试样整个断面上的宏观组织为典型的宽大柱状晶[图 8-12(a)、(b)]。之后，随着脉冲磁场强度的增大，组织逐渐细化，原来的柱状晶变得较为细窄，有些试样的中心部位出现了小范围的等轴晶区。但是当脉冲磁场强度过大时，这种宏观组织又明显粗化[图 8-12(k)、(l)]，说明脉冲磁场就细化晶粒而言有一个最佳强度范围，而并非磁场强度越大越好。

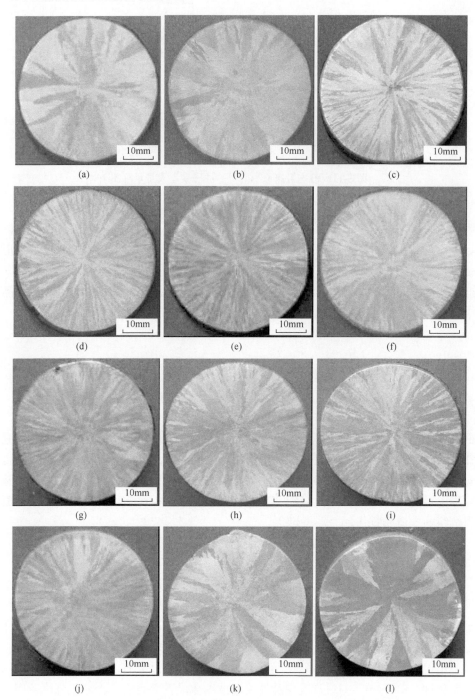

图 8-12　不同脉冲磁场强度作用下 1Cr18Ni9Ti 奥氏体不锈钢宏观凝固组织
(a) B=0T；(b) B=0.48T；(c) B=0.72T；(d) B=0.96T；(e) B=1.10T；(f) B=1.35T；
(g) B=1.8T；(h) B=2.0T；(i) B=2.22T；(j) B=3.00T；(k) B=3.24T；(l) B=3.84T

　　为了进一步表征脉冲磁场强度与宏观晶粒尺寸的关系，采用了定量金相方法计算晶粒的平均宽度。图 8-13 为晶粒平均尺寸测量原理图，晶粒的平均宽度定义如下：

$$\kappa = \frac{2\pi r}{N} \tag{8-9}$$

式中，r 为测量圆周的半径，m，$r = R/2$（R 是试样的半径）；N 为测量圆周穿过的晶粒数。

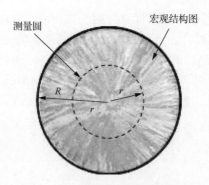

图 8-13　晶粒平均尺寸测量原理图

脉冲磁场强度对 1Cr18Ni9Ti 奥氏体不锈钢晶粒平均宽度的影响见图 8-14。

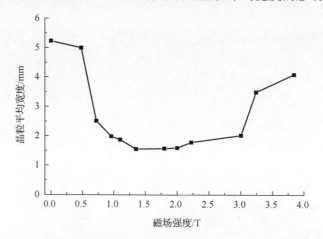

图 8-14　脉冲磁场强度对奥氏体不锈钢晶粒平均宽度的影响

　　值得注意的是，在对奥氏体不锈钢进行不同强度脉冲磁场处理后，试样断面上的柱状晶虽然明显细化，但却未出现像金属铝那样整个断面均为细小等轴晶的情况，这种现象可能与不锈钢的凝固特点有关。1Cr18Ni9Ti 奥氏体不锈钢是一种复杂成分的钢种，其结晶温度范围仅为 36℃[7]，加之试样尺寸并非很大，所以凝固速度过快。因此，冷却速度对组织的影响可能在某种程度上掩盖了脉冲磁场的作用效果。

8.2.2 脉冲磁场作用下奥氏体不锈钢微观凝固组织的演化

当高温金属液浇入铸型之后，试样的表面由于受到铸型表面的激冷作用而使冷却速度变快，对脉冲磁场的作用效果会产生一定的影响，因此，在分析奥氏体不锈钢微观凝固组织时，采用了"区域对应"原则，即分别研究脉冲磁场对试样中心区域和边缘区域组织的影响，对比中心区域和边缘区域凝固组织在不同脉冲磁场强度作用下的演化情况。

图 8-15 为常规凝固条件下不同脉冲磁场强度对 1Cr18Ni9Ti 奥氏体不锈钢试样微观组织影响的金相照片。可以看出，随着脉冲磁场强度增加，微观组织发生了明显变化，由不加磁场时的枝晶状组织[图 8-15(a)]逐渐演变为等轴晶组织，当磁场强度为 1.1～2.22T 时等轴晶组织较为细小[图 8-15(c)～(f)]，之后组织又明显粗化[图 8-15(g)、(h)]。说明脉冲磁场强度过大或过小都不利于凝固组织的细化。

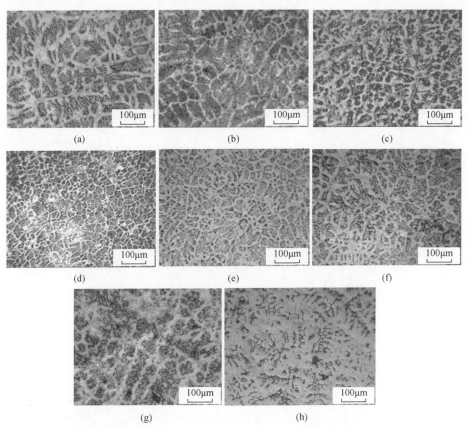

图 8-15　脉冲磁场对常规凝固条件下奥氏体不锈钢微观组织的影响
(a) 0T；(b) 0.72T；(c) 1.1T；(d) 1.35T；(e) 1.8T；(f) 2.22T；(g) 3.24T；(h) 3.84T

图 8-16 为脉冲磁场强度与晶粒平均尺寸的关系。

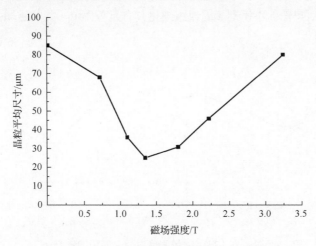

图 8-16　脉冲磁场强度与晶粒平均尺寸的关系

为了便于评判脉冲磁场强度对枝晶组织的影响，可以就脉冲磁场对一次枝晶间距 λ_1 和二次枝晶间距 λ_2 的影响进行分析。

1. 一次枝晶间距 λ_1

采用直线截取法：选择具有相同生长位向的枝晶群区域，沿垂直于生长位向方向画一直线，其长度为 L_1（起止端与一次枝晶轴线对齐），统计该直线穿过的一次枝晶个数 n_1，则有

$$\lambda_1 = \frac{L_1}{N(n_1 - 1)} \tag{8-10}$$

2. 二次枝晶间距 λ_2

二次枝晶间距 λ_2 的测量与一次枝晶间距的测量方法一样，计算公式为

$$\lambda_2 = \frac{L_2}{N(n_2 - 1)} \tag{8-11}$$

图 8-17 为脉冲磁场强度对奥氏体不锈钢枝晶间距的影响。

上述结果表明，不加磁场时，无论是一次枝晶间距还是二次枝晶间距，其间距都比较宽大。施加脉冲磁场后枝晶间距逐渐变得比较小，而且二次枝晶的长度也变得较短。但是当磁场强度较大时，枝晶间距又有所增大。

综合比较奥氏体不锈钢宏观组织和微观组织，能够看出，在脉冲磁场作用下，凝

固组织的演化趋势基本一致，即由粗大组织⇒细小组织⇒粗大组织。说明脉冲磁场在一定强度下对奥氏体不锈钢凝固组织细化具有显著作用，并非磁场强度越大越好。

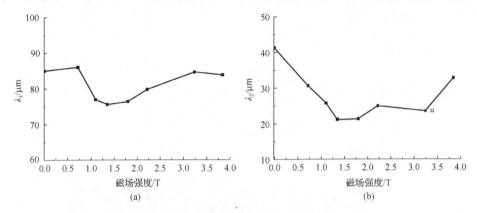

图 8-17　脉冲磁场强度对枝晶间距的影响

(a)一次枝晶间距；(b)二次枝晶间距

8.2.3　脉冲磁场的"磁致增殖"效应

采用液淬方法研究了脉冲磁场的"磁致增殖"效应，实验装置如图 8-18 所示。试样处理即将结束时，迅速移动转动托架 4，试样掉入下方的冰盐水杯中，实现液淬。

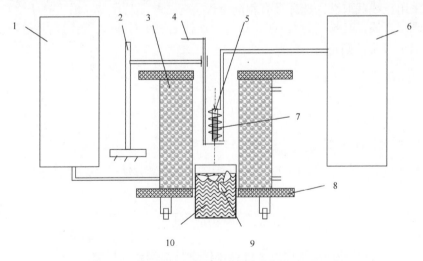

图 8-18　液淬实验装置示意图

1. 脉冲电源；2. 支架；3. 强磁场发生器；4. 转动托架；5. 坩埚及金属试样；
6. 高频加热电源；7. 高频感应线圈；8. 移动平台；9. 冰块；10. 冰盐浴杯

图 8-19～图 8-21 依次为 1430℃、1440℃、1452℃温度时不同磁场强度处理的 1Cr18Ni9Ti 奥氏体不锈钢的液淬组织。

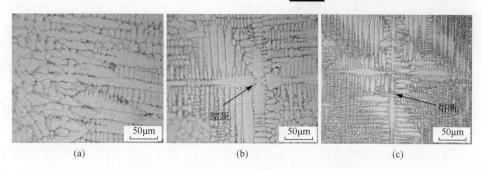

图 8-19　1430℃时不同磁场强度下的液淬组织
(a)B=0T；(b)B=0.96T；(c)B=2.22T

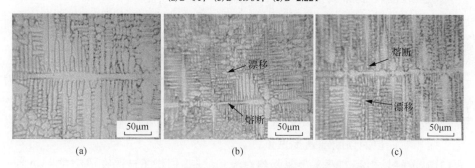

图 8-20　1440℃时不同磁场强度下的液淬组织
(a)B=0T；(b)B=1.44T；(c)B=2.22T

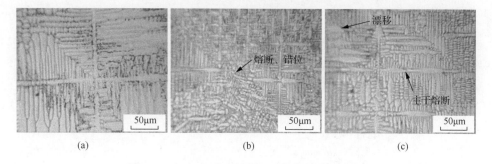

图 8-21　1452℃时不同磁场强度下的液淬组织
(a)B=0T；(b)B=1.44T；(c)B=2.22T

　　从图 8-19～图 8-21 中可以明显发现，晶体的"磁致增殖"是脉冲磁场作用效果的一个重要表现。三个图中(a)均是未进行脉冲磁场处理的 1Cr18Ni9Ti 奥氏体不锈钢的液淬金相组织，由于液淬时冷却液(即冰盐水)在各个方向上对试样的冷却作用可能不尽相同，所以液淬组织以树枝晶状生长，且枝晶相当发达，有一次枝晶、二次枝晶、三次枝晶甚至四次枝晶，其中低维次枝晶是在液淬之前的凝固过程中形成的，因为不受磁场等其他外部条件的干扰，所以在优先的结晶生长方向上生长较快，长得较长。对立方晶体而言，该方向为<100>方向[8]。但这些发达的枝晶在生长过程中很少产生"脱节",尽管其根部有所细化,但并非完全分离,说明凝固时结晶潜热的释放不足以将枝晶的根部彻底熔化。

在施加了不同强度脉冲磁场后,这一现象发生了极大变化。

首先,一次枝晶的长度明显缩短,部分一次枝晶在磁场作用下破碎为数段,而且磁场强度越高,破碎效应越显著,断裂的段数也越多[图 8-20(b)、(c)和图 8-21(b)、(c)],其长度大为缩短。

其次,二次以上的高维次枝晶在脉冲磁场的作用下已经与其对应的主干枝晶相分离,或即将分离。

再次,枝晶尺寸显著减小,晶粒数量增多,分布弥散。

综合以上结果,脉冲磁场可以引起枝晶组织的破碎,实现晶核的增殖,从而大大细化组织。由于晶核增殖因磁场而为,故称为"磁致增殖"。

分析认为,晶体磁致增殖的主要原因可能有以下三点。

(1)枝晶根部溶质富集较为严重,降低了该部位的凝固温度,使之产生"缩颈",为熔断增殖提供了条件。

(2)枝晶根部曲率半径很小,曲率很大,同样降低了该部位的凝固温度,使之产生"缩颈",也为熔断增殖提供条件。

(3)脉冲磁场引起的液态金属强烈对流和冲刷,促进了枝晶在"缩颈"处熔断和漂移,进一步触发熔断增殖。

8.2.4　脉冲磁场对奥氏体不锈钢凝固时间的影响

与脉冲磁场对金属铝凝固时间影响的分析方法一样,通过对不同脉冲磁场强度下奥氏体不锈钢的凝固温度曲线进行分析,找出不同处理参数下的凝固特征值,从而确定凝固时间(图 8-22)。

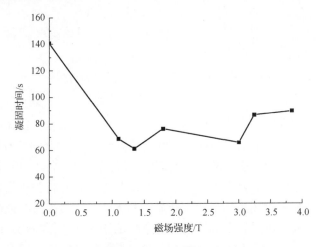

图 8-22　脉冲磁场强度对凝固时间的影响

可以发现，不施加脉冲磁场时，试样凝固时间最长，达 140.6s。施加磁场后，凝固时间明显缩短，降幅为 36.3%～56.5%，从而大大提高了试样的凝固速度，有利于组织的细化。但是当磁场强度超过 3T 后，凝固时间又有所延长，组织出现粗化。

8.3　脉冲磁场作用下奥氏体不锈钢的定向凝固

定向凝固是一种先进的凝固控制技术，也是研究金属凝固过程的有效手段。定向凝固过程中，固液界面前沿液相的温度梯度 G 和固液界面向前推进速度(即晶体生长速度)是两个重要参数，其比值 G/V 是控制晶体长大形态的重要判据。通过改变这个比值，可以得到不同形貌组织，并获得许多晶体生长信息。

有关各种电磁场对定向凝固过程影响的研究已经取得了相当多的研究成果[9-11]。本节内容主要介绍在定向凝固条件下，通过施加不同强度脉冲磁场和改变晶体生长速度，奥氏体不锈钢凝固组织的变化规律。图 8-23 为定向凝固实验装置示意图。

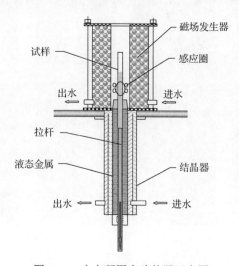

图 8-23　定向凝固实验装置示意图

8.3.1　奥氏体不锈钢定向凝固组织特征

1. 奥氏体不锈钢定向凝固组织的生长稳定性

与所有合金定向凝固一样，奥氏体不锈钢在定向凝固过程中，其凝固组织也存在一个由非稳态阶段向稳态阶段的转变过程。凝固组织的稳定性主要取决于固液界面前沿金属熔体中的温度梯度和晶体生长速度，而且这种由竞争生长向稳定生长的转变多发生在定向凝固开始阶段。实际上，这种定向凝固组织向稳态的过渡是一个晶体择优竞争生长的体现。在定向凝固开始生长 20～25mm 后，竞争生长时偏离轴向的柱状晶几乎全部被淘汰，剩下的柱状晶的生长方向基本与试样轴向平行，晶体生长进入稳定阶段。

未经磁场处理的奥氏体不锈钢定向凝固组织见图 8-24。可以发现，当晶体生长速度较低时，竞争生长阶段的晶粒数较多，其形状并非为规则的柱状晶，而是沿着生长方向晶粒变得越来越细窄，直至消失，到稳态阶段后只剩下极少典型柱状晶粒[图 8-24(a)、(b)]。随着生长速度加快，晶粒数量增多，稳态阶段的柱状晶粒变得比较细窄[图 8-24(c)、(d)]。

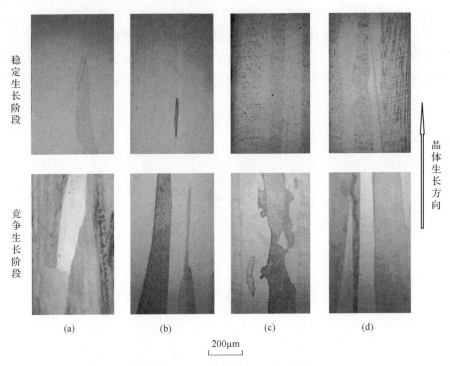

图 8-24　未经磁场处理的奥氏体不锈钢定向凝固组织的演变($G=627$K/cm)
(a) 12μm/s；(b) 24μm/s；(c) 64μm/s；(d) 96μm/s

在一定温度梯度参数下，当下拉速度小于 12μm/s 时，固液界面基本保持以平面生长方式进行生长(图 8-25)。

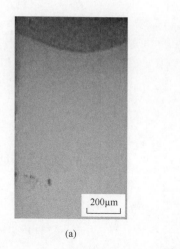 

(a)   (b)

图 8-25   低速生长时的固液界面形态
(a) 6μm/s；(b) 12μm/s

2. 不同脉冲磁场强度下奥氏体不锈钢定向凝固组织特征

随着晶体生长速度的增加及施加不同强度脉冲磁场后，定向凝固组织发生明显变化，图 8-26～图 8-30 依次为 12μm/s、24μm/s、40μm/s、64μm/s 和 96μm/s 时不同磁场强度对定向凝固组织的影响。

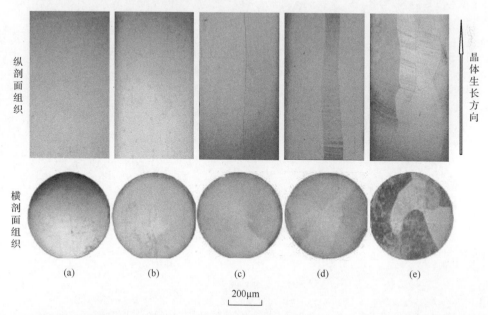

200μm

图 8-26   生长速度为 12μm/s 时不同磁场强度对定向凝固组织的影响（G=627K/cm）
(a) 0T；(b) 0.5T；(c) 0.84T；(d) 1T；(e) 1.5T

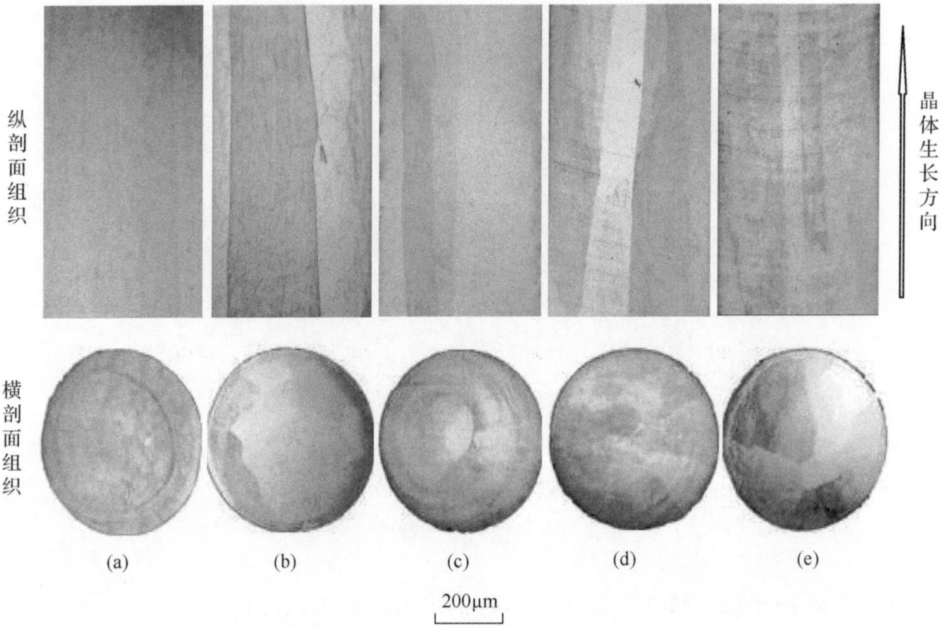

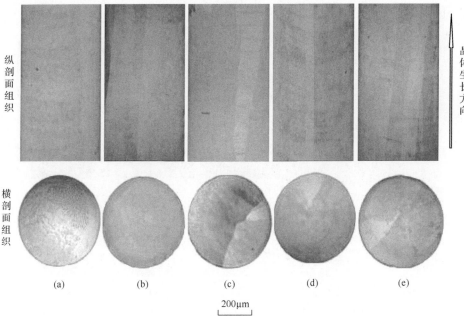

纵剖面组织

横剖面组织

晶体生长方向

(a)　　(b)　　(c)　　(d)　　(e)

200μm

图 8-27　生长速度为 24μm/s 时不同磁场强度对定向凝固组织的影响（G=627K/cm）

(a) 0T；(b) 0.5T；(c) 0.84T；(d) 1T；(e) 1.5T

纵剖面组织

横剖面组织

晶体生长方向

(a)　　(b)　　(c)　　(d)　　(e)

200μm

图 8-28　生长速度为 40μm/s 时不同磁场强度对定向凝固组织的影响（G=627K/cm）

(a) 0T；(b) 0.5T；(c) 0.84T；(d) 1T；(e) 1.5T

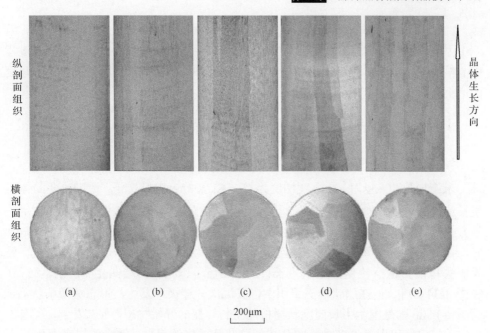

图 8-29 生长速度为 64μm/s 时不同磁场强度对定向凝固组织的影响(G=627K/cm)

(a) 0T；(b) 0.5T；(c) 0.84T；(d) 1T；(e) 1.5T

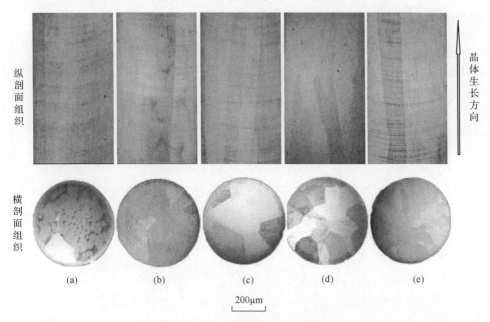

图 8-30 生长速度为 96μm/s 时不同磁场强度对定向凝固组织的影响(G=627K/cm)

(a) 0T；(b) 0.5T；(c) 0.84T；(d) 1T；(e) 1.5T

由图 8-26～图 8-30 可知，在一定的生长速度时，随着脉冲磁场强度的逐渐变大，柱状晶个数增多，尺寸变细。所不同的是，由于晶体生长速度的逐渐加快，组织中晶粒数量也逐渐增多，柱状晶尺寸变细，说明脉冲磁场可以改变定向凝固过程中晶核的数量和晶体形貌。而在同一磁场强度下，晶粒的数量则随着晶体生长速度的增大而增加。

8.3.2 脉冲磁场作用下奥氏体不锈钢固液界面的稳定性

1. 奥氏体不锈钢固液界面形态

未施加脉冲磁场时，在温度梯度为 $G = 627\mathrm{K/cm}$ 的情况下，通过改变晶体的生长速度 v，从而改变了 G/v 的比值，能够得到平面生长、胞状生长及枝晶状生长等方式的固液界面形态组织。在生长速度为 $12\mathrm{\mu m/s}$（即 $G/v = 5.23\times10^{3}\mathrm{K\cdot s/mm^2}$）时，固液界面为典型的平面形态生长 [图 8-31(a)]。随着生长速度的增大，平界面失稳，并逐渐转变为胞状生长 [图 8-32(a)]、胞状树枝晶生长 [图 8-33(a)和图 8-34(a)]。但在胞状枝晶组织中，其二次分枝极不发达，形态更像条状晶。而图 8-34(a) 则是胞状生长向胞状树枝晶生长转变的开始状态，可以看到，在胞状晶的前端已经出现了许多微小的分枝，这些分枝将随着生长速度的提高而生长成独立的枝晶组织或条状组织，从而开始了由胞状晶向树枝晶的转变，并由此来调整枝晶间距的大小。

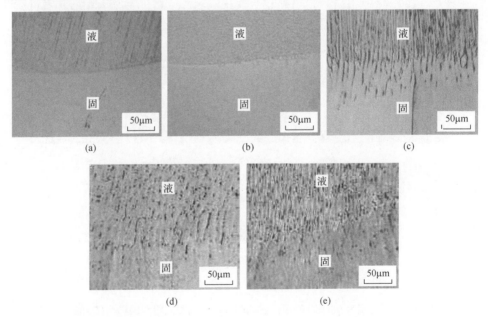

图 8-31　生长速度为 $12\mathrm{\mu m/s}$（$G/v=5.23\times10^{3}\mathrm{K\cdot s/mm^2}$）时不同磁场强度对固液界面的影响
(a)B=0T；(b)B=0.5T；(c)B=0.84T；(d)B=1.0T；(e)B=1.5T

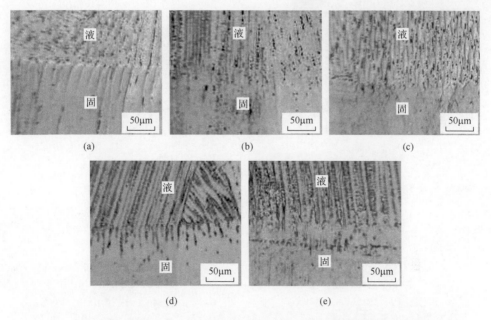

图 8-32 生长速度为 24μm/s (G/v=2.62×10^{3}K·s/mm^2) 时不同磁场强度对固液界面的影响

(a) B=0T; (b) B=0.5T; (c) B=0.84T; (d) B=1.0T; (e) B=1.5T

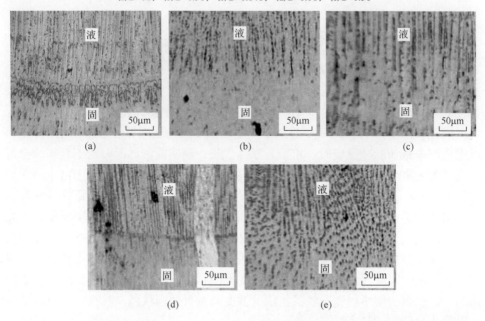

图 8-33 生长速度为 40μm/s (G/v=1.75×10^{3}K·s/mm^2) 时不同磁场强度对固液界面的影响

(a) B=0T; (b) B=0.5T; (c) B=0.84T; (d) B=1.0T; (e) B=1.5T

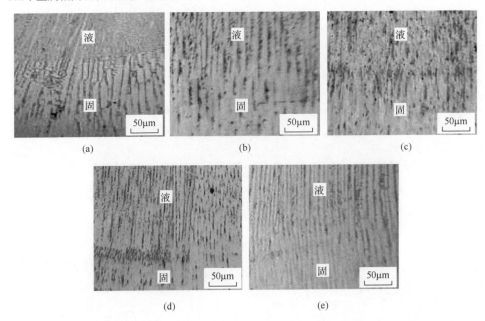

图 8-34 生长速度为 $64\mu m/s$ ($G/v=0.98\times10^3 K\cdot s/mm^2$) 时不同磁场强度对固液界面的影响

(a) $B=0T$; (b) $B=0.5T$; (c) $B=0.84T$; (d) $B=1.0T$; (e) $B=1.5T$

2. 脉冲磁场对奥氏体不锈钢固液界面形态的影响

如同前面所述的定向凝固参数一样，晶体的生长速度依然定为 $12\mu m/s$、$24\mu m/s$、$40\mu m/s$、$64\mu m/s$ 和 $96\mu m/s$，固液界面前沿的温度梯度仍为 627K/cm，并且在同一晶体生长速度下施加不同强度的脉冲磁场，观察其固液界面形态的变化。

当生长速度为 $12\mu m/s$ 时，施加不同磁场强度后的固液界面形态见图 8-31。可以看出，未施加脉冲磁场时，组织为平面生长，说明固液界面前沿不存在成分过冷区。在脉冲磁场强度为 0.5T 时，固液界面上的局部区域产生了许多微小凸起组织 [图 8-31(b)]，标志着固液界面前沿已有极小的成分过冷区出现，原来的平界面已经出现失稳迹象。磁场强度继续加大到 0.84T 时，界面形态发生明显变化，此时的组织表现为断续的很不规则的胞状晶组织 [图 8-31(c)]，而且这些胞状晶的头部还在继续分枝、生长。当磁场强度到达 1T 时，胞状晶演变成了胞状树枝晶组织，说明此时固液界面前沿成分过冷区变大 [图 8-31(d)]。在磁场强度为 1.5T 的情况下，原来的细小规则胞状晶组织又演变为宽大的胞状晶，其头部又出现了许多分枝凸起 [图 8-31(e)]。

生长速度为 $24\mu m/s$ 时，施加不同磁场强度后的固液界面形态见图 8-32。在未施加脉冲磁场时，固液界面以规则胞状晶 [图 8-32(a)] 生长方式存在，说明在该生长速度下固液界面前沿存在一定成分过冷区。施加磁场后，原来的规则胞状晶组织已经被破坏，胞状晶的头部变得比较尖锐，而且出现分枝，随着脉冲磁场强度的加强，胞状晶组织不断分化，促进了胞晶组织转化为胞状枝晶组织，但此时的胞状枝晶组织并不发达，处于初始阶段。这种现象预示着一个道理，即随着脉冲磁场强度的增加，固液界面前沿的成分过冷区在不断扩大。

在随后生长速度为 40μm/s 的情况下，磁场强度的作用，也使得固液界面形态与对应的不加磁场时的固液界面形态大有区别(图 8-33)，脉冲磁场进一步强化了固液界面由胞晶向枝晶的转化，胞晶组织基本消失，出现了胞状枝晶组织。说明固液界面前沿的成分过冷区在脉冲磁场作用下进一步扩大。

继续提高晶体生长速度至 64μm/s 时固液界面形态见图 8-34。未加脉冲磁场时，晶体形态为胞状晶结构[图 8-34(a)]，说明界面前沿成分过冷区较大。随着脉冲磁场强度的增加，原来的胞状晶组织向胞状枝晶转化[图 8-34(b)、(c)]，同时组织也明显细化，胞状晶间距也显著减小，而且晶体长度增加。说明脉冲磁场在改变组织形貌的同时，延长了晶体向界面前沿液相中的生长距离，这一点只能说明固液界面前沿的成分过冷区有所增大。

生长速度为 96μm/s 时的固液界面形态见图 8-35。因为生长速度较快，未施加磁场与施加磁场时的固液界面均呈胞状枝晶生长，说明生长速度变大时脉冲磁场对界面形貌的作用并不能充分体现。但从图中可以看出，随着脉冲磁场强度的增加，胞状枝晶的长度尺寸有所增大。

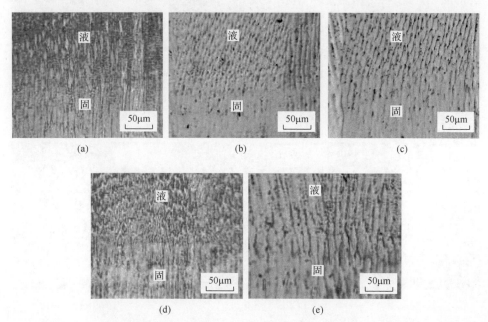

图 8-35　生长速度为 96μm/s (G/v=0.65×10^{3}K·s/mm^2) 时不同磁场强度对固液界面的影响
(a) B=0T；(b) B=0.5T；(c) B=0.84T；(d) B=1.0T；(e) B=1.5T

奥氏体不锈钢1Cr18Ni9Ti在不同生长速度下的固液界面形态及施加不同脉冲磁场强度时固液界面形态的演变趋势见表8-3。现有理论研究已经表明，在定向凝固条件下，随着生长速度的增加，固液界面形貌遵循平面⇒胞晶⇒枝晶⇒胞晶⇒平面的变化规律，而从表8-3可以看出，在相同的凝固参数下，施加脉冲磁场后可以加快这一转变过程，当晶体生长速度较大时，脉冲磁场的这一作用效果不太显著。

表 8-3　不同脉冲磁场参数下固液界面形态及其演化

晶体生长速度/(μm/s)	G/v/(K·s/mm²)	未加磁场界面形态	施加磁场后界面形态变化(低)磁场强度(高)		
12	5.23×10^3	平界面	平界面	⇒	胞状界面
24	2.62×10^3	胞状界面	胞状界面	⇒	胞状枝晶
40	1.75×10^3	胞状界面	胞状界面	⇒	胞状枝晶
64	0.98×10^3	胞状枝晶	胞状枝晶	⇒	胞状枝晶
96	0.65×10^3	胞状枝晶	胞状枝晶	⇒	胞状枝晶

不同凝固参数和不同磁场参数下固液界面处的横剖面组织见图8-36。不加磁场时，随着晶体生长速度的提高，G/v不断降低，组织形貌也逐渐由胞状晶向胞状枝晶转变[图 8-36(a)～(c)]，完全符合定向凝固规律。而在相同凝固参数下，施加脉冲磁场与否，组织形貌却发生了极大差异。比较发现，其不同点主要体现在以下两个方面。

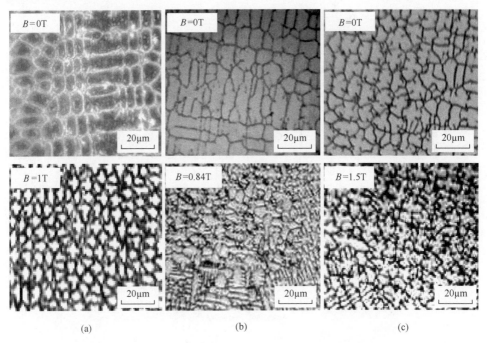

(a)　　　　　　　　　　(b)　　　　　　　　　　(c)

图 8-36　不同参数下固液界面处的横剖面组织

(a) $G/v=2.62\times10^3$K·s/mm²；　(b) $G/v=1.75\times10^3$K·s/mm²；　(c) $G/v=0.98\times10^3$K·s/mm²

（1）晶体形貌不同：当凝固参数为 G/v=2.62×10^{3}K·s/mm^2 时，脉冲磁场可使组织由原来的典型胞状晶变成了胞状枝晶；当凝固参数为 G/v=1.75×10^{3}K·s/mm^2 时，脉冲磁场可使组织由原来的胞状晶变成了凌乱的胞状枝晶状；当凝固参数为 G/v=0.98×10^{3}K·s/mm^2 时，脉冲磁场使原来的胞状枝晶变得更加发达。

（2）晶粒大小不同：非常明显，施加脉冲磁场后，组织细化十分突出，分布均匀。

总体看来，脉冲磁场对组织形貌的作用效果与晶体生长速度或成分过冷对组织形貌的作用效果基本相似，随着磁场强度的增加，组织由规则胞状晶向胞状树枝晶转变，且组织得到细化。

8.3.3 脉冲磁场对固液界面形态的影响机制——磁致成分过冷

如前所述，脉冲磁场对固液界面形态及组织形貌有较大作用效果，其影响机制可由磁致成分过冷解释。

为了便于分析推导，在这里以 $k<0$ 的单相合金为例。

因为定向凝固实验为高频感应区域熔化，所以可视其为液相中有部分混合的情况。在这种情况下，液相中溶质分布满足关系式[12]

$$C_L = C_L^* - (C_L^* - C_0)\frac{1 - e^{-\frac{v}{D_L}x}}{1 - e^{-\frac{v}{D_L}\delta}} \qquad (8\text{-}12)$$

液相线斜率由下式表示：

$$M_L = \frac{dT_L}{dC_L}$$

上式变换后为

$$\frac{dT_L}{dx} = -M_L \frac{dC_L}{dx} \qquad (8\text{-}13)$$

式中，"–"表示温度梯度与浓度梯度符号相反。在固液界面处（$x=0$）对式(8-12)微分得出

$$\left.\frac{dC_L}{dx}\right|_{x=0} = -\frac{v}{D_L}\frac{C_L^* - C_0}{1 - e^{-\frac{v}{D_L}\delta}} \qquad (8\text{-}14)$$

达到稳定态时有如下关系式：

$$C_L^* = \frac{C_0}{k_0 + (1-k_0)e^{-\frac{v}{D_L}\delta}} \tag{8-15}$$

将式(8-14)和式(8-15)代入式(8-13)并整理，得出

$$\left.\frac{dT_L}{dx}\right|_{x=0} = \frac{M_L v}{D_L} \frac{C_0(1-k_0)}{k_0 + (1-k_0)e^{-\frac{v}{D_L}\delta}} \tag{8-16}$$

式中，M_L 为合金液相线斜率；C_0 为合金原始成分，%；C_L^* 为液相最大溶质浓度，%；k_0 为溶质分配系数；v 为晶体生长速度，$\mu m/s$；D_L 为溶质扩散系数，m^2/s；x 为距固液界面距离，m；δ 为溶质富集层厚度，m。

式(8-16)表示液相线在固液界面处的斜率。如果液相中实际温度梯度满足

$$G \geqslant \left.\frac{dT_L}{dx}\right|_{x=0}$$

或者

$$\frac{G}{v} \geqslant \frac{M_L}{D_L} \frac{C_0(1-k_0)}{k_0 + (1-k_0)e^{-\frac{v}{D_L}\delta}} \tag{8-17}$$

即可保证固液界面生长的稳定性。

在定向凝固过程中，影响固液界面形态的凝固参数主要是温度梯度 G 和生长速度 v。根据成分过冷理论[13]，比值 G/v 对固液界面的稳定性起着制约作用。在生长速度不变的情况下，脉冲磁场主要通过改变温度梯度来影响固液界面形态。

在未施加脉冲磁场情况下，当凝固达到稳定态时固液界面温度为[8]

$$T_1' = T_0 - M_L C_L^* \tag{8-18}$$

式中，T_0 为合金原始液相线温度。

设固液界面附近实际温度梯度为 G'，则凝固时液相中的实际温度为

$$T = T_1' + G'x \tag{8-19}$$

变换成温度梯度表达式，即

$$G' = \frac{T - T_1'}{x} \tag{8-20}$$

根据实验研究结果，施加脉冲磁场后，液固转变温度提高，也即固液界面温

度 T_1 升高。此时，液相中的实际温度为

$$T = T_1 + Gx \qquad (8\text{-}21)$$

变换成温度梯度表达式，即

$$G = \frac{T - T_1}{x} \qquad (8\text{-}22)$$

比较式(8-20)和式(8-22)有

$$G < G' \qquad (8\text{-}23)$$

即在施加脉冲磁场之后，固液界面附近液体的温度梯度和原来相比有所降低。如果 G' 为不出现成分过冷的临界温度梯度，那么施加磁场后，将在液相中产生一个与"成分过冷区"类似的，但却不是由于传统的成分过冷引起的"过冷区"[图 8-37(a)、(b)]。如果 G' 为出现较小成分过冷的温度梯度，那么施加磁场后，在这个小成分过冷区的基础上将附加一个"过冷区"[图 8-37(c)、(d)]。这一"过冷区"的产生将促进固液界面的失稳。因为该"过冷"是由磁场作用所产生的，故称为"磁致成分过冷"，相应的"过冷区"称为"磁致成分过冷区"。

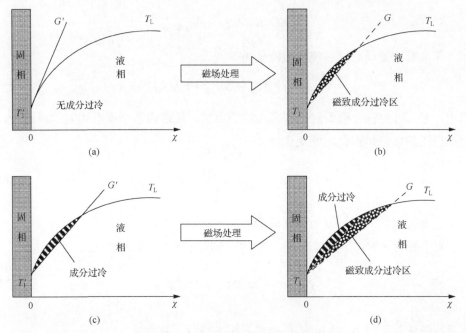

图 8-37 "磁致成分过冷"的形成原理

(a)、(c)磁场处理前；(b)、(d)磁场处理后；(a)无成分过冷区；(b)小磁致成分过冷区；(c)小成分过冷；(d)大磁致成分过冷区

由于磁场强化了金属液体的对流，因此磁场强度越大，固液界面温度 T_1 就越高，所以固液界面前沿的温度梯度 G 就越小，G/v 就越小，所产生的"磁致成分过冷区"就越大。当磁场强度大到使 G/v 不满足稳定生长条件时，固液界面形态将随之发生改变，由平面向胞状枝晶或树枝晶过渡。

8.4 脉冲磁场作用下的形核功与形核速率

应用脉冲磁场来细化金属的凝固组织，是近年来凝固领域提出的电磁细化新技术，符合绿色冶金新理念，而且该技术对金属凝固组织的细化效果十分显著，但是对其作用机理的研究还比较肤浅。本节主要运用传统凝固理论和连续介质电动力学理论，结合实验结果，针对脉冲磁场对金属凝固动力学参数的影响进行分析，并对脉冲磁场细化金属凝固组织的机理进行阐述。

8.4.1 脉冲磁场对形核功和临界晶核半径的影响

根据热力学理论，金属在凝固过程中系统自由能将发生变化，假设单位体积自由能为 ΔG_V，界面自由能为 σ_{LS}，则有

$$\Delta G' = V\Delta G_V + S\sigma_{LS} \tag{8-24}$$

施加脉冲磁场后，系统自由能变为[14,15]

$$\Delta G = V\Delta G_V + S\sigma_{LS} + V\Delta G_M \tag{8-25}$$

式中，$V\Delta G_M$ 为脉冲磁场对系统自由能的贡献。根据连续介质电动力学理论[16]，磁场引起的单位体积自由能变化为

$$\Delta G_M = -\frac{B^2}{8\pi\mu} \tag{8-26}$$

式中，B 为磁场强度；μ 为金属磁导率。

对半径为 r 的球形晶核而言，未加磁场时系统自由能变化为

$$\Delta G' = -\frac{4}{3}\pi r^3 \Delta G_V + 4\pi r^2 \sigma_{LS} \tag{8-27}$$

求导，并使 $\dfrac{d\Delta G'}{dr} = 0$，则可推出临界晶核半径为

$$r'^* = \frac{2\sigma_{LS}}{\Delta G_V} \tag{8-28}$$

施加磁场后，系统自由能变化为

$$\Delta G = -\frac{8\pi\mu\Delta G_V + B^2}{6\mu}r^3 + 4\pi r^2\sigma_{LS} \tag{8-29}$$

同样对式(8-29)进行求导，并使 $\dfrac{d\Delta G}{dr} = 0$，则可推出施加磁场后临界晶核半径为

$$r^* = \frac{16\pi\mu\sigma_{LS}}{8\pi\mu\Delta G_V + B^2} \tag{8-30}$$

因为

$$\Delta G - \Delta G' = -\frac{B^2}{6\mu}r^3 < 0 \tag{8-31}$$

$$r^* - r'^* = -\frac{2B^2\sigma_{LS}}{\Delta G_V(8\pi\mu\Delta G_V + B^2)} < 0 \tag{8-32}$$

所以

$$\Delta G < \Delta G' \tag{8-33}$$

$$r^* < r'^* \tag{8-34}$$

式(8-33)和式(8-34)表明，脉冲磁场能够降低形核功和临界晶核半径，而且磁场强度越大，形核功和临界晶核半径就越小，越有利于形核和细化凝固组织。

图 8-38 定性地给出了脉冲磁场强度与体积自由能、界面自由能及临界晶核半径的关系。脉冲磁场只是增加了系统的体积自由能(图中点划线)，从而使得形核功和临界晶核半径减小。图中虚线表示施加脉冲磁场后系统体积自由能的变化和系统总自由能的变化情况，点划线则表示脉冲磁场对系统自由能的贡献。

应该指出，以上公式建立在自发生核的基础上，而金属在实际凝固过程中，由于具有大量外来质点，形核过程主要靠非自发生核进行。但非自发生核时脉冲磁场降低形核功和临界晶核半径的作用与自发生核是一致的，并同样极大地促进了液相金属生核，从而细化凝固组织。

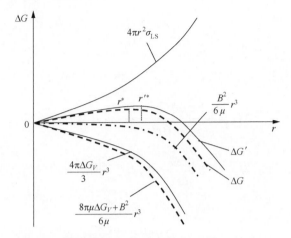

图 8-38　脉冲磁场对自由能和临界晶核半径的影响

8.4.2　脉冲磁场对形核速率的影响

仍然在均质形核条件下考察脉冲磁场对形核速率的影响。

根据经典热力学理论[17]，晶核的形成速率正比于液体中能量涨落的概率因子 $e^{-\Delta G^*/(kT)}$，即有

$$I = A_1 \exp\left(\frac{-\Delta G^*}{kT}\right) \tag{8-35}$$

式中，A_1 为比例常数；ΔG^* 为临界形核功，J；k 为玻尔兹曼常量；T 为温度，K。

随着温度的降低，熔体中晶核不断增加，熔体黏度也在增大，一般来说，熔体黏度主要与温度有关[17]

$$\eta = A_2 \exp\frac{\Delta G_A}{kT} \tag{8-36}$$

式中，A_2 为比例常数；ΔG_A 为扩散激活能。

因为熔体的黏度随温度的降低而快速增加，而形核速率方程(8-35)中的比例常数 A_1 是与熔体的黏度成反比的[17]，即有

$$A_1 \propto \frac{1}{\eta} = A_3 \exp\left(\frac{-\Delta G_A}{kT}\right) \tag{8-37}$$

说明黏度越大，形核速率越小。将式(8-37)代入式(8-35)得

$$I = A \exp\left(\frac{-\Delta G^*}{kT}\right) \exp\left(\frac{-\Delta G_A}{kT}\right) \tag{8-38}$$

将式(8-30)代入式(8-29)，得临界形核功为

$$\Delta G^* = \frac{1024\pi^3 \mu^2 \sigma_{LS}^3}{3(8\pi\mu\Delta G_V + B^2)^2} \tag{8-39}$$

因为脉冲磁场产生 Lorenz 力 P，将影响扩散激活能[12]

$$\Delta G_A = kTf \exp\left(\frac{\delta}{T} + \beta P\right) \tag{8-40}$$

式中，f、δ、β 均为系数。因为 β 值较小，式(8-40)又可近似为

$$\Delta G_A \approx kTf\left(1 + \beta P\right)\exp\left(\frac{\delta}{T}\right) \tag{8-41}$$

文献[25]表明 $P = \dfrac{B^2}{2\mu}$，代入式(8-41)得

$$\Delta G_A = kTf\left(1 + \frac{\beta}{2\mu}B^2\right)\exp\left(\frac{\delta}{T}\right) \tag{8-42}$$

将式(8-39)和式(8-42)代入式(8-38)得

$$I = A\exp\left[-f\exp\left(\frac{\delta}{T}\right)\right]\exp\left[-\frac{1024\pi^3\mu^2\sigma_{LS}^3}{3kT(8\pi\mu\Delta G_V + B^2)^2}\right]\exp\left[-f\frac{\beta}{2\mu}B^2\exp\left(\frac{\delta}{T}\right)\right] \tag{8-43}$$

令式(8-43)中

$$A\exp\left[-f\exp\left(\frac{\delta}{T}\right)\right] = a$$

$$f\frac{\beta}{2\mu}\exp\left(\frac{\delta}{T}\right) = b$$

$$8\pi\mu\Delta G_V = c$$

$$\frac{1024\pi^3\mu^2\sigma_{LS}^3}{3kT} = d$$

则式(8-43)变为

$$I = a\exp\left[-\frac{d}{(c + B^2)^2}\right]\exp(-bB^2) \tag{8-44}$$

两边取对数，得

$$\ln I = \ln a - bB^2 - \frac{d}{(c+B^2)^2} \tag{8-45}$$

式(8-45)即为脉冲磁场强度对形核率的影响关系。图 8-39 表示了形核速率随磁场强度的变化规律。

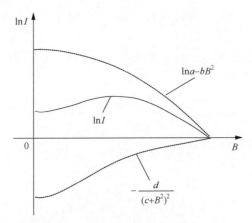

图 8-39　脉冲磁场对形核速率的影响

公式(8-45)中右边第一项表示脉冲磁场作用下扩散激活能对形核速率的影响，第二项表示脉冲磁场作用下临界形核功对形核速率的影响，表现在图 8-39 中则分别是曲线 $\ln a - bB^2$ 和曲线 $-\dfrac{d}{(c+B^2)^2}$，说明金属熔体的临界形核速率主要受扩散激活能和形核功的影响。当磁场强度较小时，虽然扩散激活能较小，但所需形核功却很大，不利于形核；当磁场强度较大时，虽然形核功较小，但形核需要克服的扩散激活能却增大，也不利于形核。两方面综合作用，使得系统的形核速率出现了由小变大再变小的走势，也就是说，脉冲磁场作用下金属熔体的形核速率有一个最大值，此时的晶粒尺寸最小。实验结果与该形核速率变化趋势十分吻合，说明公式(8-45)所描述的脉冲磁场强度对形核率的影响规律具有普遍性。

参 考 文 献

[1] 肖立隆, 陈建林. 电磁场对铸轧铝带坯晶粒的影响. 轻合金加工技术, 1999, 27(8):8-12.

[2] 李庆春. 铸件形成理论基础. 北京：机械工业出版社, 1982.

[3] 周尧和, 胡壮麒, 介万奇, 等. 凝固技术. 北京: 机械工业出版社, 1998.

[4] 豪斯 H A, 梅尔彻 J R. 电磁场与电磁能. 江家麟, 等译. 北京 :高等教育出版社, 1992.

[5] Misra A K. Novel solidification technique of metals and alloys: Under the influence of applied potential. Metallurgical Transactions A, 1985, 16(7):1354-1355.

[6] 李应举, 马晓平, 杨院生. 低压脉冲磁场对铸态 IN718 高温合金凝固组织细化的影响. 中国有色金属学报(英文版), 2011, (6):1277-1282.

[7] Mo L H, Soo B J, Ryong S J, et al. Diffusional solidification behavior in 304 stainless steel. Materials Transactions JIM, 1998, 39(6):633-639.

[8] 胡汉起, 金属凝固原理. 北京: 机械工业出版社, 1991.

[9] Conrad H. Influence of an electric or magnetic field on the liquid-solid transformation in materials and the microstructure of the solid. Materials Science and Engineering A, 2000, 287(2):205-212.

[10] Yang S, Liu W J. Effect of transverse magnetic field during directional solidification of monotectic Al-6.5wt.%Bi alloy. Journal of Materials Science, 2001, 36(22):5351-5355.

[11] Sha Y G, Su C H, Lehoczky S L. Growth of HgZnTe by directional solidification in a magnetic field. Journal of Crystal Growth, 1997, 173(1/2):88-96.

[12] 胡汉起. 金属凝固. 北京: 冶金工业出版社, 1985.

[13] Tiller W A, Jackson K A, Rutter J W, et al. The redistribution of solute atoms during the solidification of metals. Acta Metallurgica., 1953, 1(4):428-437.

[14] 负冰, 杨才富, 潘灏, 等. 变形能对奥氏体相变临界核胚尺寸的影响. 钢铁研究, 2001, 1(1):36-38.

[15] 高明. 脉冲电磁场用于铸造 ZA27 合金凝固组织改善和金属材料非接触处理及其机理的研究. 沈阳: 中国科学院金属研究所博士学位论文, 2003.

[16] 朗道 л д, 栗弗席兹 E M. 连续介质电动力学. 周奇译. 北京:人民教育出版社, 1963.

[17] 姚连增. 晶体生长基础. 北京: 中国科学技术大学出版社, 1995.

第 9 章

超声波凝固细晶技术概述

超声波一般是指频率高于 2×10^4Hz 的声波，从其用途可分为检测超声、功率超声和医学超声。功率超声处理是通过超声能量对物质的作用来改变或加速改变物质的一些物理、化学和生物特性或状态的技术[1-3]。功率超声学涉及的主要内容包括大功率和高声强超声波的产生、声能对物质的作用机理及各种超声处理技术的应用。其中声能量对物质的作用机制是功率超声较为独特的问题，也是一个有待继续深入研究的课题。本章将介绍功率超声波对金属凝固过程及组织的影响规律和机制。

早期的超声波处理工艺发展非常缓慢，有许多问题困扰超声波处理的应用，其中最突出的是产生大功率超声波设备的研制。随着人们对超声波处理研究的不断深入及物理、材料和电子等领域科学技术飞速发展，功率超声发生器输出功率可以达到几十千瓦[4-6]。据报道，美国 Etrema Products 公司用 Terfenol-D 磁致伸缩合金设计制造了 25kW 的超声源，采用形状记忆合金(Cu-Al-Me)作为变幅杆，具有较高的疲劳寿命及抗空化腐蚀性能[7,8]。

9.1 超声波在液态介质中的传播效应

9.1.1 空化效应

空化是超声波在液体介质中传播所出现的一种物理现象[9]，超声波在液体介质中传播时，液体微小区域形成局部暂时负压区，当超声强度超过液体张力时，液体薄弱部位被撕开而产生大量气泡，图 9-1 为单个气泡从形成到长大直至最后破碎的过程[10]。

9.1.2 声流效应

超声波在液体中传播时产生有限振幅衰减使液体内从声源处开始形成一定的声压梯度，导致液体高速流动[11,12]。在高能超声情况下，当声压幅超过一定值时，

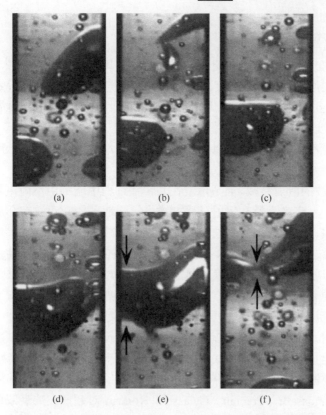

图 9-1　单个气泡从形成到长大直至最后破碎过程的照片[10]

(a) $t = 0s$；　(b) $t = 0.017s$；　(c) $t = 0.034s$；　(d) $t = 0.052s$；　(e) $t = 0.068s$；　(f) $t = 0.085s$

液体中可以产生流体喷射，此喷流直接离开超声变幅杆的端面并在整个流体中形成环流。声流是环流与紊流的结合，图 9-2 为超声波导入 PbBi 流体中得到的声流速度分布，选用的超声波变频器频率为 4MHz[13]。从图中声流速度可知，在此超声波能量导入情况下，最大流体速度达 300mm/s。

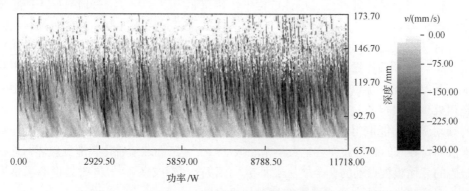

图 9-2　超声波导入 PbBi 流体中得到的声流速度分布[13]

9.1.3 衰减效应

超声波在介质中传播时，随着传播距离增加其能量逐渐衰减[14]。按照引起声强减弱的不同原因，可把声波衰减分为三种[15]：扩散衰减、散射衰减和吸收衰减。扩散衰减是由声源特性引起的，而散射衰减和吸收衰减取决于介质的特性。

(1)超声波的扩散衰减。扩散衰减主要决定于声源的形式，对于点声源来说，波是各个方向都在传播的，所以随着传播距离的增加，单位面积上所具有的能量减小。

(2)超声波的散射衰减。当超声波在其传播过程中遇到由不同声阻抗介质所组成的界面时，就将产生散乱反射(简称散射)，被散射的超声波在介质中沿着复杂路径传播下去，从而损耗了声波的能量，这种衰减叫作散射衰减。

(3)超声波的吸收衰减。超声波的吸收与介质的导热性、黏滞性及弹性滞后有关。声波的吸收将声能直接转换为热能，这是超声波衰减的重要原因。

超声波的衰减有两种表示方法[16]。一种是用底波多次反射的次数来表示，也就是对同样厚度的不同材料在同一灵敏度下，观察它们底面反射波的次数，底波次数多的材料，说明超声波在该材料中衰减少；反之，则表示衰减严重。另外一种是理论上定量计算的表示方法，即用衰减系数来表示超声波的衰减。

研究超声波衰减所采用的介质有固体介质[17-19]、液体介质[20-23]或者固-液混合介质[24,25]。Guidaralli、Craciun、Galassi 和 Roncari 对超声波的衰减系数做了实验测定[26]，将 40%的铝合金粉末放入水中搅拌后测试超声波在介质中的衰减。结果表明，超声波的衰减系数与所输入的超声波频率呈幂函数关系。

9.2 超声波处理工艺

在应用超声波处理金属熔体过程中，传统超声波导入方法有顶端导入和底端导入两种方式，如图 9-3 所示[27]。它们共同的优点是操作简单，但这两种导入方式各有其不足之处。对于底端导入来说，由于振荡器和盛放金属熔液的模子相粘接，有一部分超声振动不可避免地被模子吸收，特别是金属液浇入铸模后首先从底部开始凝固，导致振动效率降低。采用这种导入方法处理时，上部的金属熔液超声处理效果很差，尤其对于比重偏析严重的金属则需要用比顶端导入高出很多的振动强度才能取得相同的效果[27,28]。顶端导入的效率虽然比较高，但变幅杆浸入液面，导入的超声波使合金液呈剧烈振动，合金液面连续氧化膜遭到破坏，这些破碎的氧化膜被振动的合金液从表面卷入熔液内部形成夹杂[29]，同时处理高温金属时，对变幅杆材质会造成严重的高温超声腐蚀。

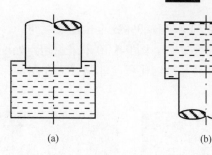

(a)　　　　　　　　(b)

图 9-3　传统超声波导入方式[27]

(a)顶端导入；(b)底端导入

上海大学先进凝固技术中心[30]对传统超声波导入工艺进行了改进，图 9-4 为采用的自主开发的自吸式超声波侧部导入装置示意图，该导入方式将超声波从侧面导入高温金属熔体中。该工艺一改传统的顶部和底部导入法，不直接接触金属熔液，从而避免了变幅杆与高温金属液相浸触所造成的腐蚀和损耗。同时，不会造成表面氧化物和杂质卷入金属液内部，避免外来夹杂物，而且可以随着处理部位的需求，灵活改变超声源位置，提高处理效果。

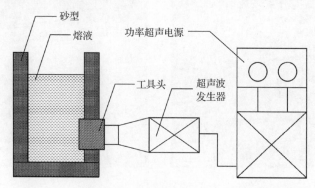

图 9-4　自主研发的自吸式超声波侧部导入装置示意图

将超声波用于金属凝固过程和组织控制成为多学科交叉研究领域。虽然国内外学者就有关超声波对金属凝固组织的影响进行了广泛研究，并取得了一定的进展，但是超声波对铝、铜，特别是钢铁等高熔点金属凝固过程的研究还很不足[31]。

9.3　超声波处理对铝硅合金凝固特性的影响

9.3.1　超声波处理对铝硅合金凝固组织的影响

超声波处理可以显著地细化金属凝固组织，这已被众多实验结果印证。

图 9-5 为不同超声波功率处理下 Al-7.3%Si 合金的宏观组织，超声波导入对细化合金凝固组织有非常显著的效果[32]。图 9-5(a)未采用超声处理，合金凝固组织粗大，晶界明显，超声波处理后晶粒细化程度非常好，在图 9-5(b)中 200W 低功率处理时已经得到细小晶粒。

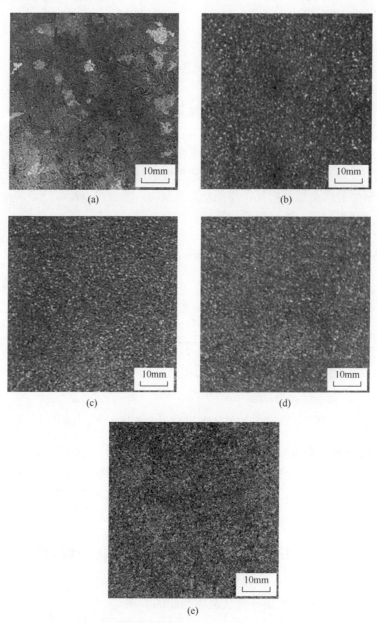

图 9-5　不同超声波功率处理下 Al-7.3%Si 合金的宏观组织

(a)0W；(b)200W；(c)400W；(d)600W；(e)700W

针对图 9-5 的显微组织，采用截面积法[33]计算晶粒平均尺寸，未处理试样平均晶粒尺寸为 3500μm，功率为 200W、400W、600W 和 700W 超声处理试样晶粒平均尺寸分别为 761μm、398μm、386μm 和 309μm，如图 9-6 所示。

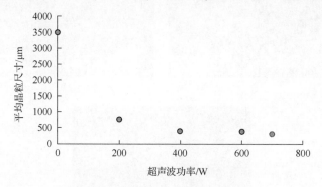

图 9-6　超声波功率与 Al-7.3%Si 合金晶粒平均尺寸的关系

图 9-6 显示了超声波功率与 Al-7.3%Si 合金晶粒平均尺寸的关系，从图中可以看出未处理试样和超声波处理试样的晶粒尺寸相差非常大，超声波处理功率对晶粒平均尺寸的影响非常明显。功率从 200W 提高到 400W，晶粒平均尺寸减少了363μm。随着超声波功率的逐渐增加，晶粒尺寸进一步变小。

图 9-7 为不同超声波功率处理下初生 α(Al) 相形貌。对比结果可得，未处理试样[图 9-7(a)]的初生 α(Al) 相为长柱状树枝晶，一次枝晶臂发达，树枝晶杂乱交错，形态大小不均匀。200W 超声波处理后[图 9-7(b)]，枝晶 α(Al) 有明显的等轴化趋向，一次枝晶主干长度缩短，二次臂变粗。随着超声波功率增加到 400W和 600W 时[图 9-7(c)和(d)]，长柱状晶完全等轴化，主干消失，枝晶呈菊花状向四周生长且分布均匀。当超声波功率达到 700W 后[图 9-7(e)]，树枝晶完全消失，整个试样的初生 α(Al) 相为球状等轴晶且分布均匀。初生 α 相的形态变化表明超声波处理对初生相形貌有明显的细化作用，使 α 枝晶从长柱状晶转化为等轴晶。

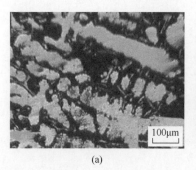
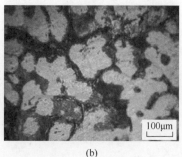

(a)　　　　　　　　　　　　(b)

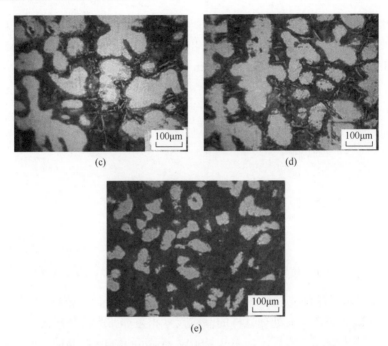

图 9-7 不同超声波功率处理下 Al-7.3%Si 合金 α 相形貌

(a) 0W；(b) 200W；(c) 400W；(d) 600W；(e) 700W

图 9-8 为不同超声波功率处理下共晶硅形貌[32]。图中显示，未处理试样中
[图 9-8(a)]共晶硅呈现粗大的针(片)状或板(条)状。经过超声波处理[图 9-8(b)～
(e)]的试样，共晶硅分布逐渐均匀，同时在初生 α(Al)枝晶周围有细小的共晶硅，
且其形貌也发生了变化，部分共晶硅出现弯曲、分枝、变钝变圆。随着超声波功
率增加，共晶硅细化更加明显，600W 时细小的共晶硅数量已经相当多，当功率
达到 700W 时，细小颗粒状共晶硅基本均匀分布在 α(Al)周围。

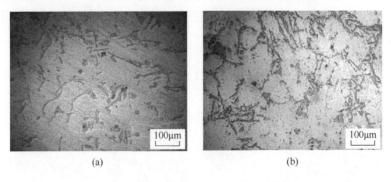

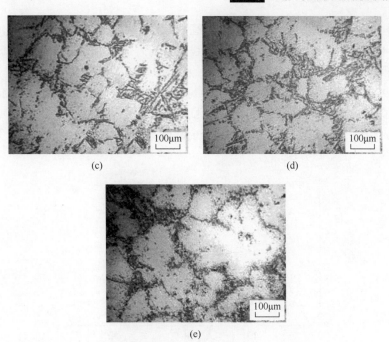

图 9-8 不同超声波功率处理下 Al-7.3%Si 合金的共晶硅形貌

(a) 0W; (b) 200W; (c) 400W; (d) 600W; (e) 700W

9.3.2 超声波处理对铝硅合金力学性能的影响

图 9-9 是不同超声波功率处理下 Al-7.3%Si 合金的抗拉强度[32]。数据显示超声波处理能够显著提高合金的抗拉强度，而且增长幅度随着功率增强而变大。未

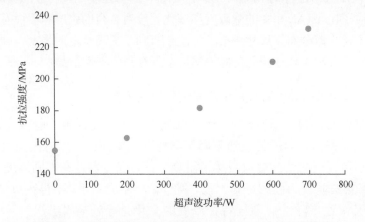

图 9-9 不同超声波功率处理下 Al-7.3%Si 合金的抗拉强度

处理试样抗拉强度为 155MPa，200W 处理后试样的抗拉强度稍有提高为 163MPa，随后经 400W 和 600W 处理，试样抗拉强度分别为 182MPa 和 211MPa。700W 超声波处理后，合金抗拉强度达 232MPa，比未处理试样提高了约 50%。

图 9-10 为不同超声波功率处理下 Al-7.3%Si 合金的延伸率。可以看出，超声波处理能够显著提高合金的塑性，将测试点连接显示延伸率基本随超声波功率线性提高。经过 700W 超声波处理后，合金的延伸率达到 5.77%，比未处理试样提高约 15%。

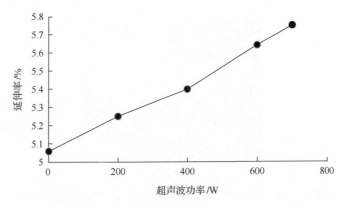

图 9-10　不同超声波功率处理条件下 Al-7.3%Si 合金的延伸率

分析认为，亚共晶铝硅合金中存在柔软且韧性优良的 α(Al) 相包围硬质 Si 粒子的凝固组织，在它们结合界面处易造成应力集中，在受力时产生细小微裂纹源[34]。但是，由于 α(Al) 相有很好的延展性，能承受较大塑性变形，所以经过一定塑性变形后，α(Al) 相与 Si 粒子分离而断裂，断口显现比较明显的韧窝形断口。因此，硅粒子在 α(Al) 相中的弥散度和细化程度对合金的强度和塑性有很大的影响。硅粒子越弥散分布且尺寸越细小，就越有利于提高合金的强度，并且促进变形的均匀性，有利于合金获得良好的塑性，具有高的塑性指数[35]。

9.3.3　超声波处理对铝硅合金凝固过程的热分析

金属浇注后温度-时间冷却曲线可以分为三个阶段：第一阶段为液相冷却阶段，浇注完毕后，温度便迅速下降至试样开始凝固；第二阶段为凝固阶段，开始凝固后，释放的结晶潜热减缓了温度下降，温度保持在凝固温度平台或者缓慢下降；第三阶段为固相冷却阶段，整个试样凝固完毕，不再释放结晶潜热，此时温度又快速下降[36]。凝固特征温度的变化是导致凝固组织差异的重要原因。为获得凝固特征温度，首先对冷却曲线做一次微分得到熔体冷却速度随时间的变化关系，再进行二次微分得到冷却加速度与时间的关系。冷却加速度反映了凝固冷却过程中由于相变引起的热量变化，变化的极值点即为凝固特征点[37,38]。

在金属凝固过程中导入超声波首先会改变金属液的冷却过程。一方面，超声波强化了金属的对流和换热，加快了金属液的冷却；另一方面，当超声波功率较大时，超声波的导入又对金属液起加热作用，延缓了金属液的冷却。图 9-11 为 Al-7.3%Si 合金的冷却曲线和微分曲线，重点讨论超声波处理对合金相变温度的影响。其中，亚共晶铝硅合金凝固初始温度为初生 α(Al) 相析出温度，但实际初晶析出时固相率很小，冷却曲线不会有明显的变化[39]，对曲线作二阶微分以确定温度波动突变点。在凝固初始点金属液开始大量形核，伴随着大量的热量释放，凝固温度下降变缓，二次微分曲线上突变点为凝固初始点[40,41]。在图 9-11 中，由 d^2T/dt^2 的最大值为凝固初始温度 T_L。T_{Lu} 为凝固冷却造成温度降低与形核释放潜热造成温升之差的最低温度，位置由 $dT/dt=0$ 确定。T_{Lr} 为凝固潜热补充后合金液达到的最高温度。T_{eu} 为共晶反应开始温度，此时凝固释放潜热与热量散失相抵消，即 $dT/dt=0$。T_s 为共晶结束温度，为共晶反应阶段 dT/dt 负峰值，从 T_{eu} 到 T_s 的时间长为共晶反应时间 t_{eu}。

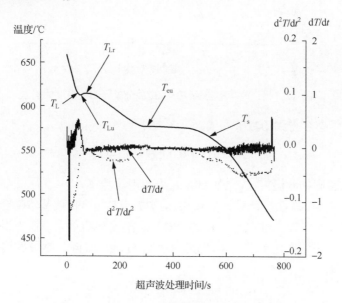

图 9-11　Al-7.3%Si 合金的冷却曲线和微分曲线

表 9-1 为不同功率超声波处理下 Al-7.3%Si 合金凝固特性参数，图 9-12 为超声波功率与 Al-7.3%Si 合金凝固初始温度的关系，图中虚线为拟合曲线。

表 9-1　不同超声波功率处理下 Al-7.3%Si 合金凝固特性参数

功率/W	T_L	T_{Lu}	T_{Lr}
0	614.8	612.6	614.4
200	615.0	613.2	616.8
400	612.4	608.5	608.8
600	606.2	601.4	无
700	602.6	599.8	无

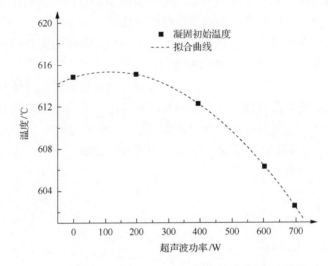

图 9-12　超声波功率与 Al-7.3%Si 合金凝固初始温度的关系

通过数学拟合得到函数关系式

$$T_L = 615 + 0.005Q - 0.14Q^2 \tag{9-1}$$

式中，T_L 为凝固初始温度；$Q=P/100$，P 为超声波功率。

该拟合结果可靠性判断系数 $R=0.999$，实验点与拟合曲线基本吻合。从式(9-1)可得，在输入功率较小时，超声波对凝固初始温度影响不大，在小误差范围内波动，随着超声波处理功率进一步增强，600W 处理后凝固初始温度比未处理的值有大幅度下降。

9.4　超声波处理对奥氏体不锈钢凝固特性的影响

超声波处理对奥氏体不锈钢凝固过程和组织具有明显的影响，将从凝固组织、力学性能、抗腐蚀性能等方面介绍超声波对典型多成份体系奥氏体不锈钢——1Cr18Ni9Ti 凝固特性的影响。

9.4.1 超声波处理下的奥氏体不锈钢凝固组织

图 9-13 为不同超声波功率处理后 1Cr18Ni9Ti 电子背散射衍射（EBSD）结果[42]。对比未处理和超声处理的 EBSD 结果，主要存在三项变化。

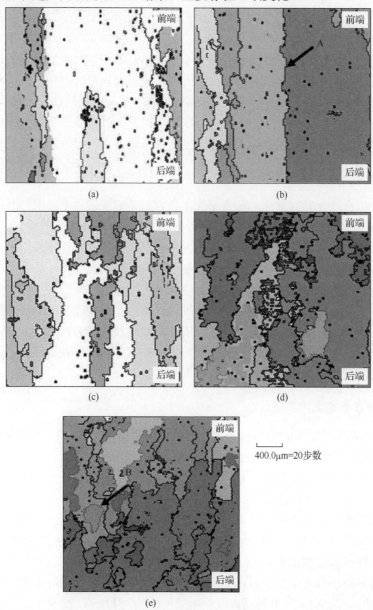

图 9-13 不同超声波功率处理下 1Cr18Ni9Ti 的 EBSD 结果

(a) 0W；(b) 400W；(c) 500W；(d) 600W；(e) 700W

1. 晶体形貌的变化

EBSD 结果不仅能清楚地显示晶粒形貌，而且还能获得晶内缺陷分布和数量，包括亚晶界和位错。图 9-13 中前端代表靠近超声源端面，后端为远离超声源端面，箭头 A 所指为晶界，B 为亚晶界。对比未处理和超声处理后的 EBSD 结果可以看出，未处理试样为粗大的柱状晶，晶内弥散分布少量的位错。400W 超声波处理后，晶粒仍为柱状晶，但是晶粒间距变小。500W 超声波处理后，试样组织为柱状晶与等轴晶混合态，靠近超声波处理一端形成了等轴晶而后端依然为柱状晶，但晶间距比 400W 处理的小。当功率提高到 600W 时，所选试样均为等轴晶，而且在晶粒长大过程中形成了高密度位错区和亚晶界。当功率提高到 700W 时，等轴晶形貌变得更细小，在晶粒长大时位错在整个晶体中增殖而连成亚晶界。

2. 晶粒生长方向发生改变

未经超声波处理的试样，柱状晶的生长方向是沿着垂直于模壁的散热方向朝液体中伸展，如图 9-13(a) 所示。400W 超声波处理后晶粒生长方向并未发生改变，这也说明此时声流作用较弱，在熔体内并未形成大范围热起伏和热交换。当功率提高到 500W 时，靠近超声波处，晶粒生长方向发生明显变化，已经呈现各个不同方向择优生长，说明在晶体生长过程中固液界面前沿热流发生改变，熔体的流动使得温度场分布均匀，对应组织为等轴晶，而由于超声波强度不够，随着超声波传播过程能量的衰减，远离超声波处依然形成柱状晶。600W 和 700W 超声波处理后，晶粒呈发散状长大，说明声流对熔体的搅拌作用加强导致了熔体内的热无序效应，极大地促进了晶粒生长的无方向性。

3. 相含量发生改变

1Cr18Ni9Ti 在理想凝固条件下应该形成单相奥氏体。但是在实际凝固过程中，铸态下要得到全奥氏体组织非常困难。因为 1Cr18Ni9Ti 的元素成分点很接近 $\alpha+\gamma$ 两相区，在凝固时由于存在成分偏析，就会有铁素体相形成[43]。在通常情况下，1Cr18Ni9Ti 的室温铸造组织中一般存在 5%～10% 的铁素体相[44]。然而，在工业使用中并不希望铁素体相生成，因为铁素体对 1Cr18Ni9Ti 性能产生负面的影响。一方面降低不锈钢铸态下的力学性能，另一方面使不锈钢后续的固溶处理工艺变得复杂，还容易使 1Cr18Ni9Ti 产生磁性而降低 1Cr18Ni9Ti 的抗腐蚀性能[45]。

采用 EBSD 技术定性分析未处理和不同超声波功率处理对铸态凝固组织中相含量的影响。图 9-14 为不同超声波功率处理下 1Cr18Ni9Ti 的相分布[46]。可以看出，对于选定区域，未处理试样含有铁素体量较多，测试数据为 5%，而且沿着晶粒生长方向分布较为集中。400W 超声波处理后的试样铁素体含量明显减少，分布弥散化。在 500W 超声波处理后，试样中的铁素体含量均减小，700W 处理后，试样中铁素体相基本消失，得到完全奥氏体组织。图 9-15 为不同超声波功率处理下的 1Cr18Ni9Ti 奥氏体相含量[46]。可以看出，奥氏体相含量随着导入功率提高而递增。在其他条件不变的情况下，$\delta \rightarrow \gamma$ 相变速度主要受二者接触面积制约，接触面积越大，相变速度越快。根据 EBSD 结果分析可知，功率超声波处理后，凝固组织发生细化，晶粒接触面积增加，从而加速包晶相变过程，残留铁素体含量减少，而且这种趋势随着超声波功率提高而变大。

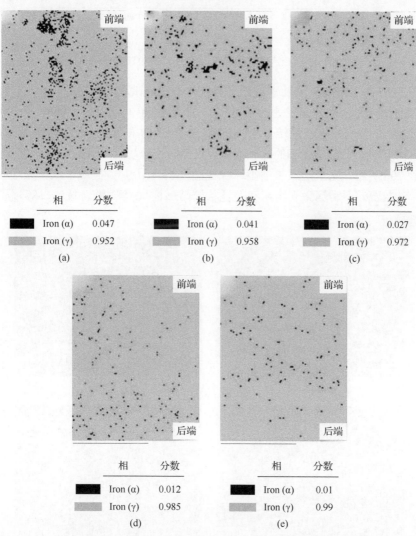

图 9-14　不同超声波功率处理下 1Cr18Ni9Ti 的相分布
(a) 0W；(b) 400W；(c) 500W；(d) 600W；(e) 700W

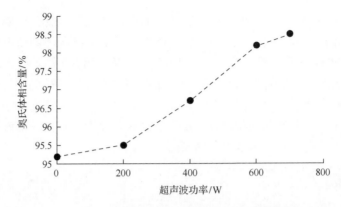

图 9-15　不同超声波功率处理下的 1Cr18Ni9Ti 奥氏体相含量

　　图 9-16 为不同超声波功率处理下奥氏体不锈钢微观组织。可以看出，铸态下未处理的试样为一次枝晶发达的长树枝晶[图 9-16(a)]。当输入 400W 和 500W 超声波处理时，长的柱状枝晶转变为短枝晶[图 9-16(b)和(c)]。当功率提高到 600W 时，微观组织除了短而细小的等轴晶外，局部出现球状枝晶[图 9-16(d)]。当功率提高到 700W 时，完全形成了细小球状枝晶[图 9-16(e)]。微观组织结果说明，随着功率的提高，不锈钢微观组织存在柱状枝晶⇒柱状/等轴混合枝晶⇒等轴晶转变的过程。

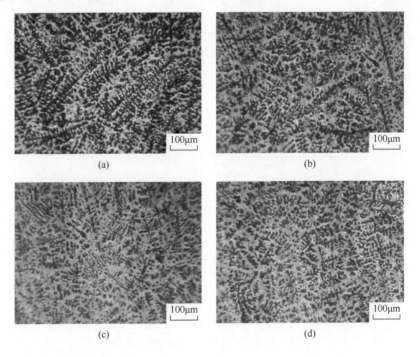

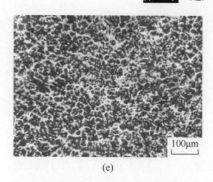

(e)

图 9-16　不同超声波功率处理下 1Cr18Ni9Ti 微观组织

(a) 0W；(b) 400W；(c) 500W；(d) 600W；(e) 700W

可以通过超声波功率与二次枝晶间距 λ_2 的关系，进一步认识超声波处理对枝晶组织的影响。图 9-17 为二次枝晶臂尺寸间距示意图[47]。

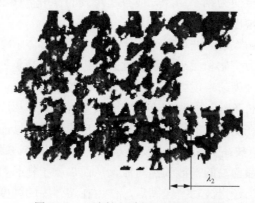

图 9-17　二次枝晶臂间距测量示意图

采用直线截取法，选择具有相同生长位向的枝晶群区域，沿垂直于生长位向的方向画一直线，其长度为 L_1，统计该直线穿过的二次枝晶个数 n_1，计算二次枝晶间距 λ_2

$$\lambda_2 = \frac{L_1}{N(n_1 - 1)} \tag{9-2}$$

图 9-18 显示了不同超声波功率处理下的二次枝晶臂间距变化。可以看出，超声波处理后二次枝晶间距变小，而且超声波功率大小对枝晶间距影响非常明显。树枝晶间距 λ_2 是区域凝固时间或冷却速率的函数，冷却速率越大，二次枝晶间距越小[48]。从凝固过程热分析结果得知超声波处理缩短了熔体的凝固时间，加快冷却速度，随着冷却速率的提高，二次枝晶间距变小。

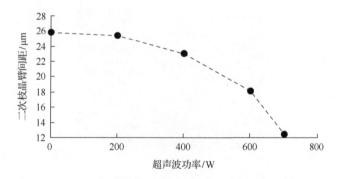

图 9-18　不同超声波功率处理下的二次枝晶臂间距

　　根据实验现象得知，功率超声波能明显细化不锈钢的凝固组织，而且随着处理功率提高，细化效果提高。在超声波处理条件下，凝固组织的演化趋势基本一致，即由粗大组织转变为细小组织，而且超声波的作用不仅表现为细化晶粒，对于不同相分布及含量也有影响。

　　分析认为，当输入超声波功率达到一定值后，在熔体中将形成特有的空化效应，其中产生的压力变化和微小区域温度突变极大地提高了形核率。另外，不锈钢微观组织转变是因为超声搅拌降低了液体金属的温度梯度，使温度分布均匀，减弱了柱状枝晶生长条件，同时声流作用对液固界面熔体形成紊流，对固液界面进行机械冲刷，使在型壁上的等轴晶容易脱离形成更多的结晶晶核，有利于等轴晶的产生[49,50]。随着枝晶长大，超声波一方面在枝晶间形成强烈对流冲刷枝晶臂，另一方面强化了枝晶前沿的扩散和热对流，从而加剧了枝晶熔断，这两方面作用促进了晶粒增殖。当超声波功率提高后，作用在熔体中的强度随之增强，使得晶粒细化程度提高。

9.4.2　超声波处理对奥氏体不锈钢力学性能的影响

　　超声波处理同样可以改善奥氏体不锈钢力学性能。图 9-19 为不同超声波处理下 1Cr18Ni9Ti 的抗拉强度，图中从 1 号至 5 号试样依次远离声源位置。可以看出，超声波处理对材料抗拉强度影响非常大。对于所有靠近超声源的 1 号试样，在未处理时抗拉强度为 643MPa，400W 超声波处理后，400W-1 号试样的抗拉强度稍有提高，为 660MPa。随着导入的超声波功率的提高，1 号位置的试样抗拉强度逐步提高[51]。当功率达到 700W 时，700W-1 号试样的抗拉强度为 731MPa，比未处理试样提高了约 14%。不锈钢强度的提高与晶粒细化有很大联系。对于不同超声波功率处理下最远离超声源的 5 号试样，未处理试样抗拉强度在超声波功率不超过 600W 时比较相近。

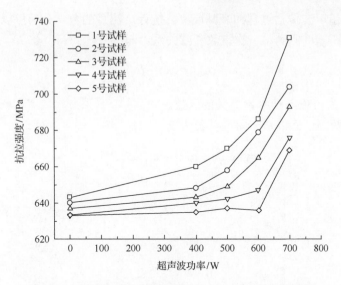

图 9-19　不同超声波功率处理下 1Cr18Ni9Ti 的抗拉强度

枝晶间距对材料力学性能影响非常重要，图 9-20 为 1Cr18Ni9Ti 实验 1 号试样抗拉强度与二次枝晶臂间距的关系[51,52]。在该实验条件下，二次枝晶臂间距越小，抗拉强度越高。二次枝晶细化的良好作用只能在充分获得致密试块的情况下才有效，而超声波处理对消除试块的各种缺陷均有良好的作用[53]。

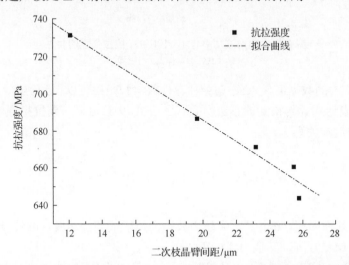

图 9-20　1Cr18Ni9Ti 实验 1 号试样抗拉强度与二次枝晶臂间距的关系

图 9-21 为超声波在传播方向上距离与试样抗拉强度的关系。观察奥氏体不锈钢 1 号试样和 5 号试样抗拉强度变化趋势可以发现，功率超声波在熔体中传播时能量衰减相当严重。通过同一超声波功率处理下 1 号试样到 5 号试样抗拉强度差

异值，得出超声波传播过程的衰减现象。统计所测点的数学分布可以得到抗拉强度与传播距离 x 近似满足一次指数衰减关系，即

$$\sigma_b = a\exp(-bx) \tag{9-3}$$

式中，a、b 为与输入功率 P 有关的函数。

因此参数 σ_b、x 和 P 之间可以表达成

$$\sigma_b(x,P) = a(P)\exp\big[-b(P)\cdot x\big] \tag{9-4}$$

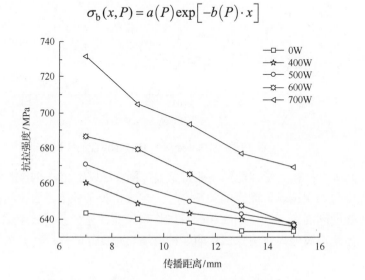

图 9-21　超声波功率与 1Cr18Ni9Ti 抗拉强度的关系

图中最左端试样为 1 号试样

将图 9-21 的数据值代入公式 (9-4) 进行数学回归后可以得到确切的函数 $a(P)$ 和 $b(P)$ 的表达式。将得到的系数函数代入公式 (9-3) 可以得到抗拉强度与功率和传播距离的数学关系

$$\sigma_b = (P+1843)S\exp\left(-6\times10^{-7}P^{\frac{3}{2}}x\right)\frac{e_1}{c} \tag{9-5}$$

式中，S 为处理面积，mm^2；c 为超声波在介质中的传播速度，m/s；e_1 为超声波传播的单位向量矩阵，其值为 [1 0 0]。

根据式 (9-5) 近似计算出不同功率下沿着传播距离方向试样的抗拉强度数值。图 9-22 为不同超声波功率处理下 1Cr18Ni9Ti 的延伸率。从延伸率的数据可知，1Cr18Ni9Ti 奥氏体不锈钢在铸态下就具有非常好的延伸性能，在导入超声波处理后，虽然整体延伸性能有提高，但是延伸性的提高百分比不大。相比于未

处理试样，700W 处理后的 700W-1 号试样延伸率从 70.9%提高为 79.5%，最大增长幅度约为 13%。

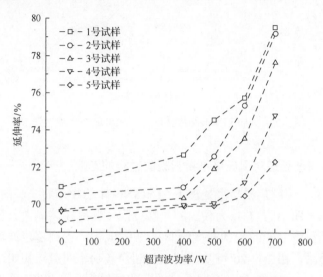

图 9-22　不同超声波处理下 1Cr18Ni9Ti 的延伸率

9.4.3　超声波处理对不锈钢抗腐蚀性能的影响

采用全腐蚀称重法(GB 4334.6—84)获得材料在一定环境下的腐蚀速率，进而评测其抗腐蚀性能。腐蚀速率越慢，抗腐蚀性能越好。腐蚀速率一般用下式计算[54]：

$$R = \frac{KW}{ATD} \tag{9-6}$$

式中，R 为腐蚀速率，mm/a；K 为常数，8.76×10^4；T 为腐蚀时间，min；W 为试样失重，g；A 为试样表面积，mm^2；D 为材料的密度，g/mm^3。

根据式(9-6)计算出不同超声波功率处理下 1Cr18Ni9Ti 的腐蚀速率，如图 9-23 所示。

从测试结果中可以得到，超声波处理可以使试样抗腐蚀性能提高。分析认为，一方面超声波处理后晶粒细化和组织及化学成分均匀化，降低了电化学腐蚀的电极电位。另外 1Cr18Ni9Ti 中铁素体相含量降低，减少了不同相之间电化学腐蚀数量。因此，在凝固过程对 1Cr18Ni9Ti 奥氏体不锈钢进行超声波处理有利于提高材料的抗腐蚀性能。

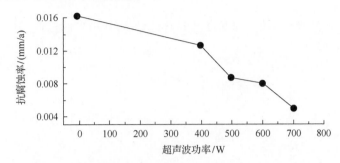

图 9-23　不同超声波功率处理下 1Cr18Ni9Ti 的腐蚀速率

9.4.4　超声波处理对奥氏体不锈钢凝固过程的影响

图 9-24 为不同超声波功率处理下 1Cr18Ni9Ti 的冷却曲线，图 9-25 为其微分曲线。对应于图中的 A 点为凝固初始温度点，此时在熔体中大量形核，此后逐渐形成固相。将 A 点对应的温度绘制在图 9-26 中，得到超声波输入功率与凝固初始温度关系。由图 9-26 可知，输入的超声波功率对凝固初始温度的影响非常大，在功率小于 400W 时，凝固温度的变化幅度很小，400W 处理后温度的降低仅为 2.5℃，当功率提高到 500W 以后，凝固初始温度的降低幅度加大，700W 超声波处理的凝固初始温度比未处理的降低了 10.8℃，增大形核过冷度有利于提高形核率。

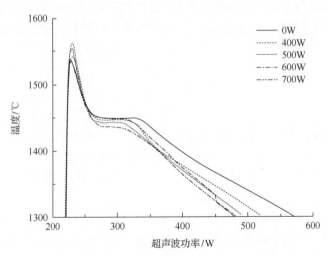

图 9-24　不同超声波功率处理下 1Cr18Ni9Ti 的冷却曲线

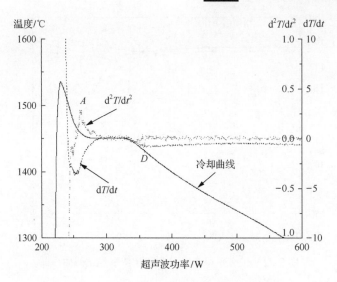

图 9-25 1Cr18Ni9Ti 的冷却曲线和微分曲线

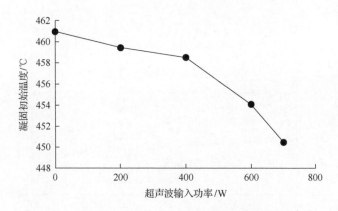

图 9-26 超声波功率与 1Cr18Ni9Ti 凝固初始温度的关系

由不锈钢相图(图 9-27)可知,在凝固过程中,熔体先从液相中析出 δ 相,随着温度的降低,将发生包晶反应:L+δ ——→ γ,随后完成所有的凝固过程,进入固相冷却。在包晶反应前期,存在着一个短暂的热平衡或者近热平衡,此时温度保持不变或者在很小的范围内波动,直到凝固潜热释放小于外界散热后,熔体温度进一步降低。包晶反应前期的近热平衡区域在温度曲线上反映为一次微分冷却曲线的起始零点和终了零点,为了方便解释,将图 9-25 的曲线局部放大,见图 9-28。图 9-28 中 B 点为包晶反应开始点,根据 B 点的温度得到不同超声波功率处理下奥氏体不锈钢的包晶反应温度,见图 9-29。C 为近平衡结束点,根据点 B 和 C 之间的时间得到包晶反应前期达到热量近平衡的时间,见图 9-30。

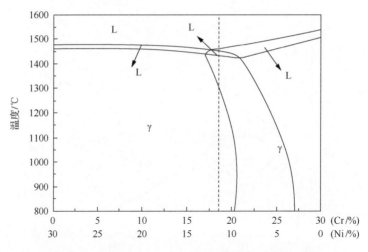

图 9-27   69.9Fe-19.52Cr-10.58Ni 体系垂直截面相图

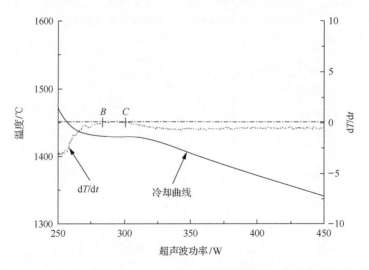

图 9-28   超声波功率处理下 1Cr18Ni9Ti 的冷却曲线和一次微分曲线放大图

由图 9-29 可知，仅当功率大于 500W 超声波处理时包晶反应温度有明显的降低。分析认为发生包晶反应时，熔体中已经存在一定量的固相，此时熔体黏度急剧增加，而超声波的作用效果与熔体的黏度有直接的关系，即黏度增大后会严重降低超声波产生空化效应和声流的能力。所以，只有在输入功率提高的情况下熔体内枝晶间液态金属的对流换热作用才明显，加快枝晶间流体的冷却，降低包晶反应温度。由图 9-30 可得，随着超声波功率的提高，包晶反应近平衡凝固时间缩短。总结认为，声流加快了熔体的冷却过程，促进熔体进一步过冷。

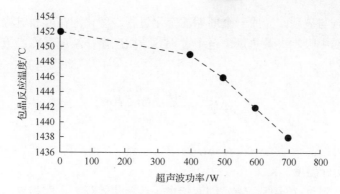

图 9-29　超声波功率与 1Cr18Ni9Ti 包晶反应温度的关系

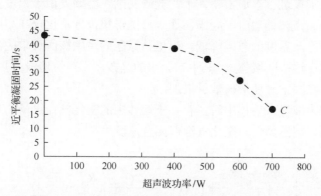

图 9-30　超声波功率与 1Cr18Ni9Ti 包晶反应前期近平衡时间的关系

9.5　超声波处理对金属凝固过程影响的机理

9.5.1　超声波处理下金属凝固的形核机制

由金属凝固理论可知，晶粒细化条件是凝固界面前沿液相中有晶核来源或在液相中存在晶核形成和生长所需的过冷度[55]。通常条件下，当过热熔体冷却到形核开始温度后，在靠近型壁附近开始形核，随后满足生长条件的晶核逆着热流方向长大，形成柱状晶组织，直到凝固结束。而采用超声波处理熔体，由于超声波的多种效应，形核过程条件发生了很大的改变。

根据超声空化理论[56]，当足够强的功率超声波作用于液体介质时，当交变声压的幅值大于液体中的静压力 P_0，则在声压的负压相中，负压的作用不仅抵消压力，还可以在液体中形成局部性的负压作用区。当负压大于液体分子之间的结合力时，液体被拉断而形成空腔，即产生空化气泡。接着在声压的正压相到来时，空化气泡闭合与破裂，完成一个周期的空化过程。空化泡在膨胀过程中，将从泡壁周围的金属中吸收大量热量，这个过程导致微区熔体温度过冷。液态金属结晶驱动力满足[57]

$$\Delta G_V = \frac{\Delta H (T_{\mathrm{m}} - T)}{T_{\mathrm{m}}} \tag{9-7}$$

式中，ΔG_V 为结晶驱动力，J/m；ΔH 为熔化潜热，J/kg；T_{m} 为理论结晶温度，K；T 为熔体的实际温度，K。

实际熔体温度 T 越低，液、固两相自由能差值就越大，即相变驱动力越大，这样就有利于形核进行。通常条件下，凝固初期在型壁处由于温度低而发生大量形核。当采用超声波处理时，凝固初期合金的形核位置不仅仅在型壁处，空化效应也造成微小区域温度的急剧降低。当这些微区满足生核所要求的温度条件时，大量的晶核将在这些区域生成，其中部分小的晶核由于声流造成的热起伏而熔化，而大的晶核就保存下来使形核数量增加。

同时当超声波导入熔体中时，存在于熔体中的空化核在声场的作用下振动，气泡迅速增长后突然闭合。空化气泡壁闭合速度为[58]

$$v_{\mathrm{k}} = \left\{ \frac{2P_0}{3\rho} \left[\left(\frac{R_{\mathrm{m}}}{R_{\mathrm{k}}} \right)^3 - 1 \right] - \frac{2Q}{3\rho(\gamma-1)} \left(\frac{R_{\mathrm{m}}^{3\gamma}}{R^{3\gamma}} - \frac{R_{\mathrm{m}}^3}{R_{\mathrm{k}}^3} \right) \right\}^{\frac{1}{2}} \tag{9-8}$$

式中，P_0 为一个标准大气压；ρ 为熔体密度，kg/m³；v_{k} 为气泡闭合速度，m/s；Q 为气泡内压强，atm①；R_{m} 为气泡开始闭合的初始半径，也就是气泡生长的最大半径，mm；$\gamma = 4/3$。

在气泡闭合过程，气泡还未破裂。随着泡内压力进一步增大，气泡收缩伴随着半径变小。一旦压力达到一定值，气泡瞬间破裂。此时，令 $\mathrm{d}v_{\mathrm{k}}/\mathrm{d}R_{\mathrm{k}} = 0$，得到泡壁速度 $v_{\mathrm{k}} = \mathrm{d}R_{\mathrm{k}}/\mathrm{d}t$ 最大值时的 R_{k} 为

$$R_{\mathrm{k}} = R_{\mathrm{m}} \left[\frac{P_0(\gamma-1) + Q}{Q\gamma} \right]^{\frac{1}{3(1-\gamma)}} \tag{9-9}$$

根据文献[58]，在气泡破碎瞬间可以认为 $Q \ll P_0(\gamma-1)$，那么有

---

① 1atm=1.013×10⁵Pa。

$$R_{\mathrm{k}} = R_{\mathrm{m}} \left[\frac{P_0 (\gamma - 1)}{Q\gamma} \right]^{\frac{1}{3(1-\gamma)}} \tag{9-10}$$

在气泡闭合时熔体内会形成剧烈的冲击波，此时伴随着微区局部高压。根据瑞利公式，在泡壁形成的压强为[59]

$$P_{\mathrm{k}} = P_0 \cdot 4^{-\frac{4}{3}} \left(\frac{R_{\mathrm{m}}}{R_{\mathrm{k}}} \right)^3 \tag{9-11}$$

式中，P_{k} 为瞬间形成的压强，atm。

将式(9-10)代入式(9-11)，得到

$$P_{\mathrm{k}} = P_0 \cdot 4^{-\frac{4}{3}} \cdot \left[\frac{P_0 (\gamma - 1)}{Q\gamma} \right]^{\frac{-1}{1-\gamma}}$$

$$= 0.158 P_0 \left[\frac{Q\gamma}{P_0 (\gamma - 1)} \right]^{1-\gamma} \tag{9-12}$$

令空化泡内气压在 0.001～0.01atm[60]，得到 P_{k} 随 Q 变化的规律，如图 9-31 所示。计算数据显示，泡内气压从 0.001atm 变化到 0.01atm，在破碎瞬间能形成的最大压强约为 5674atm，这个结果与文献报道的结果基本吻合[61]。而在实际测量中，采用压电石英探针测得 23kHz 频率下水中空化产生的压力为 4000atm，为

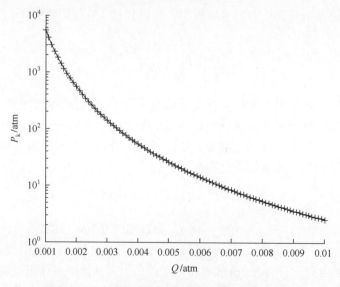

图 9-31 空化泡破裂瞬间泡内气压与形成压强关系

至今用声学方法能测得的最高数值[58]。如此高的压力将对微区的形核速率形成很大的影响。

在高压情况下，熔体的形核速率为[62]

$$I_k = \exp\left[-\frac{\alpha\sigma_k^3 V_S f(\theta)}{R_g T_m (\Delta h)^2}\left(\frac{T_m - T}{T_m T}\right)^2\right]\exp\left(-\frac{\Delta G_k'}{R_g T}\right) \tag{9-13}$$

式中，$f(\theta) = \frac{1}{4}(2 + \cos\theta)(1 - \cos\theta)^2$，$\theta$ 为润湿角，(°)；α 为几何常数，对于球形晶核，$\alpha = 16\pi/3$；σ_k 为空化泡破碎瞬间界面张力，N；V_S 为固体的原子体积，mm³；Δh 为凝固潜热，kg/m；$\Delta G_k'$ 为高压下的激活能，J；R_g 为气体常数，8.314J/(mol·K)。

在常压下的形核速率为

$$I = \exp\left[-\frac{\alpha\sigma^3 V_S f(\theta)}{R_g T_m (\Delta h)^2}\left(\frac{T_m - T}{T_m T}\right)^2\right]\exp\left(-\frac{\Delta G'}{R_g T}\right) \tag{9-14}$$

对比式(9-13)和式(9-14)，可以得到空化压力作用下微区形核率 I_k 和常压下的形核率 I 之间的关系为

$$\frac{I_k}{I} = \exp\left(\sigma^3 - \sigma_k^3\right)\exp\left(\frac{\Delta G' - \Delta G_k'}{R_g T}\right) \tag{9-15}$$

由于界面张力受到压力的影响较小，所以式(9-15)作简化为

$$\frac{I_k}{I} = \exp\left(\frac{\Delta G' - \Delta G_k'}{R_g T}\right) \tag{9-16}$$

对比不同工艺对形核的影响就需要确定不同工艺下各自激活能的变化程度。Borgenstan 等的研究表明，凝固过程中激活能表示液态原子向固态原子跨越所需克服的势垒[63]。因此，激活能越小，势垒越小，液态原子向固态原子跨越的难度越小，越容易形核。固液转变过程激活能为

$$\Delta G' = G_S - G_L = \Delta V dP - \Delta S dT \tag{9-17}$$

式中，G_S 为固相的 Gibbs 自由能，J；G_L 为液相的 Gibbs 自由能，J。

未处理情况下，当液态原子聚集而形成固相时有 $dP = 0$。而超声波处理下，由于空化效应产生了高于 100atm 的高压，此时压力对激活能的作用就需要考虑[64]。空化泡闭合瞬间，有 $dP < 0$，所以超声场作用下原子的激活能小于未处理条件下

原子的激活能，即 $\Delta G' > \Delta G'_k$。根据式 (9-16) 可得 $I_k > I$，即超声波处理后凝固过程的形核率得到提高。

以上分析表明，当输入的超声波功率达到一定值后，在熔体中将形成特有的空化效应，其中产生的压力变化和温度激冷对凝固初期形核数量增加有积极的作用，极大地提高了形核率。

9.5.2　超声波处理下金属凝固的枝晶长大过程

在凝固过程中，超声波空化气泡闭合时产生的冲击力对生长中的枝晶形貌有很大的影响。气泡闭合瞬间，在距离气泡 x 的单位面积上产生压力为[65]

$$
F(x) = \frac{1}{3Z}\frac{R_m}{R_k}\left[\frac{Z^\gamma Q}{\gamma-1}(3\gamma-4)\frac{ZQ}{\gamma-1}+(Z-4P_0)\right]
$$
$$
-\frac{1}{3Z^4}\frac{R_m^4}{x^4}\left[P_0(Z-1)-\frac{Q}{\gamma-1}(Z^\gamma-Z)\right]
\tag{9-18}
$$

式中，$Z = \left(\dfrac{R_m}{R_k}\right)^3$。

联立式 (9-10) 和式 (9-18)，得

$$
F(x) = \frac{1}{12Q} - \frac{R_m^4}{3x^4}\left(\frac{1}{16Q}+\frac{3}{4}\right)
\tag{9-19}
$$

令 $Q = 0.01\text{atm}$，$1\text{mm} \leqslant R_m \leqslant 4\text{mm}$，在传播距离小于 1mm 内，得到冲击力、气泡半径和传播距离的关系，如图 9-32 所示。由图可知，冲击力的数值变化范围为 $6.4\times10^6 \sim 7.5\times10^6\text{N}$。随着超声波持续导入，冲击力对枝晶产生循环的冲击作用，而后破碎枝晶。同时根据凝固理论知识，在枝晶根部的缩颈部位存在溶质富集，此处熔化温度较低，超声波对熔体的剧烈搅拌形成大范围热起伏，瞬时过热的熔体将熔断枝晶根部缩颈部位。通过冲击力和热流的综合作用，大量碎小枝晶形成，增加了凝固过程中晶核数量，也有利于组织的细化。

9.5.3　超声波促进铸型表面晶粒脱落

通过在正常凝固过程中施加振荡或者搅拌来细化晶粒的报道已经很多，其中突出了机械振动和声流对晶粒的细化作用[66]。而超声波既然为一种机械波，除去空化效应形成的冲击力的作用，剧烈的声流对铸型壁上枝晶冲刷作用也促进了大量游离晶核的形成。

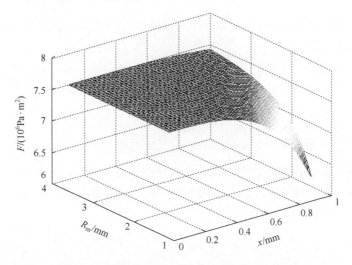

图 9-32　冲击力与气泡半径、传播距离的关系

　　正常凝固情况下，在铸型壁上形成细小晶核，随后晶核沿着铸型壁向熔体内生长形成柱状枝晶。而在声流作用下，柱状枝晶破碎成小枝晶，随着液态金属的流动，脱离的小枝晶将游离在熔体内部使最终凝固晶粒分布均匀。

　　弹性介质中传播的应力、质点位移、质点速度等量的变化称为声波，当其频率高到超声频率范围时称为超声波，超声波的三大特点即应力、质点位移、质点速度[58]。从超声波能量角度分析，浇铸完成后超声波作用在铸型表面细晶粒上，超声波能量将促使黏附于型壁上的初始形成的晶核脱落，有利于扩大细晶区。图 9-33 为超声波作用下非均质形核脱附过程示意图，临界晶核与铸型表面的界面强度存在于两相界面之间。

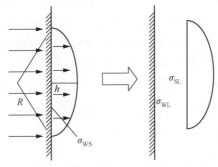

图 9-33　超声波使型壁上的晶核脱落引起非均质形核示意图[67]

　　界面的结合可以用分子与原子间作用、溶解度指数及界面自由能等物理化学量来表示，如 A、B 两材料结合成 AB 界面，当以界面自由能来表示时，此界面

的结合强度可以定义为[67]：$W_{AB} = \sigma_A + \sigma_B - \sigma_{AB}$，式中 σ_A、σ_B、σ_{AB} 分别为材料 A、材料 B 及界面 AB 的界面自由能，也即"黏附功"，表示使相互接触的两相物质分离而形成新表面所做的功。在本研究情况下，可以表示为

$$W_{SW} = \sigma_{SL} + \sigma_{WL} - \sigma_{SW} \tag{9-20}$$

式中，σ_{SL}、σ_{WL}、σ_{SW} 分别为晶核(S)与液相、型壁(W)与液相及晶核与铸型壁组成的界面自由能。如果超声波穿过晶核所做的功大于黏附功，则晶核会脱落。

声强在超声波传播方向上随着距离的延长呈指数衰减，可用下式表示[58]：

$$I(x) = I_0 e^{-2\alpha x} \tag{9-21}$$

式中，I_0、$I(x)$ 分别为输入位置和目标处的声强；α 为衰减系数。

dS 为无限小的面积，则在这个面积上的超声波能量为

$$dW = I(x)\,dS \tag{9-22}$$

球冠的表面积：$S = 2\pi Rh$。晶粒球冠表面处的能量即为

$$
\begin{aligned}
W &= \int_S I(x)\,dS \\
&= \int_0^h I(x)\,d(2\pi Rx) \\
&= \frac{\pi R I_0}{\alpha}(1 - e^{-2\alpha h})
\end{aligned} \tag{9-23}
$$

则超声波在 t 时间内球冠上的能量衰减为

$$
\begin{aligned}
\Delta Wt &= (W_0 - W)t \\
&= I_0 S_0 t - \frac{\pi R I_0 t}{\alpha}(1 - e^{-2\alpha h}) \\
&= \pi I_0 t \left[R^2 - (R-h)^2 \right] - \frac{\pi R I_0 t}{\alpha}(1 - e^{-2\alpha h})
\end{aligned} \tag{9-24}
$$

式中，R 为晶核表面的曲率半径；h 为晶核的高度。

当超声波在晶核上的功率衰减大于晶核与铸型表面的黏附功时晶粒便发生脱离。当晶粒脱附以后就会在超声波的声流作用下进入金属熔体，一部分被重熔，一部分被保留下来，被保留下来的部分起到了细化柱状晶区和等轴晶区的作用。声流作用加速了金属熔体的流动和温度场均匀化，有利于形成等轴晶。

9.5.4 超声波处理对平衡凝固温度的影响

根据 Clausius-Clapeyron 方程，可以得到[68]

$$\frac{dP}{dT} = \frac{\Delta H}{T\Delta V} \tag{9-25}$$

式中，T 为理论结晶温度，℃；ΔH 为相变潜热，kg/m；ΔV 为体积变化，m^3。式(9-25)可变化为

$$dP = \frac{\Delta H}{\Delta V}\frac{dT}{T} \tag{9-26}$$

对式(9-26)求积分解，有

$$P_k - P_0 = \frac{\Delta H}{\Delta V}\ln(T_{km} - T) \tag{9-27}$$

式中，T_{km} 为超声波处理下金属的理论结晶温度，℃。

根据式(9-12)计算得到 $P_k \ll P_0$，所以式(9-27)可简化为

$$T_{km} = T + \exp\left(\frac{\Delta VP_k}{\Delta H}\right) \tag{9-28}$$

从式(9-28)可以得到，经过超声波处理后，金属的理论结晶温度提高。结合式(9-12)，得到超声波处理情况下金属的理论结晶温度

$$T_{km} = T + \exp\left\{\frac{0.158\Delta VP_0}{\Delta H}\left[\frac{Q\gamma}{P_0(\gamma-1)}\right]^{1-\gamma}\right\} \tag{9-29}$$

9.5.5 超声波在金属凝固过程中的声流作用及衰减行为

超声波在熔体中传播衰减导致了沿超声波传播方向上试块不同位置抗拉强度的差异。在金属凝固过程中，不但温度随时间发生变化，而且熔体中液相和固相的比率及黏滞系数均发生变化。然而由于金属熔体温度过高，采用传统的测试技术对金属熔体中超声波衰减的测量非常困难，所以这方面文献报道非常少。这里先从理论上建立超声波在金属凝固过程中的"衰减模型"，随后凭借衰减实验结果对模型进行验证。

理想介质中的波动方程为[69]

$$\rho \frac{\partial^2 \xi}{\partial t^2} = K_s \frac{\partial^2 \xi}{\partial x^2} \tag{9-30}$$

式中，K_s 为熔体的弹性常数，m^2/N。

在熔体中传播时，由于存在黏滞力，波动方程修正为[69]

$$\rho \frac{\partial^2 \xi}{\partial t^2} = K_s \frac{\partial^2 \xi}{\partial x^2} + \eta \frac{\partial^3 \xi}{\partial x^2 \partial t} \tag{9-31}$$

式中，η 为熔体的黏滞系数，$N \cdot s/mm^2$。

介质的黏滞系数包括切变黏滞系数和容变黏滞系数，其中切变黏滞系数是由于介质质点间相对运动产生摩擦而形成的黏滞性变化，容变黏滞系数是介质在发生物理或者化学变化时，体积变化而产生的黏滞性变化。根据 Stokes 经典吸收理论[69]，认为对于液态金属，声传播问题的容变黏滞可以被忽略，因为液态金属看成是不可压缩的弹性体，所以在式(9-31)中的黏滞系数就是切变黏滞系数。

超声波为简谐波，可令

$$\xi(x,t) = \xi_1(x) e^{j\omega t} \tag{9-32}$$

这里有 $e^{j\omega t} = \cos(\omega t) + j\sin(\omega t)$，$j = \sqrt{-1} = i$，也就是数的虚部。

将式(9-32)代入式(9-31)中，得

$$-\rho \omega^2 \xi_1 = (K_s + j\omega \eta) \frac{\partial^2 \xi_1}{\partial x^2} \tag{9-33}$$

令 $K = K_s + j\omega \eta$，则式(9-33)可写成

$$-\rho \omega^2 \xi_1 = K \frac{\partial^2 \xi_1}{\partial x^2} \tag{9-34}$$

令 $k' = \omega \sqrt{\dfrac{\rho}{K}}$，则式(9-34)可以写为

$$-k'^2 \xi_1 = \frac{\partial^2 \xi_1}{\partial x^2} \tag{9-35}$$

k' 可以表示成如下形式[70]：

$$k' = \frac{\omega}{c} - \mathrm{j}\alpha_\eta \tag{9-36}$$

式中，ω 为波角频率，rad/s；c 为声波速度，mm/s；α_η 为熔体的吸收系数。

式(9-35)为二阶齐次方程，它的通解为

$$\xi = \left(A\mathrm{e}^{-\mathrm{j}k'x} + B\mathrm{e}^{\mathrm{j}k'x}\right)\mathrm{e}^{\mathrm{j}\omega t} \tag{9-37}$$

式中，A 和 B 为待定系数。将式(9-35)代入式(9-37)，得

$$\xi = A\mathrm{e}^{-\alpha_\eta x}\mathrm{e}^{\mathrm{j}\omega\left(t-\frac{x}{c}\right)} + B\mathrm{e}^{\alpha_\eta x}\mathrm{e}^{\mathrm{j}\omega\left(t+\frac{x}{c}\right)} \tag{9-38}$$

从式(9-38)的声学物理意义可知，第一项为传播速度为 c，圆频率为 ω 的向正 x 轴方向传播的声波，其振幅为 $A\mathrm{e}^{-\alpha_\eta x}$，这也就是说在传播过程中波的振幅随距离指数衰减[71]。声波在传播过程中，声强与振幅成正比，得到超声波在液体介质中的衰减关系为

$$I = I_0\mathrm{e}^{-\alpha_\eta x} \tag{9-39}$$

式中，I 为传播方向距离 x 的声强度，N/mm^2；I_0 为超声波输入强度，N/mm^2。

对于凝固过程的金属，必须得到 α_η 与黏度 η 的关系式。式(9-38)中的第二项表示声的反射波，在此不予考虑。

为了计算出超声波传播的衰减吸收与黏度的关系，可令

$$K = K_{\mathrm{s}}\left(1 + \mathrm{j}\omega H\right) \tag{9-40}$$

式中，$H=\eta/K$，将式(9-36)和式(9-40)代入 $k' = \omega\sqrt{\dfrac{\rho}{K}}$，让等式两边的实部和虚部分别相等，得到

$$\begin{cases} \dfrac{\omega^2}{c^2} - \alpha_\eta = \dfrac{\omega^2 \rho}{K_{\mathrm{s}}}\dfrac{1}{1+\omega^2 H^2} \\[3mm] 2\alpha_\eta\dfrac{\omega}{c} = \dfrac{\omega^2 \rho}{K_{\mathrm{s}}}\dfrac{\omega H}{1+\omega^2 H^2} \end{cases} \tag{9-41}$$

因为将熔体看作刚性体，所以黏滞力与弹性力相比可以忽略不计，也就是说有

$$\frac{\omega\eta}{K} = \omega H \ll 1 \tag{9-42}$$

则, 式(9-41)可近似写为

$$
\begin{cases}
\dfrac{\omega^2}{c^2} - \alpha_\eta = \dfrac{\omega^2 \rho}{K_s} \\[3mm]
2\alpha_\eta \dfrac{\omega}{c} = \dfrac{\omega^2 \rho}{K_s}
\end{cases}
\tag{9-43}
$$

解方程组(9-43), 得

$$
\begin{cases}
c = \sqrt{\dfrac{K_s}{\rho}} \\[4mm]
\alpha_\eta = \dfrac{\omega^2 \eta}{2\rho c^3}
\end{cases}
\tag{9-44}
$$

液态金属在凝固过程中, 固相不断增加, 造成了熔体的黏度随时间而变化。根据富林开尔理论, 金属的黏度与温度的关系表示为[72]

$$
\eta = \frac{2\tau_0 kT}{\delta^3} e^{\frac{Q}{kT}}
\tag{9-45}
$$

式中, τ_0 为原子在平衡位置的振动周期; k 为玻尔兹曼常量; T 为熔体的绝对温度, K; δ 为相邻原子平衡位置间的平均距离, μm; Q 为原子移动的激活能, J/mol。

结合式(9-44)和式(9-45), 可得

$$
\alpha_\eta = \frac{\omega^2 \tau_0 kT}{\delta^3 \rho c^3} e^{\frac{Q}{kT}}
\tag{9-46}
$$

所以, 沿着传播方向距离 x 的声强度 I 为

$$
\begin{aligned}
\ln I &= \ln I_0 - \frac{\omega^2 \tau_0 kTx}{\delta^3 \rho c^3} e^{\frac{Q}{kT}} \\[3mm]
&= \ln I_0 - \frac{\tau_0 kTx}{f^2 \delta^3 \rho c^3} e^{\frac{Q}{kT}}
\end{aligned}
\tag{9-47}
$$

式中, f 为超声波频率, Hz。

式(9-47)为超声波在熔体中传播时的"衰减模型"。将模型进行简化, 对式(9-47)右边第二项展开成 Talyor 级数, 得到

$$\ln I = \ln I_0 - \frac{\tau_0 k}{f^2 \delta^3 \rho c^3}\left(T + \frac{Q}{k}\right)x \tag{9-48}$$

根据式(9-48)，超声波的衰减与传播距离和温度多项式的乘积呈负指数关系。当传播距离为最大有效作用距离时，此处的声强为能产生空化阈的最小值，得到超声波存在作用效果的有效作用距离 x_b 为

$$x_b = \frac{\delta^3 \rho c^3}{\omega^2 \tau_0 k\left(T + \frac{Q}{k}\right)}\ln\left(\frac{I_0}{I_b}\right) \tag{9-49}$$

式中，I_b 为空化阈声强。

选用合金为 Al-7.3%Si，选择超声波导杆与坩埚上底面的距离分别为：20mm、30mm、40mm、50mm 和 60mm 五个位置进行测量。图 9-34 为不同传播距离下熔体温度和衰减的关系。

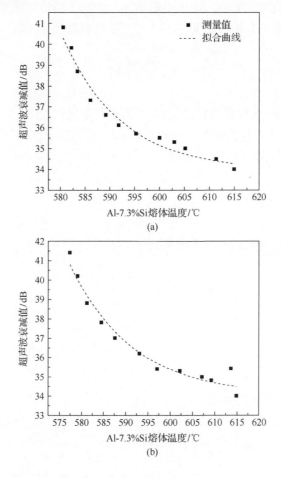

(a)

(b)

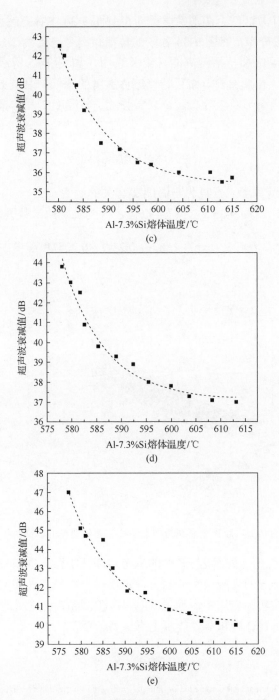

图 9-34　不同传播距离下熔体温度和衰减的关系

(a) 20mm；(b) 30mm；(c) 40mm；(d) 50mm；(e) 60mm

根据数学统计方法结合图形数学分布得到图 9-34 中各图超声波衰减 I 与温度 T 近似满足负指数分布，将图 9-34 各图的传播距离考虑到统计分布中，绘制出超声波衰减与熔体温度和传播距离的三维关系图，如图 9-35 所示。由图可知，随着传播距离加大，衰减加剧，而且随着熔体温度的降低，衰减更为严重。根据数学统计的方法结合图形数学分布，令衰减强度 I 与温度 T 和传播距离 x 之间的函数关系式为

$$I = A\exp\left[-Bf\left(T\right)x\right] \tag{9-50}$$

式中，A、B 为待定系数；$f(T)$ 为与温度 T 有关的函数。

令 $D=T/100$，对图 9-35 进行三维拟合，得到确定的函数关系式为

$$I = 33.9\exp\left[-\left(36.6 - 0.23D + 0.005D^2\right)x\right] \tag{9-51}$$

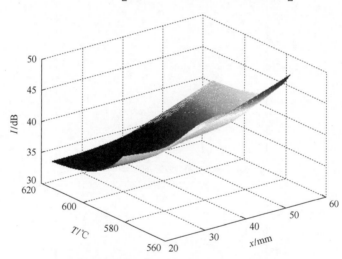

图 9-35　超声波衰减与传播距离、熔体温度的三维曲面

拟合函数说明超声波衰减与温度的幂函数和传播距离乘积呈负指数的关系。这个数学关系与推导的衰减模型相吻合，说明推导的超声波在熔体中传播的衰减模型的可靠性，在实际应用中，通过式 (9-49) 预测超声波在处理熔体中的有效传播距离，在工业仿真分析和节省能源上有参考价值。

参 考 文 献

[1] Granato A V. Eighth international conference on internal friction and ultrasonic attenuation in solids. France: Les Editions de Physique, 1986.

[2] Emmanuel P. Ultrasonic Instruments and Devices: Reference for Modern Instrumentation Techniques. San Diego: Academic Press, 1999.

[3] Richardson E G. Ultrasonic Physics. Amsterdam: Elsevier, 1962.

[4] Hamonic B, Decarpigny J N. Power Sonic and Ultrasonic Transducers Design: Proceedings of the International Workshop. Berlin: Springer-Verlag, 1988.

[5] Crawford C, Alan E L. Ultrasonic Engineering: with Particular Reference to High Power Applications. London: Butterworths Scientific Publications, 1955.

[6] Silk M G. Ultrasonic Transducers for Nondestructive Testing. Bristol: Adam Hilger Ltd., 1984.

[7] Kikuchi Y. Ultrasonic Transducers. Tokyo: Corona Publishing Co., 1969.

[8] Lynnworth C, Lawrence C. Ultrasonic Measurements for Process Control: Theory, Techniques, Applications. Boston: Academic Press, 1989.

[9] Jian X, Han Q. Effect of power ultrasound on grain refinement of magnesium AM60B alloy. Magnesium Technology, 2006: 103-107.

[10] Fan L S, Yang G Q, Lee D J, et al. Some aspects of high-pressure phenomena of bubbles in liquids and liquid-solid suspensions. Chemical Engineering Science, 1999, 54: 4681-4709.

[11] Laborde J L, Hita A, Gerard A. Fluid dynamics phenomena induced by power ultrasounds. Ultrasonics, 2000, 38: 297-300.

[12] Madelin G, Grucker D, Franconi J M, et al. Magnetic resonance imaging of acoustic streaming: Absorption coefficient and acoustic field shape estimation. Ultrasonics, 2006, 44: 272-278.

[13] Echert S, Gerbeth G, Melnik V L. Velocity measurements at high temperatures by ultraound doppler velocimetry using an acoustic wave guide. Experiments in Fluids, 2003, 35: 381-388.

[14] Josef K. Ultrasonic Testing of Materials. New York: Springer-Verlag, 1983.

[15] 生利英. 超声波检测技术. 北京: 化学工业出版社, 2005.

[16] 金长善. 超声工程. 哈尔滨: 哈尔滨工业大学出版社, 1989.

[17] Benoit W, Gremaud G. The 7th International Conference on Internal Friction and Ultrasonic Attenuation in Solids. Paris: Societe Francaise de Physique, 1981.

[18] Ichihara M, Ohkunitani H, Yoshiaki I, et al. Dynamics of bubble oscillation and wave propagation in viscoelastic liquids. Journal of Volcanology and Geothermal Research, 2004, 129: 37-60.

[19] Chaix J F, Garnier V, Corneloup G. Ultrasonic wave propagation in heterogeneous solid media: Theoretical analysis and experimental validation. Ultrasonics, 2006, 44: 200-210.

[20] Chandra M S. Non-linear ultrasonics to determine molecular properties of pure liquids. Ultrasonics, 1995, 33: 155-159.

[21] Marcelo A, Duarte J C, Wagner C A. A method to identify acoustic reverberation in multilayered homogeneous media. Ultrasonics, 2004, 41: 683-698.

[22] Long R, Lowe M, Cawley P. Attenuation characteristics of the fundamental modes that propagate in buried iron water pipes. Ultrasonics, 2003, 41: 509-519.

[23] Aristégui C, Lowe M S, Cawle P. Guided waves in fluid-filled pipes surrounded by different fluids. Ultrasonics, 2001, 39: 367-375.

[24] Lu S, Hellawell A. Modification and refinement of cast Al-Si alloys. Light Metals, 1995: 989-993.

[25] Kowalski S J. Ultrasonic waves in diluted and densified suspensions. Ultrasonics, 2004, 43: 101-111.

[26] Guidaralli G, Craciun F, Galassi C, et al. Ultrasonic characterisation of solid-liquid suspensions. Ultrasonics, 1998, 36: 467-470.

[27] 高守雷. 功率超声对金属凝固组织的影响. 上海: 上海大学硕士学位论文, 2003.

[28] 张海波. 功率超声对 AZ81 镁合金凝固组织的影响. 上海: 上海大学硕士学位论文, 2004.

[29] Abramov V O, Straumal B B, Gust W. Hypereutectic Al-Si based alloys with a thixotropic microstructure produced by ultrasonic treatment. Materials & Design, 1997, 18: 321-326.

[30] 翟启杰, 龚永勇, 戚飞鹏. 改善金属凝固组织的功率超声导入法: ZL03141467.2, 2015-9-21.

[31] 冯端, 师昌绪, 刘治国. 材料科学导论——融贯的论述. 北京: 化学工业出版社, 2002.

[32] 刘清梅, 龚永勇, 宋耀林, 等. 侧部导入超声对共晶 Al-Si 合金凝固组织的影响. 中国有色金属学报, 2007, 17: 308-312.

[33] 北方交通大学材料系. 金属材料学. 北京: 中国铁道出版社, 1983.

[34] 亨利, 豪斯特曼. 宏观断口学与显微断口学. 北京: 机械工业出版社, 1990.

[35] 崔约贤, 王长利. 金属断口分析. 哈尔滨: 哈尔滨工业大学出版社, 1998.

[36] 戴维斯 G J. 凝固与铸造. 北京: 机械工业出版社, 1983.

[37] 上海交通大学铸造教研组. 现代铸造测试技术. 上海: 上海科学技术文献出版社, 1983.

[38] 同济大学数学教研室. 高等数学(上册). 3 版. 北京: 高等教育出版社, 1988.

[39] Heusler L, Schneider W. Influence of alloying elements on the thermal analysis results of Al-Si cast alloys. Journal of Light Metals, 2002, 2: 17-26.

[40] Apelian D, Sigworth G K, Whaler K R. Assessment of grain refinement and modification of Al-Si foundry alloys by thermal analysis. AFS Transactions, 1984, 4: 297-307.

[41] Morando R, Biloni H, Cole G S, et al. Development of macrostructure in ingots of increasing size. Metallurgical and Materials Transactions A, 1970, 5: 1407-1412.

[42] Liu Q M, Zhang Y, Song Y L, et al. Effect of ultrasonic vibration on structure refinement of metals//The World Foundry Congress, Harrogate, 2006.

[43] Huffman G P, Huggins F E. Physics in the steel industry//Schwevr F C. AIP Conference, New York, 1982: 149-201.

[44] 陆世英. 不锈钢. 北京: 中国原子能出版社, 1995.

[45] 黄喜琥, 吴剑. 耐腐蚀铸锻材料应用手册. 北京: 机械工业出版社, 1991.

[46] Liu Q M, Qi F P, Zhai Q J. Influence of ultrasonic vibration on mechanical properties and microstructure of 1Cr18Ni9Ti stainless steel. Materials and Design, 2007, 28: 1949-1952.

[47] 廖恒成. 近共晶 Al-Si 合金组织细化与力学性能研究. 南京: 东南大学博士学位论文, 2000.

[48] 胡汉起. 金属凝固原理. 北京: 冶金工业出版社, 1985.

[49] 温宏权, 马新建. 超声波处理对 Q235 钢凝固组织的影响//第八届(2011)中国钢铁年会论文集, 北京, 2011.

[50] 常立忠, 施晓芳, 王建军, 等. 超声波处理对细化碳钢凝固组织的影响. 特种铸造及有色合金, 2012, 32(11): 996-998.

[51] Liu Q M, Zhang Y, Song Y L, et al. Effect of ultrasonic treatment on solidification structure of steels. Baosteel BAC, Shanghai, 2006.

[52] 李荣德, 孙玉霞. 凝固参数对 ZA27 合金二次枝晶间距及抗拉强度的影响. 材料科学与工艺, 2001, 9: 199-202.

[53] Green R E. Ultrasonic Investigation of Mechanical Properties. New York: Academic Press, 1973.

[54] 路世英. 腐蚀与防护手册. 北京: 化学工业出版社, 1990.

[55] 王于林. 工程材料学. 北京: 航空工业出版社, 1992.

[56] Leighton T G. Bubble population phenomena in acoustic cavitation. Ultrasonics Sonochemistry, 1995, 2: 1233-1237.

[57] 冯端. 金属物理学. 北京: 科学出版社, 1990.

[58] 冯若. 超声手册. 南京: 南京大学出版社, 1999.

[59] Eveline J. Nonmonotonic behavior of the maximum collapse pressure in a cavitation bubble. IEEE Transactions on Ultrasonics, 1999, 36: 561-564.

[60] Maisonhaute E, White P C, Compton R G. Surface acoustic cavitation understood via nanosecond electrochemistry. Journal of Chemical Physics, 2001, 105: 12087-12091.

[61] Vijayan S M, Sander R. Modeling of the acoustic pressure fields and the distribution of the cavitation phenomena in a dual frequency sonic processor. Ultrasonics, 2000, 38: 666-670.

[62] 周尧和, 胡壮麒, 介万奇. 凝固技术. 北京: 机械工业出版社, 1998.

[63] Borgenstan A, Hillert M. Activation energy for isothermal martensite in ferrous alloys. Acta Materialia, 1997, 45: 651-662.

[64] Flemings M C. Solidification Processing. New York: McGraw-Hill, 1974.

[65] 应崇福. 超声学. 北京: 科学出版社, 1990.

[66] Li T, Lin X, Huang W. Morphological evolution during solidification under stirring. Acta Materialia, 2006, 54: 4815-4824.

[67] 王玲, 赵浩峰. 金属基复合材料及其浸渗制备的理论与实践. 北京: 冶金工业出版社, 2005.

[68] 荆天辅. 材料热力学与动力学. 哈尔滨: 哈尔滨工业大学出版社, 2003.

[69] 杜功焕, 朱哲民, 龚秀芬. 声学基础(下册). 上海: 上海科学技术出版社, 1981.

[70] 杜功焕, 朱哲民, 龚秀芬. 声学基础(上册). 上海: 上海科学技术出版社, 1981.

[71] 全国声学标准化技术委员会. 标准超声功率源(GB/T 14368—1993), 1993

[72] 李庆春. 铸件形成理论基础. 北京: 机械工业出版社, 1982.

第 10 章
脉冲磁致振荡凝固细晶技术

10.1　脉冲磁致振荡凝固细晶技术简介

前面介绍了脉冲电流、脉冲磁场和超声波凝固细晶技术。在上述工作中发现，对金属熔体施加窄脉宽脉冲磁场，通过磁场强度高速率变化可在金属熔体表面产生振荡，这种振荡向金属熔体内部传播可显著细化金属凝固组织。这一发现，促使作者提出了"脉冲磁致振荡金属凝固细晶"新技术[1]。

脉冲磁致振荡凝固细晶技术通过感应线圈产生的窄脉宽脉冲磁场在熔体中感应出脉冲电磁波，并在熔体中产生振荡波，从而细化金属凝固组织。该技术不同于脉冲电流凝固细晶技术和超声波凝固细晶技术。在脉冲电流（或称电脉冲）凝固细晶技术中，电流直接通过金属熔体。这要求将电极插入金属液中，从而增加了生产操作工序和难度。与传统的超声波凝固细晶技术相比，该技术无须与金属接触的变幅杆，可长时间处理高温金属。

脉冲磁致振荡凝固细晶技术也不同于脉冲强磁场凝固细晶技术。在脉冲强磁场凝固细晶技术中，为提高脉冲强磁场作用深度，要求磁场的脉宽很大。因此脉冲强磁场会使金属熔体发生剧烈振动及收缩，造成金属熔体表面产生强烈波动甚至飞溅。但脉冲磁致振荡凝固细晶技术采用的脉冲磁场脉宽较窄，因此对金属熔体形成的冲量不大，不足以形成飞溅。而高频电磁波的趋肤效应，使脉冲电磁波无法进入被处理的熔体内部，因此熔体内部是电磁屏蔽的，因而脉冲磁致振荡与脉冲强磁场在金属熔体中产生的电磁场分布是完全不同的，从而金属溶液的受力情况也有很大的不同。

脉冲磁致振荡凝固细晶技术具有以下优点：

(1) 对环境和金属本身无污染，能耗低，是一种绿色凝固细晶技术。

(2) 对金属凝固组织具有显著的细化效果。

(3) 处理过程中金属液面平稳，可避免金属的氧化和卷渣。

(4) 与金属熔体无接触，可长时间处理高熔点金属，如钢铁材料。

(5)工业安全性较高。

(6)操作简便。

10.2　脉冲磁致振荡凝固细晶机制

10.2.1　脉冲磁致振荡细晶有效作用时间

金属从液态到固态分为形核前、形核、枝晶长大三个阶段。针对脉冲磁致振荡在哪个阶段细化金属凝固组织的疑问，作者设计了七种实验工艺比较形核前、形核阶段及凝固平台前后等区间的影响特点，具体参照图 10-1。

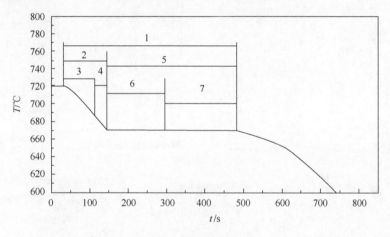

图 10-1　实验设计示意图

实验结果如图 10-2 所示，不同时间段脉冲磁致振荡处理获得的纯铝凝固组织有明显的差异。在距底部 8cm 处利用截线法求取各个试样的平均晶粒尺寸如表 10-1 所示。

表 10-1　截线法计算晶粒尺寸表

试样	1 号	2 号	3 号	4 号	5 号	6 号	7 号
平均晶粒尺寸/mm	3.38	2.25	3.02	2.19	1.27	1.42	3.06

根据表 10-1 绘制晶粒尺寸柱状图 10-3，根据凝固特点对实验结果进行分析。

形核前孕育处理的 3 号试样的晶粒尺寸与未处理试样相比没有明显的变化，具有形核阶段处理的 2 号和 4 号试样，凝固组织一致，与未处理的试样比较，两个试样的组织都有明显的细化。说明尽管脉冲磁致振荡形核前的孕育处理可使型壁上晶核脱落，但是由于熔体温度高于熔点，从型壁上落下的晶核在熔体内部漂移过程中又重新被熔化，因此未对试样的凝固组织产生影响。而当熔体内开始形核之后，熔体大部分区域的温度已经有所下降，此时从型壁上落下的晶核可以在熔体漂移过程中保留下来，使结晶核心增多，导致凝固组织的细化，但是由于处理时间较短，振荡处理产生的晶核不多，所以组织细化不是特别明显。

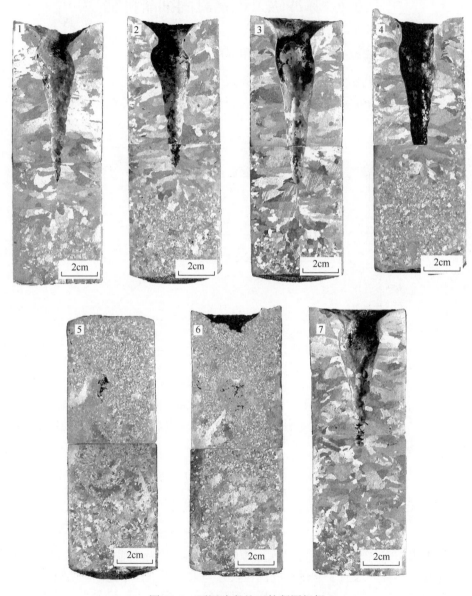

图 10-2　不同阶段处理的凝固组织

1. 全程不处理；2. 凝固前+形核时段处理；3. 凝固前处理；4. 形核处理；5. 生长时段处理；
6. 生长前期处理；7. 生长后期处理

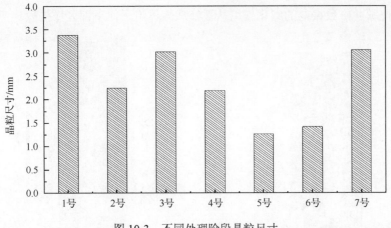

图 10-3　不同处理阶段晶粒尺寸

包括平台区前半程处理的 5 号样及 6 号样是该实验中细化最显著的。当金属熔体温度降低到平台区时，熔体表面刚开始形成强度很低的薄壳，脉冲磁致振荡造成剧烈的表面振荡会破坏这层金属壳，使熔体与铸型紧密接触，增加了熔体的散热效率，提高了熔体的形核率。从型壁上脱落的晶核在脉冲磁致振荡作用下进入熔体内部，而此时熔体内部温度较低，漂移的晶核更容易保存下来，因此，此阶段施加脉冲磁致振荡会极大地增加金属的晶核数，有助于使金属熔体趋于体积凝固，并显著细化其凝固组织。但是对于平台后期处理的 7 号试样，由于此时熔体的外壳已经比较厚，脉冲磁致振荡很难再破坏已形成的金属壳。同时凝固壳的电导率大于熔体，对脉冲磁致振荡电磁波产生较大的屏蔽作用，因此造成 7 号试样凝固组织粗大。

10.2.2　脉冲磁致振荡下晶核的运动及来源研究

把 750℃的工业纯铝浇注入预热到 600℃的具有不锈钢网的陶瓷铸型中，待温度降到 700℃时开始脉冲磁致振荡处理，直至全部凝固，纵剖观察其宏观组织。

图 10-4(a)中，试样组织为粗大的柱状晶，缩孔处是水平方向的柱状晶；而图 10-4(b)中，以金属网为界，上面处理区域为细小的等轴晶区，但下部仍是粗大的柱状晶。脉冲磁致振荡处理区域出现明显细化的等轴晶区，而网下部分的未处理区域则没有细化。对比图 10-2 中的未加网的 5 号试样，其细化区域直到试样底端，根据电磁波的分布规律，脉冲磁致振荡线圈内(即铸型上部)磁场强度最大，但是组织细化效果却和磁场强度不大的铸型底部一样。而当熔体内出现不锈钢网的阻隔时，晶核被挡在网的上面，致使上面凝固组织细小。而网的下面脉冲磁致振荡作用较小，上面晶核不能落下。由此看出，由于固相晶粒密度比熔体大，在重力和脉冲磁致振荡作用下，晶核有下落过程，形成所谓的"结晶雨"现象，这

种现象把脉冲磁致振荡的细化作用从被处理熔体附近向下部区域扩散。

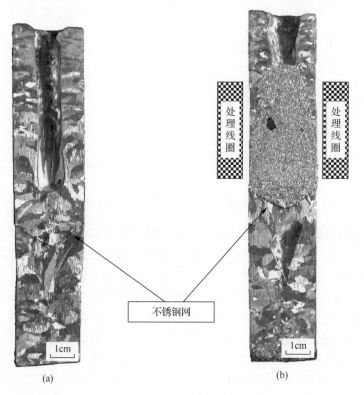

图 10-4　横向置网凝固组织

(a), (b)分别对应于表 10-2 中的 1 号, 2 号

表 10-2　预置网实验参数表

实验号	1 号	2 号	3 号	4 号	5 号
金属网规格(目)及方式(图 10-4)	40[图 10-4(a)]	40[图 10-4(a)]	40[图 10-5(a)]	40[图 10-5(b)]	80[图 10-5(c)]
处理区域	无	熔体上部	无	熔体上部	熔体上部

图 10-5(a)中，由于铸型壁的激冷作用，金属网外部分凝固组织较细小，而网内则是粗大的柱状晶。图 10-5(b)中，网外部分明显变成细等轴晶，而网内部分晶粒比较粗大，特别是缩孔周围，仍明显看到方向性一致的柱状晶区。图 10-5(c)中，网外区域是细等轴晶区，由于采用更小的网孔，可阻隔更小的晶核，内部是粗大的柱状晶。由于不锈钢网的阻隔作用，脱落漂移的晶核无法进入熔体内部，造成网两侧的组织明显不同。至于内侧晶粒相对于未处理试样也有一定程度的细化，是因为一部分较小的晶核随着熔体透过网而进入圆筒，造成了内部组织的细化。当网孔变小时，能随熔体透过网孔的核心数减少，网内的组织更加粗大。

(a)

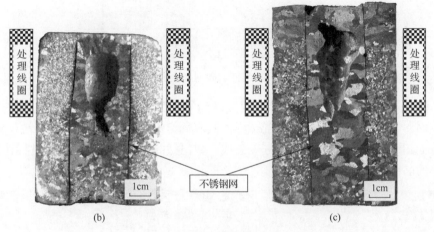

(b)　　　　　　　　　　　　不锈钢网　　　　　　　　　　　　(c)

图 10-5　纵向置网凝固组织

(a)，(b)，(c) 对应表 10-2 中的 3 号，4 号，5 号

　　由于铸型附近的金属熔液过冷度最大，同时粗糙的型壁表面提供了有利于非均质形核的界面，所以型壁附近最先形成晶核[2,3]。型壁附近形成的晶核会沿着散热条件最有利的垂直于型壁表面的方向反向生长，如图 10-2 的 1 号样所示。由于对金属熔体施加脉冲磁致振荡，晶核从型壁上脱落，并向熔体内部游离，这样型壁附近又有空间可以形成新的晶核[4-6]，如果熔体内温度较高，漂移到熔体内的晶核可能重新熔化，而若温度适宜，晶粒会被部分熔化后保存下来，促使晶核数目增加。

10.2.3　脉冲磁致振荡处理对纯铝凝固过程影响的机制研究

　　以上实验证明了脉冲磁致振荡作用使铸型壁上产生的晶核脱落、漂移，从而增加了熔体内的晶核数目，细化了金属的凝固组织。脉冲磁致振荡对晶核的作用力及晶核漂移速度是细化效果的关键因素。设计扁砂型及线圈如图 10-6 所示，为减小两端脉冲磁致振荡处理对中间的影响，在两端半圆形加入两块纯铁板。

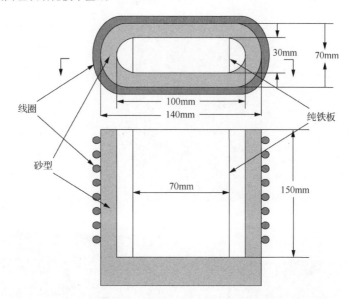

图 10-6　线圈、砂型尺寸示意图

　　浇注 800℃工业纯铝入砂型，温度降到 680℃时开始脉冲磁致振荡处理至全部凝固。在离底面 50mm 处横剖试样，其凝固组织如图 10-7 所示。晶粒尺寸的计算如图 10-8 所示，在截面上划 6 条线，数出截线上的晶粒数，然后进行计算，获得的晶粒数据见表 10-3。

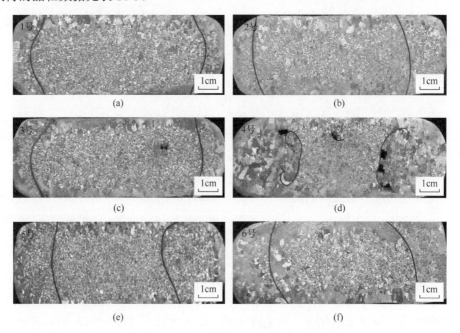

图 10-7　脉冲磁致振荡下纯铝凝固组织

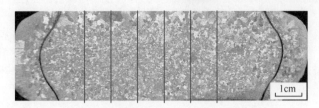

图 10-8　脉冲磁致振荡处理时试样晶粒数取样图

表 10-3　晶粒尺寸的结果分析表

参数	1 号	2 号	3 号	4 号	5 号	6 号
放电频率/Hz	0.8	1.0	1.2	1.0	1.0	0.8
电流峰值/kA	3.8	3.8	3.8	3.2	4.4	3.8
振荡频率/kHz	1.0	1.0	1.0	1.0	1.0	1.4
晶粒半径/mm	0.517	0.429	0.375	0.666	0.3	0.638
晶粒半径平方/mm²	0.269	0.184	0.141	0.444	0.09	0.407

10.2.4　脉冲磁致振荡作用下熔体中晶核的运动

凝固温度范围较小、冷却速率不快及正温度梯度时，金属熔体以逐层方式凝固，首先在型壁处形成一层薄激冷晶，晶向有利的晶体沿垂直于型壁的方向生长形成紧密排列的柱状晶。随着温度下降，凝固前沿逐渐向中心发展，其凝固组织通常为粗大的柱状晶组织[7,8]。而当加入一定参数的脉冲磁致振荡后，可能使熔体内形成大量晶核，从而改变试样的凝固方式。针对铸型壁是最早形核的位置，下面分析脉冲磁致振荡作用下金属熔体表面附近自由晶核的运动情况[9]。

设晶核密度为 ρ_s，晶核半径为 r_s，脉冲磁致振荡线圈单位长度上脉冲电流强度峰值为 J_0，脉冲振荡频率为 f_z，脉冲作用频率为 f_0，金属熔体的黏滞系数为 η_L。当脉冲磁场的脉宽较小、处理线圈到金属熔体的距离远小于处理线圈宽度时，熔体中脉冲电磁波可近似垂直于熔体表面，其熔体表面场峰值大小为 $B_0 = \mu_0 J_0$，脉冲电磁波在熔体表面产生反射和透射，以下讨论透入的电磁波对金属熔体内晶核的作用，由电磁场边界条件可知，金属内部的电磁场在良导体中可表示为

$$E = E_0 \mathrm{e}^{-\alpha z} \mathrm{e}^{\mathrm{i}(\beta z - \omega t)}, \quad \boldsymbol{H} = \sqrt{\frac{\sigma_L}{\omega \mu}} \mathrm{e}^{\mathrm{i}\frac{\pi}{4}} \boldsymbol{n} \times \boldsymbol{E} \tag{10-1}$$

式中，$\alpha \approx \beta \approx \sqrt{\dfrac{\omega \mu \sigma_L}{2}}$；$\omega$ 为脉冲振荡角频率；μ 为熔体磁导率；σ_L 为熔体电导率。

表面熔体受垂直于表面指向熔体中心的 Lorenz 力的作用，当晶核离金属表面 z 深度时，晶核所受冲击力大小为

$$F = \frac{4\pi r_s^3 (\sigma_S - \sigma_L)}{3} \sqrt{\frac{\sigma_L \mu}{\omega}} e^{i\frac{\pi}{4}} E_0^2 e^{-2\alpha z} e^{i(2\beta z - 2\omega t)} \qquad (10\text{-}2)$$

式中，σ_S 为固相电导率。如不考虑重力的影响，每个脉冲周期晶核所获得的冲量为

$$\Delta p = \frac{\sqrt{2}\pi r_s^3 (\sigma_S - \sigma_L)}{6 f_z} \sqrt{\frac{\sigma_L \mu}{\omega}} E_0^2 e^{-2\alpha z} = \frac{4}{3}\pi r_s^3 \rho_s \Delta v \qquad (10\text{-}3)$$

因此，一个脉冲周期后晶核速度的变化为

$$\Delta v = \frac{\mu(\sigma_S - \sigma_L)}{4\rho_S} \sqrt{\frac{\pi\mu}{\sigma_L f_z}} J_0^2 e^{-2\alpha z} = v_{t=0} - v_{t=\frac{1}{f_0}} \qquad (10\text{-}4)$$

根据 Stokes 定律，当液体的黏滞性较大，晶核的半径很小，且在运动过程中不产生漩涡时，其受到的黏滞力为

$$f_n = 6\pi\eta r_s v \qquad (10\text{-}5)$$

解黏滞力作用下晶核的运动方程得

$$v = v_0 e^{-\frac{6\pi\eta \cdot r_s}{m} t} \qquad (10\text{-}6)$$

式中

$$m = \frac{4}{3}\pi \cdot r_s^3 \rho_s, \quad v_0 = \frac{\Delta v}{1 - e^{-\frac{6\pi\eta \cdot r_s}{m f_0}}}$$

在一个脉冲处理周期内求速度的平均值，得

$$\bar{v} = \frac{f_0 \Delta v m}{6\pi\eta \cdot r_s} = \frac{\mu(\sigma_S - \sigma_L) J_0^2 f_0 r_s^2}{9\eta} \sqrt{\frac{\pi\mu}{\sigma_L f_z}} e^{-2\alpha z} \qquad (10\text{-}7)$$

纯金属熔体浇注后，在脉冲磁致振荡的作用下，型壁处游离晶核以式(10-7)的平均速度离开表面，脉冲磁致振荡参数一定时，其速度正比于晶核半径，即越大的晶核离开的速度越快，如果熔体内部的温度高于熔点温度，晶核就会逐渐熔化，并从周围吸收热量，使金属熔体内外温差减小，从而降低熔体的温度梯度，当温度降到熔点温度时，晶核就会保留下来。

如果金属熔体内外的温差较小，熔体内传热忽略不计，则型壁单位面积的散热率等于其游离晶核的潜热释放率加感应电流的发热量，单位时间内，单位面积型壁的游离晶核总质量可由式(10-8)获得

$$M = \frac{q - w}{L_r} = \frac{q - \dfrac{J_0^2 f_0}{2}\sqrt{\dfrac{\pi\mu}{\sigma_L f_z}}}{L_r} \tag{10-8}$$

式中，q 为型壁单位面积的散热率；L_r 为凝固潜热；$w = \dfrac{J_0^2 f_0}{2}\sqrt{\dfrac{\pi\mu}{\sigma_L f_z}}$，为感应电流的发热量。如果游离晶核不在型壁附近堆积，其离开型壁表面的速度为

$$v \geqslant \frac{M}{f_s \rho_h} \tag{10-9}$$

式中，ρ_h 为金属固液混合密度；f_s 为晶核群中液相所占体积分数。从式(10-7)～式(10-9)得可离开型壁表面的晶核半径为

$$r_s^2 \geqslant \frac{9\eta\left(q - \dfrac{J_0^2 f_z}{2}\sqrt{\dfrac{\pi\mu}{\sigma_L f_z}}\right)}{2\mu(\sigma_S - \sigma_L)L_r\rho_h f_s J_0^2 f_0\sqrt{\dfrac{\pi\mu}{\sigma_L f_z}}\,e^{-2\alpha z}} \tag{10-10}$$

由于趋肤效应，熔体内部的感应电流变小，磁场减弱，离开表面的晶核运动速度下降，晶核堆积，而从表面传来的压力波可使晶核整体向中心移动。当晶核堆积增大时，移动速度下降，铸型以体积凝固的方式进入晶体长大凝固过程，而铸型的晶体组织的尺寸将反比于进入内部的有效晶核数目。

假设金属凝固形核直径的大小也在 10～100μm，则可将形核后向中心运动的部分作为多孔性介质处理，不考虑晶核的长大，即晶核间的空隙不变，并假设晶核整齐排列，空隙通道直而光滑。设长度为 L 的范围内，有很多半径为 R 的小孔道，引用圆管中液体的流动规律，每个管道中，横断面上任一点的轴向切应力可以表示为

$$\tau_r = \frac{p_0 - p_L}{L}\frac{r}{2} \tag{10-11}$$

式中，p_0、p_L 为进、出口处的压力；r 为指定点的半径；L 为管道长度。根据牛顿黏滞定律

$$\tau_r = \eta\frac{\mathrm{d}v_x}{\mathrm{d}r} \tag{10-12}$$

式中，η 为黏滞系数；v_x 为沿管道轴向上的流动速度，代入式(10-11)得

$$dv_x = -\frac{p_0 - p_L}{2\eta L} r dr \tag{10-13}$$

积分，边界条件为 $r = R$ 时，$v_x = 0$，得平均速度为

$$\bar{v}_x = \frac{(p_0 - p_L)R^2}{8\eta L} \tag{10-14}$$

当压力梯度为常数，即

$$\frac{\partial p}{\partial x} = \frac{p_0 - p_L}{L} \tag{10-15}$$

有

$$\bar{v}_x = \frac{R^2}{8\eta} \frac{\partial p}{\partial x} \tag{10-16}$$

设上述移动晶核群体内，单位截面上有 n 个孔道，晶核群中液相所占体积分数为 f_L，即 $f_L = n\pi R^2$ 或 $R^2 = f_L/(n\pi)$，代入式 (10-16) 得

$$\bar{v}_x = \frac{f_L}{8\eta n\pi} \frac{\partial p}{\partial x} \tag{10-17}$$

设 $f_L^2/(8n\pi) = K$，式 (10-17) 变为

$$\bar{v}_x = \frac{K}{\eta f_L} \frac{\partial p}{\partial x} \tag{10-18}$$

式中，K 为渗透系数，也可表示为 $K = r f_L^2$，$r = 1/(8n\pi)$，是一个与晶核大小和结构有关的常数，因为 n 为单位面积内的空隙数，n 越大，空隙越窄，即晶核越小，K 越小，平均流动速度越小。而内部的熔体向表面排出得越慢，晶核向熔体内运动的速度就越慢。

在凝固过程中，离表面深度 z 处由于电磁力急剧减小，晶核开始堆积，z 的大小与脉冲磁致振荡电磁波的趋肤深度相当，通常脉冲磁致振荡产生的振动波的波长比 z 大得多，即 $z \ll c/f_z$，脉冲磁致振荡在表面产生的脉冲振荡波的压强为

$$p = \int_0^z f_l dz = \int_0^z \sigma_L \boldsymbol{E} \times \boldsymbol{B} dz$$

$$= \frac{1}{4}\mu J_0^2 \left\{ 1 - \cos\left(2\omega t - \frac{\pi}{2}\right) - e^{-2\alpha z}\left[1 - \cos\left(2\omega t - \frac{\pi}{2} - 2\beta z\right)\right]\right\} \tag{10-19}$$

式中，f_l 为熔体所受电磁力线密度。

当 z 大于脉冲磁致振荡的趋肤深度时，即 $z > 1/\alpha$，可以省略式(10-19)中的指数衰减项，即

$$p \approx \frac{1}{4}\mu J_0^2 \left[1 - \cos\left(2\omega t - \frac{\pi}{2}\right)\right] \tag{10-20}$$

式(10-20)的常数项只能在熔体中产生一个静压力，而谐振项产生的声波向熔体内传播，作用在深度 z 处堆积的晶核上，由于晶核为固体，其声学特性与熔体有较大差异，脉冲声波在固液表面上将发生全反射。对于平面波全反射，作用于晶核上的辐射压力等于声波的平均声能密度的两倍，即

$$\Delta p_s = 2f_0 \int_0^{1/f_z} p\,\mathrm{d}t = \frac{2f_0\bar{\varepsilon}}{f_z} = \frac{p_m^2 f_0}{f_z \rho_0 c_0^2} \tag{10-21}$$

式中，$\bar{\varepsilon} = \dfrac{p_m^2}{2\rho_0 c_0^2}$ 为脉冲磁致振荡产生的振荡波的平均声能量密度；p_m 为振荡波峰值声压；ρ_0 为熔体的密度；c_0 为熔体中的声速。把式(10-20)中的峰值声压代入式(10-21)，得

$$\Delta p_s = \frac{\mu^2 J_0^4 f_0}{16 f_z \rho_0 c_0^2} \tag{10-22}$$

由于辐射声压是作用于堆积的晶核上的，而熔体中的辐射声压仍然是等于声波的平均声能密度，即 $\Delta p_1 = \Delta p_s / 2$，由此产生了堆积晶核中熔体的压力梯度

$$\frac{\partial p}{\partial x} = \frac{\Delta p_s - \Delta p_1}{L} = \frac{\Delta p_s}{2L} = \frac{\mu^2 J_0^4 f_0}{32 f_z \rho_0 c_0^2 L} \tag{10-23}$$

式中，L 为堆积晶核的厚度。

将式(10-23)代入式(10-18)，得单位面积熔体排出率为

$$M_1 = \bar{v}_x f_L \rho_0 = \frac{K\rho_0}{\eta}\frac{\partial p}{\partial x} = \frac{\mu^2 J_0^4 f_0 K}{32 f_z c_0^2 L\eta} \tag{10-24}$$

式中，渗透系数 K 与晶粒半径的平方 r_s^2 成正比，设 $K = \kappa r_s^2$，κ 为比例系数。如果凝固过程为体积凝固，即凝固前期表面没有晶核堆积、长大，那么式(10-24)表示的质量应大于等于式(10-8)表示的质量

$$\frac{\mu^2 J_0^4 f_0 \kappa r_s^2}{32 f_z c_0^2 L \eta} \geqslant \frac{q - \dfrac{J_0^2 f_0}{2}\sqrt{\dfrac{\pi\mu}{\sigma_L f_z}}}{L_r} \tag{10-25}$$

或

$$r_s^2 \geqslant \frac{32 f_z c_0^2 L \eta \left(q - \dfrac{J_0^2 f_0}{2}\sqrt{\dfrac{\pi\mu}{\sigma_L f_z}} \right)}{\mu^2 J_0^4 f_0 \kappa L_r} \tag{10-26}$$

由式(10-26)可知，在脉冲磁致振荡处理频率和振荡频率不变且细化效果较好的情况下，脉冲磁致振荡处理的线电流密度与试样晶粒半径为如下关系：

$$r_s^2 J_0^2 = \frac{\alpha f_z}{f_0}\frac{1}{J_0^2} - \beta\sqrt{f_z} \tag{10-27}$$

式中，$\alpha = \dfrac{32 c_0^2 L \eta q}{\mu^2 \kappa L_r}$，$\beta = \dfrac{16 c_0^2 L \eta}{\mu \kappa L_r}\sqrt{\dfrac{\pi}{\mu \sigma_L}}$，即 $r_s^2 J_0^2$ 与 $\dfrac{1}{J_0^2}$ 呈线性关系。

分析表 10-3 中的 2 号、4 号、5 号样品，作图 10-9，三样品基本在一条直线上，$\alpha = 57.1\,\text{kA}^4/\text{mm}^2$，$\beta = 1.11\,\text{kA}^2\cdot\text{ms}^{1/2}$。实验结果说明：在固定处理频率和振荡频率的情况下，脉冲磁致振荡的细化效果与理论分析的结果一致。

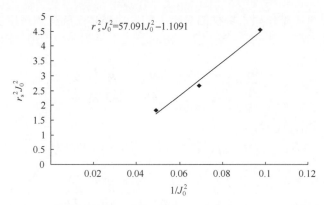

图 10-9　固定处理频率和振荡频率下的 $r_s^2 J_0^2$ 与 $1/J_0^2$ 关系图

在脉冲磁致振荡处理面电流密度和振荡频率不变且细化效果较好的情况下，脉冲磁致振荡处理频率与试样晶粒半径为如下关系：

$$r_s^2 = \frac{\alpha f_z}{J_0^4} \frac{1}{f_0} - \frac{\beta \sqrt{f_z}}{J_0^2} \tag{10-28}$$

即 r_s^2 与 $\dfrac{1}{f_0}$ 呈线性关系，分析表 10-3 中的 1 号、2 号、3 号样品，作图 10-10，呈线性关系，可得：$\alpha = 64.1\text{kA}^4/\text{mm}^2$，$\beta = 1.70\text{kA}^2 \cdot \text{ms}^{1/2}$。

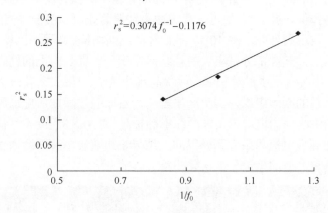

$$r_s^2 = 0.3074 f_0^{-1} - 0.1176$$

图 10-10　固定处理面电流密度和振荡频率下的 r_s^2 与 $1/f_0$ 关系图

在脉冲磁致振荡处理面电流密度和处理频率不变且细化效果较好的情况下，脉冲磁致振荡的振荡频率与试样晶粒半径为如下关系：

$$\frac{r_s^2}{\sqrt{f_z}} = \frac{\alpha}{J_0^4 f_0} \sqrt{f_z} - \frac{\beta}{J_0^2} \tag{10-29}$$

即 $\dfrac{r_s^2}{\sqrt{f_z}}$ 与 $\sqrt{f_z}$ 呈线性关系。1 号、6 号样品拟合直线得：$\alpha = 62.3\text{kA}^4/\text{mm}^2$，$\beta = 1.51\text{kA}^2 \cdot \text{ms}^{1/2}$。

由各个拟合直线推出的实验系数来看，系数 α 的数值分别为：57.1kA^2/mm^2、62.3kA^2/mm^2 和 64.1kA^4/mm^2，系数 β 的数值分别为：1.11kA$^2 \cdot$ms$^{1/2}$、1.51kA$^2 \cdot$ms$^{1/2}$ 和 1.70kA$^2 \cdot$ms$^{1/2}$。由于这两个系数只与金属材料的特性及浇注条件有关，所以在该实验中，其数值应为常数，以上实验数据表明其变化不大，进而证明了理论分析的正确性。

综上所述，脉冲磁致振荡处理的面电流密度对金属的凝固组织影响最大。在金属的凝固过程中，决定金属凝固组织的关键是凝固过程中的晶核数，而脉冲磁致振荡处理面电流密度对熔体内晶核多少具有决定性的作用。

10.2.5 脉冲磁致振荡作用区域

在实际生产中金属熔体可能被浇注到不同种类的铸型中，这不仅影响金属熔体的凝固速率，还对脉冲电磁波有屏蔽作用。

实验所用石墨铸型的内型尺寸为 $\Phi 30mm \times 170mm$。脉冲磁致振荡的处理线圈套在石墨铸型的外面，线圈长度为 100mm，位于石墨铸型的中段。850℃纯铝浇入冷的石墨铸型，并停留 5s 再进行脉冲磁致振荡处理，由于铸型的激冷作用，熔体表面会形成凝固外壳。图 10-11 是试样的纵切面铸态凝固组织，试样 1 是不处理的凝固组织，其大部分是粗大的柱状晶组织，底部是向上的柱状晶，顶部有较大的缩孔，中心有很少的等轴晶，柱状晶尺寸较小。样品 2～4 号为不同参数脉冲磁致振荡处理的凝固组织，实验结果表明，凝固壳层形成后施加脉冲磁致振荡处理，铸件的中心仍然出现了大量的细小等轴晶。2 号、3 号、4 号样品是固定处理频率，增加处理电流的条件下获得的。结果表明随着电流强度增加，细化效果逐渐提高，这与之前的理论分析结果相符合。

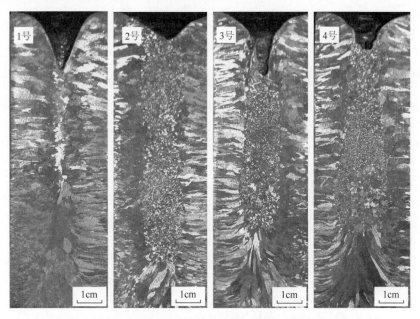

图 10-11　脉冲磁致振荡作用下纯铝的凝固组织

脉冲磁致振荡除了促使型壁上形成的晶核脱落和漂移外，还可能致使熔体上表面振动，使上表面形成的晶核下落产生"结晶雨"，从而可能使铸件细化。图 10-12 中样品号分别与图 10-11 对应的样品号的实验条件一致，唯一不同的是在铸型中间添加了横向的不锈钢网(60 目)，从实验结果可以看出，所有试样的网上下均出现了很好的细化效果。研究表明，铸型的屏蔽作用使细化效果有所减弱，而为了达到一定的细化效果，需要提高处理强度。

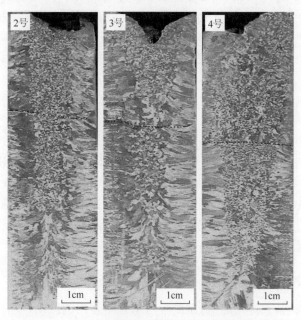

图 10-12 脉冲磁致振荡下横向置网纯铝凝固组织

导电容器的电导率为 σ_1，内部熔体的电导率为 σ_2，导电容器的厚度为 χ，并有 $\chi < \delta_1$（其中 δ_1 为导电容器的趋肤深度），且二者相当。当电磁波由导体容器入射到内部熔体表面时，在界面上产生反射波和透入内部熔体的折射波[9]。当电磁波为垂直入射、良导体时，有

$$E_2 = \frac{2\sqrt{\sigma_1}}{\sqrt{\sigma_1} + \sqrt{\sigma_2}} E_1 , \qquad H_2 = \frac{2\sqrt{\sigma_2}}{\sqrt{\sigma_1} + \sqrt{\sigma_2}} H_1 \tag{10-30}$$

式中，E_1、H_1 和 E_2、H_2 分别代表入射和透射的电场及磁场强度。当导电容器表面有一磁感应强度为 B 的电磁波垂直入射时，由于导电容器的厚度与其趋肤深度相当，不考虑多次反射的情况，经过导电容器后的磁感应强度为

$$B_2 = B \frac{2\sqrt{\sigma_2}}{\sqrt{\sigma_1} + \sqrt{\sigma_2}} e^{-\frac{\chi}{\delta_1}} e^{i\frac{\chi}{\delta_1}} \tag{10-31}$$

当熔体的电导率比容器大很多时，$2\sqrt{\sigma_2}/(\sqrt{\sigma_1} + \sqrt{\sigma_2}) \approx 2$，而 $e^{-\chi/\delta_1}$ 也在 $1/3 \sim 1/2$，因此作用在熔体上的磁场不会下降很多。当熔体的电导率与容器的电导

率相当时，$2\sqrt{\sigma_2}/(\sqrt{\sigma_1}+\sqrt{\sigma_2})\approx 1$，其对磁场的屏蔽作用就须考虑。由于金属熔体的电导率一般较高，因此，电导率远小于容器的电导率的完全屏蔽情况很难出现。只有当容器和熔体之间有空气间隔，才可能出现完全屏蔽的情况。因此，只要铸型的导电率小于被处理熔体，就不会对磁场产生太大的屏蔽效应。

当出现屏蔽影响时，如果增加磁致振荡作用的强度，脉冲磁致振荡仍然可透过凝壳产生细化效果。从以上实验结果可以确定脉冲磁致振荡细化技术中晶粒的另一来源是柱状晶生长的前端，或脉冲磁致振荡作用使柱状晶发生熔断或折断。

10.3　脉冲磁致振荡对合金凝固特性及组织的影响

Sn-10.4%Sb 合金是低熔点的二元合金，熔点为 246℃，凝固后没有二次相变。合金在凝固过程中出现包晶反应，合金的凝固组织偏析现象十分严重。铁素体不锈钢具有熔点温度高、合金元素多的特点，并具有广泛的应用。

10.3.1　脉冲磁致振荡下 Sn-10.4%Sb 合金凝固组织

前面研究表明，脉冲磁致振荡处理可增强熔体内的流动，增加晶核数，从而细化金属凝固组织，而组织的细化能减小宏观偏析。

由锡锑二元合金相图可知[10]，平衡条件下(246℃)，锑在锡中的最大固溶度为 10.4%。当含锑量小于 10.4%时，合金组织为单一的 α 固溶体。在实际生产条件下，冷却速度较快，当锡锑合金中含锑量超过 9%时，会发生包晶反应，合金组织中出现 β 相(SbSn 化合物)，其组织为 α+β。由于锑比锡轻，在结晶过程中富锑的 β 相会上浮，造成严重的比重偏析。

当金属熔液注入铸型后，脉冲磁致振荡对金属凝固过程进行处理。为了研究脉冲磁致振荡处理对试样宏观偏析的影响，分别取同一试样距离顶部和底部 10mm 的平面为观察平面，金相组织如图 10-13 所示。

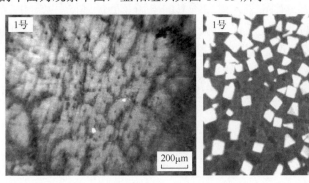

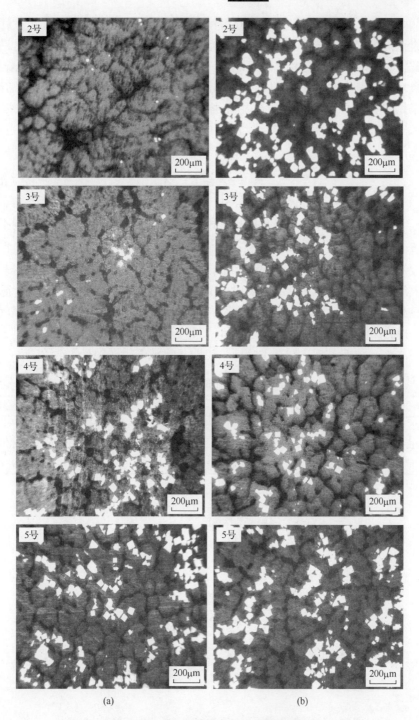

图 10-13　Sn-10.4%Sb 合金金相组织图

(a) 为试样上部取样；(b) 为试样底部取样

从图 10-13 中不同处理强度时获得试样的组织来看，未处理的 1 号试样，其顶部组织为粗大的树枝晶，而底部微观组织为粗大的 α 相。2～5 号样品是进行脉冲磁致振荡处理且强度随样品编号增加而增强。试样的组织随强度增加逐渐细化，晶粒尺寸不断变小，到 5 号试样时，其组织已经变成近等轴晶粒，尺寸非常细小。

采用 Matlab 软件计算析出相在整个金相中所占的面积比率。根据法国 Delesse[11]提出的不透明二维截面上所获得的平均面积分率 A_A 正比于体积分率 V_V 的观点，即

$$V_V = a\frac{\sum A_\alpha}{A_T} = aA_A \tag{10-32}$$

式中，$\sum A_\alpha$ 为所研究的 α 相面积的总和；A_T 为总的测量面积。计算得到不同观察位置的体积分率见表 10-4。绘制试样各个观察区域 β 相比例随脉冲磁致振荡处理强度增加的曲线如图 10-14 所示。对于试样上部而言：随着处理强度的提高，β 相比例逐渐降低；当电压继续升高时，β 相的比例又增加，不过与未进行脉冲磁致振荡处理的试样比较，比例还是明显降低。对于试样下部，随着处理强度的增加，β 相的比例不断升高。试样底部和顶部的 β 相含量逐渐趋于一致，到 5 号样品时，底部、顶部 β 相比例基本相同，也即其宏观偏析得到有效消除。

表 10-4　不同试样 β 相比例表

β 相比例	1 号试样	2 号试样	3 号试样	4 号试样	5 号试样
β 相比例(上)	0.3617	0.2304	0.1490	0.0850	0.1761
β 相比例(下)	0.0079	0.0088	0.0150	0.0609	0.1639
下/上	0.0218	0.0382	0.1007	0.7165	0.9307

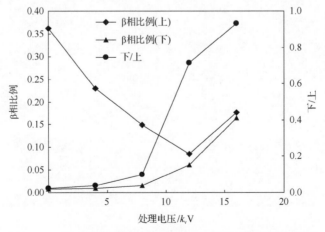

图 10-14　脉冲磁致振荡处理对试样 β 相比例及偏析比的影响

k_v 为设备系数

脉冲磁致振荡可以明显细化 Sn-10.4%Sb 合金凝固组织，当熔体内存在较多的异质核心时，熔体中温度梯度的存在将促使柱状晶的形成，成为阻碍获得细小等轴晶的主要因素，而脉冲磁致振荡加速了液相的传热过程，减小了熔体内的温度梯度，这就有利于熔体内部晶核的存活和长大，从而细化其晶粒。

熔体的对流是减小宏观偏析的重要因素。当对熔体施加脉冲磁致振荡处理时，熔体流动的增强可以使熔体内部成分更加均匀。另外脉冲磁致振荡的作用还可以使 β 相尺度减小。根据 Stokes 定律，β 相受到的黏滞力 f 为

$$f = 6\pi\eta r v \tag{10-33}$$

式中，η 为金属的黏滞系数，它决定于熔体的性质和温度；r 为 β 相的半径；v 为 β 相的运动速度。若 β 相在金属熔体中上升，受到的黏滞力为 f，重力为 $\rho V g$，金属熔液对 β 相的浮力为 $\rho_0 V g$，这里 V 为 β 相的体积，ρ 与 ρ_0 分别为 β 相和金属熔液的密度，g 为重力加速度。β 相的重力、浮力及黏滞力达到平衡，β 相匀速上升，即

$$v = \frac{(\rho - \rho_0)g d^2}{18\eta} \tag{10-34}$$

式中，v 为 β 相的上升速度；d 为 β 相的直径。较小的 β 相尺寸有助于减小其重力引起的沉降速率，因此脉冲磁致振荡细化 β 相颗粒，将使 β 相在熔体中的沉降速率下降，进一步减小了宏观偏析。

10.3.2　脉冲磁致振荡对铁素体不锈钢凝固特性及组织的影响

无接触物理场处理技术在高熔点金属材料的凝固组织细化方面具有很大优势，以下研究脉冲磁致振荡对铁素体不锈钢凝固组织的影响。实验设计了只变处理电流峰值和只变处理频率两组参数。

如图 10-15 所示，未处理试样[图 10-15(a)]的凝固组织大部分为粗大的柱状晶，中心有少量等轴晶，缩孔在试样中心附近。脉冲磁致振荡处理试样的缩孔位置与未处理试样相比都有所上移，柱状晶区面积减小，等轴晶区面积增大，且等轴晶的晶粒尺寸随着电流峰值和处理频率的增大而变得细小，但当处理频率和电流峰值数值都很高时，细化效果反而变差。

图 10-15(b)～(e)为固定处理频率不变，处理电流峰值不断增加时的试样。图 10-15(b)试样的中心等轴晶区比未处理试样有较大增加，但还是以柱状晶为主。继续提高电流峰值，图 10-15(c)试样缩孔下方凝固组织几乎全为等轴晶，但等轴晶较为粗大。进一步提高电流峰值时，图 10-15(d)试样缩孔下方整个区域为极细

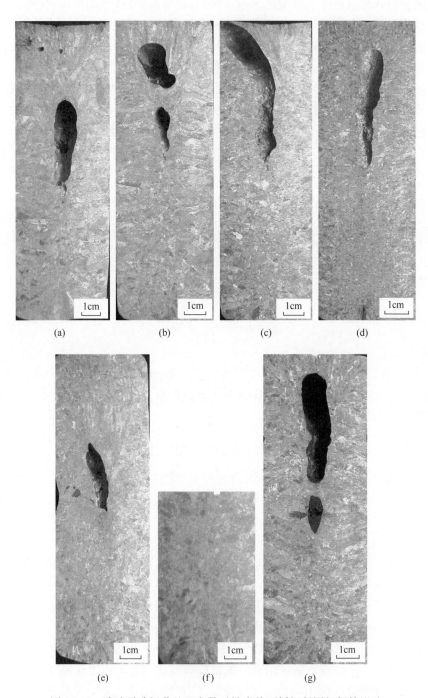

图 10-15　脉冲磁致振荡处理参数对铁素体不锈钢凝固组织的影响

小的等轴晶。图 10-15(e)试样的凝固组织趋于等轴晶，但是相比图 10-15(d)试样的凝固组织较为粗化。实验过程中发现，图 10-15(e)试样长时间难以凝固。图 10-15(c)、(f)、(g)固定电流峰值不变，处理频率降低，细化效果明显变差，图 10-15(g)试样的主要凝固组织为柱状晶。

　　脉冲磁致振荡处理在铁素体不锈钢中主要产生两方面作用效应，即脉冲电磁力和焦耳热，其大小与脉冲磁致振荡电流的平方和处理频率大小成正比。脉冲电磁力的作用有两方面，第一，使铸型壁产生的核心脱落，并向熔体内部漂移，均匀分布在熔体内部；第二，脉冲电磁力作用加大了熔体的对流，减小了熔体内部温度差异。焦耳热的作用主要是延长凝固时间，使得晶体生长速度减慢。

　　当钢液浇入铸型，首先在铸型表面形成细小的形核核心，脉冲磁致振荡在不锈钢熔体表面产生垂直于表面指向熔体内部的脉冲电磁力，该作用力使形核核心从铸型壁脱落进入熔体，并在熔体内部随声波的压力和重力作用向试样中心和底部运动。形核核心在熔体内的分布主要取决于脉冲电磁力的大小和凝固时间的长短；同时，脉冲磁致振荡产生的焦耳热减慢了熔体横向散热的速率，延长了熔体的凝固时间。在脉冲磁致振荡作用下，铁素体不锈钢的凝固组织形态主要由这两个方面的综合作用决定。当焦耳热过大时，金属熔体将长时间无法凝固，因此其对凝固组织的细化作用减弱。处理频率降低，单位时间内脉冲磁致振荡处理的次数减少，造成总的处理次数减少，细化效果下降。

　　截取试样距底部 50mm 的部分，采用截线法统计电流峰值和处理频率对铁素体不锈钢凝固组织的细化程度，如图 10-16 所示，随着电流峰值和处理频率的增大，等轴晶晶粒的尺寸越来越细小，但当处理电流峰值数值都很高时，细化效果反而变差。同时计算得到了等轴晶区比例，如图 10-17 所示，随着电流峰值和处理频率的增大，试样凝固组织等轴晶区的面积迅速增大，在一定的参数条件下等轴晶区比例可以接近 100%。

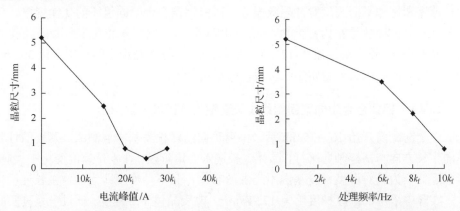

图 10-16　脉冲磁致振荡电流峰值及处理频率对铁素体不锈钢晶粒尺寸的影响

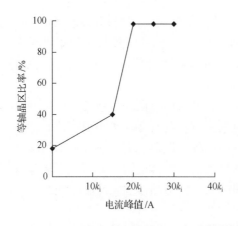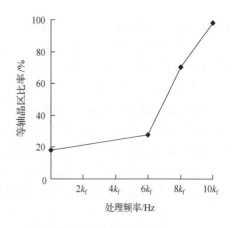

图 10-17　脉冲磁致振荡电流峰值及处理频率对等轴晶区比率的影响

10.4　脉冲磁致振荡对晶体生长过程的影响

金属的凝固过程包含生核和晶体生长两部分，前面的研究证实脉冲磁致振荡对金属凝固组织的影响主要是对生核的影响。定向凝固技术是研究晶体生长过程的最有效的方法[12,13]。定向凝固过程中，固液界面前沿液相的温度梯度 G 和固液界面向前推进速度(即晶体生长速度) v 是两个主要的工艺参数，其比值 G/v 是控制晶体长大形态的判据[8]。通过改变其比值，可以得到不同的形貌组织，并可获得晶体生长的相关信息。

在定向凝固过程中晶体生长界面前沿的扰动最终会反映到界面的生长形态上[14,15]。传统、低速及无外界干扰的定向凝固理论已日臻完善和丰富[16,17]。实验采用 Al-4.5%Cu 单相固溶合金作为实验材料。在一定温度梯度下，通过选择晶体生长速度和施加不同强度脉冲磁致振荡，研究铝铜合金凝固组织的变化规律。

把预制试样放置在内径为 Φ4mm 的刚玉管内，然后安装在定向凝固硅碳管电阻加热炉中，设定的温度为 1250℃，保温 30min，再按照设定的拉速下拉 50mm，确保定向凝固组织进入稳定生长阶段，随后进行液淬。

10.4.1　铝铜合金定向凝固组织生长稳定性及固液界面形态

在定向凝固开始 20～25min 后，偏离轴向的柱状晶基本被淘汰，剩下的柱状晶的生长方向与试样轴向平行，晶体生长进入稳定阶段。在下拉速度变化不大时，可以近似认为其对温度梯度基本不产生影响[18]，且下拉速度即为晶体生长速度。

实验中采用的温度梯度约为 17.7K/mm，改变晶体生长速度，通过一系列实验获得了 Al-4.5%Cu 合金以平面晶生长、胞状晶生长、胞状树枝晶生长及柱状树枝晶生长的固液界面形态组织，具体参数如表 10-5 所示。

表 10-5 晶体生长速度与固液界面生长形态

参数	图 10-18 (a)	图 10-18 (b)	图 10-18 (c)	图 10-18 (d)	图 10-18 (e)	图 10-18 (f)	图 10-18 (g)	图 10-18 (h)
生长速度/(μm/s)	1	2	10	14	24	32	64	96
G_L/v/(10^5s/mm²)	177	88.5	17.7	12.7	7.37	5.53	2.77	1.84
固液界面形态	平界晶	胞状晶	胞晶	胞状树枝晶	胞状树枝晶	柱状树枝晶	柱状树枝晶	柱状树枝晶

在生长速度为 1μm/s 时，固液界面为典型的平面形态生长[图 10-18(a)]。随着生长速度的增大，平界面失稳，在生长速度为 2μm/s 时，逐渐转变为胞状生长[图 10-18(b)]。随着拉速的增大，胞状晶生长方式越来越明显，当生长速度为 10μm/s 时，为胞晶生长[图 10-18(c)]。随着拉速的进一步增大，出现枝晶生长，固液界面变得不稳定。当生长速度为 14μm/s 时，一次枝晶间距增大，有明显的二次枝晶出现[图 10-18(d)]。但在胞状枝晶组织中，其二次枝晶并不发达，形态更像柱状晶。当生长速度为 24μm/s 时，则是胞状生长向胞状树枝晶生长转变的开始状态[图 10-18(e)]，可以看到，在胞状晶的前端已经出现了许多微小的分枝，这

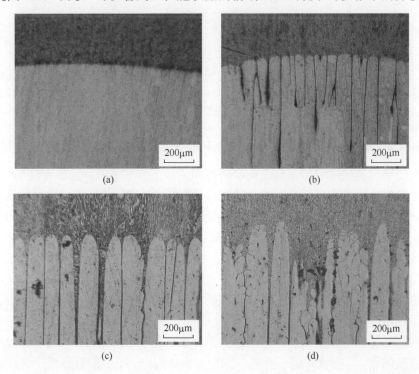

(a) (b) (c) (d)

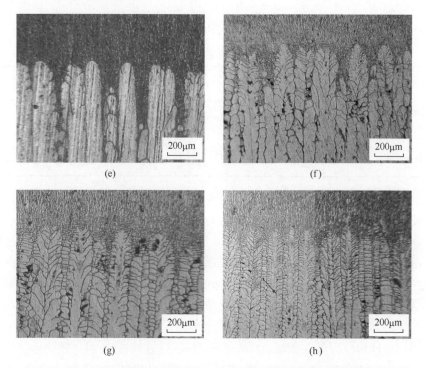

图 10-18   不同生长速度下 Al-4.5%Cu 固液界面生长形态的转变

(a) 1μm/s；(b) 2μm/s；(c) 10μm/s；(d) 14μm/s；(e) 24μm/s；(f) 32μm/s；(g) 64μm/s；(h) 96μm/s

些分枝随着生长速度的提高可能生长成独立的枝晶组织或柱状组织，从而开始了由胞状晶向树枝晶的转变[图 10-18(f)]，此时二次枝晶非常发达。当生长速度为 96μm/s 时，生长方式为枝晶生长方式[图 10-18(h)]。

10.4.2   不同脉冲磁致振荡电流峰值下铝铜合金定向凝固组织及固液界面形态

为了研究脉冲磁致振荡对定向凝固组织生长方式和固液界面稳定性的影响，选择处于组织生长方式转变时的拉速进行研究较为有利。选取 $v=10μm/s$，固定放电处理频率，用不同强度脉冲磁致振荡处理，所得的凝固组织如图 10-19 所示。图 10-19(a) 为未处理，为规则的柱状晶。随着电流峰值的增大[图中依次从图 10-19(b)～(j)]，柱状晶的生长不规则，连续性变差，一次枝晶间距变小。当电流峰值达到一定大小时[图 10-19(h)]，柱状晶出现分枝，生长很不稳定。进一步增大电流峰值，柱状晶的生长又重新变得稳定[图 10-19(j)]，定向凝固组织又变成非常规则的柱状晶。

在未施加脉冲磁致振荡时，固液界面为规则胞状晶界面[图 10-19(a)]。随着处理强度的增大，胞状间距不断变小[图 10-19(b)，(c)]，但固液界面平整且稳定。当脉冲磁致振荡处理强度增大到一定大小时[图 10-19(d)]，柱状晶变得更细，柱状晶生长变得更稳定，且看不到二次枝晶。脉冲磁致振荡处理强度进一步增大时［图 10-19(e)］，一次枝晶间距进一步变小，开始出现二次枝晶，固液界面变得不稳定。当脉冲磁致振荡处理强度增大到足够大时［图 10-19(g)］，可以看出枝晶变得细小的同时，枝晶的生长变得不稳定，固液界面附近枝晶出现折断和游离现象。随着脉冲磁致振荡处理强度进一步增大［图 10-19(h)］，枝晶变得更细小，同时枝晶的生长更不稳定，枝晶折断和游离现象十分明显。当脉冲磁致振荡处理强度增大到某一临界值时［图 10-19(i)］，柱状晶又开始粗化，柱状晶生长状态有变得稳定的趋势，但是没有不处理时稳定。当脉冲磁致振荡处理强度超过某一临界值时［图 10-19(j)］，晶体生长变成十分规则的柱状晶生长，固液界面也很稳定。柱状晶间距比没处理时小。

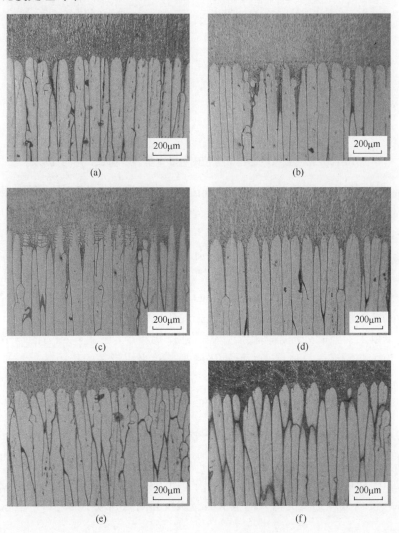

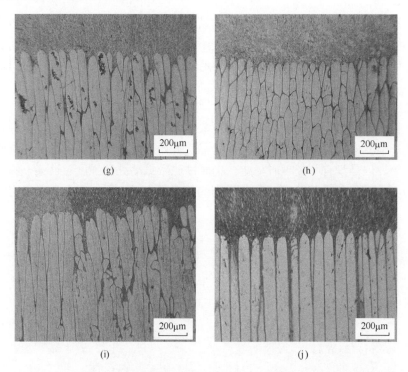

图 10-19 脉冲磁致振荡电流峰值对柱状晶固液界面生长形态的影响

由此可以得出，晶体生长速度为 10μm/s 时，在温度梯度和脉冲磁致振荡处理频率不变的条件下，随着脉冲磁致振荡处理强度的增大，定向凝固组织中的柱状晶增多，柱状晶一次枝晶间距变小。

当处理频率固定时，脉冲磁致振荡处理强度对胞状晶生长的影响非常明显。随着处理强度增大，柱状晶间距先变细后又稍微变粗大，柱状晶间距总体变化趋势是减小的。在处理强度增大过程中，可以看到固液界面附近晶粒的折断和游离，并可看到这种现象随脉冲磁致振荡处理强度变化而出现极值。

由于以上实验的处理频率较低，焦耳热影响较小，脉冲电磁力的作用对熔体的影响为主要因素。总体看来，脉冲磁致振荡对组织形貌的作用效果与晶体生长速度或成分过冷对组织形貌的作用效果[19]基本相似，随着脉冲磁致振荡处理强度的增加，组织由规则胞状晶向胞状树枝晶转变(图 10-20)，且组织得到细化。

10.4.3 脉冲磁致振荡峰值电流对一次枝晶间距的影响

图 10-21 为试样定向凝固固液界面下方 5mm 处截取的横截面宏观凝固组织。图 10-21(j) 为未处理试样，其横截面组织呈圆形，与未处理试样相比，图 10-21(a)～(i) 的试样随着处理强度的增大，胞状晶一次枝晶间距有减小的趋势，但总体上变化不大。

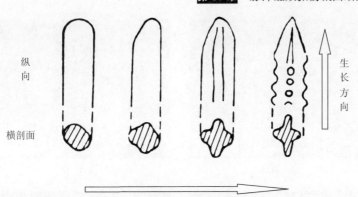

图 10-20 组织形貌随脉冲磁致振荡强度的增大由胞状晶变为胞状树枝晶的过程

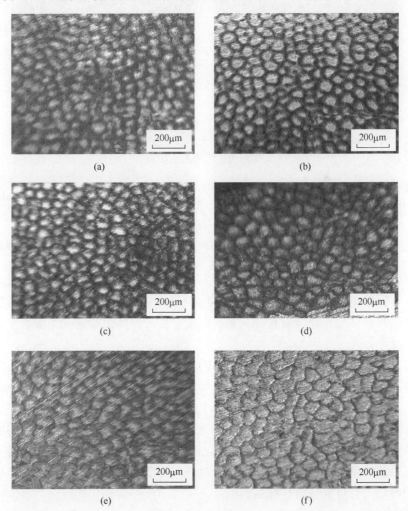

图 10-21 脉冲磁致振荡电流峰值对生长速度为 10μm/s 定向凝固固液界面
横断面生长形态的影响

定向凝固理论对胞状晶的一次枝晶间距的研究已比较成熟，建立了许多一次臂间距与凝固参数之间的数学模型[20, 21]，几乎所有模型都表明了如下这一重要关系：

$$\lambda_1 \propto G_L^{-y} v^{-x} \tag{10-35}$$

式中，λ_1 为一次枝晶间距；G_L 为固液界面前沿液相温度梯度；v 为晶体生长速度；x、y 为不同模型使用的指数值。由式 (10-35) 可知，一次臂间距与界面前沿的液相温度梯度和晶体生长速度有很大关系。温度梯度和晶体生长速度增加都会使一次臂间距减小。

脉冲磁致振荡对定向凝固金属熔体的主要作用是脉冲电磁力，当脉冲电流通过脉冲磁致振荡线圈时，会产生脉冲磁场，并在金属熔体表面产生感生电流，两者的共同作用产生 Lorenz 力。Lorenz 力的方向始终沿径向指向中心，与柱状晶生长的方向垂直。Lorenz 力的反复作用使金属熔体产生强烈振动从而导致熔体对流作用增强，这一方面使固液界面前沿液相的温度梯度降低，另一方面减弱了固液界面前沿的溶质富集，减小成分过冷。然而，当 Lorenz 力很大时，垂直作用于柱状晶的剪切力有可能使得柱状晶折断。

10.4.4　脉冲磁致振荡处理频率对固液界面形态和稳定性的影响

图 10-22 给出了脉冲磁致振荡处理频率对 Al-4.5%Cu 定向凝固组织的影响。图 10-22（a）为未处理试样，其他试样是固定脉冲磁致振荡处理强度，处理频率随图 10-22（b）～（c）而增大。

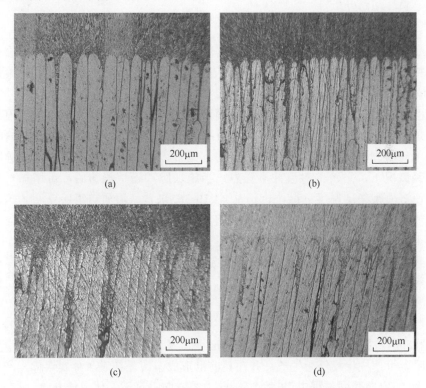

图 10-22　脉冲磁致振荡处理频率对 Al-4.5%Cu 定向凝固组织的影响

从图 10-22 中看出：当脉冲磁致振荡处理频率较小时，Al-4.5%Cu 的凝固组织与未处理的定向凝固组织基本相似，都是胞状晶组织，唯一不同的是，枝晶间距变大了，当处理频率进一步增大时，固液界面胞状晶出现二次枝晶，而且固液界面的稳定性也随之下降。

脉冲磁致振荡处理强度不变，也就是作用在熔体表面的单次磁压力大小不变。增大脉冲磁致振荡处理频率，相当于单位时间内处理次数增多，焦耳热增大。这使得固液界面前沿液相中的温度梯度升高，有利于固液界面的稳定生长，一次枝晶间距变小。但随着处理频率的进一步增大，脉冲磁致振荡所产生的 Lorenz 力对晶体生长的干扰也进一步增加，最终导致二次枝晶的大量出现。

10.4.5 脉冲磁致振荡对固液界面形态的影响机制

由于 Al-4.5%Cu 为 $k_0 < 1$ 的单相合金。当实验参数满足下列表达式时[22]:

$$\frac{G_L}{v} \geqslant \frac{M_L}{D_L} \frac{C_0(1-k_0)}{k_0 + (1-k_0)e^{-\frac{v}{D_L}}} \delta \tag{10-36}$$

定向凝固为平界面生长。式中，G_L 为固液界面前沿液相温度梯度；M_L 为合金液相线斜率；C_0 为合金原始成分，%；k_0 为溶质分配系数；v 为晶体生长速度，μm/s；D_L 为溶质扩散系数，m^2/s；δ 为溶质富集层厚度，m。

根据成分过冷理论[23]，在定向凝固过程中，影响固液界面形态的凝固参数主要是温度梯度 G_L 和生长速率 v。比值 G_L/v 对固液界面的稳定性起着制约作用。由于单向凝固中凝固是由下向上进行的，比重很难引起对流，在未施加脉冲磁致振荡情况下，系统的对流并不强烈，当施加脉冲磁致振荡后，可增加对流效果，使溶质富集层厚度 δ 减小，但从式(10-36)来看，溶质富集层厚度 δ 的减小只能使不等式的右侧变得更小，从而增加固液界面生长的稳定性，而这与实验结果正好相反。

其次，由于施加脉冲磁致振荡可在金属熔体中产生脉冲感应电流，而电流可产生焦耳热，使金属熔体局部温度升高。当金属熔体的温度提高较大时，可能造成固液界面前沿液相区的温度梯度提高，从固液界面生长稳定性的判别式(10-36)可知，温度梯度 G 的提高是有利于界面生长稳定的，这也与实验结果不相符。

脉冲磁致振荡可在熔体中产生 Lorenz 力，从而形成脉冲振荡，当振荡强度足够大时，可使柱状晶停止生长，并在其前沿形成游离晶核进入金属熔体，产生细化效果。在定向凝固过程中，虽然 Lorenz 力的方向垂直于晶体生长方向，而 Lorenz 力对胞状枝晶的切向冲击力很容易破坏晶体的生长稳定性，从图 10-19(e) 的凝固形态就可以清楚地看出，胞状枝晶的生长被不断破坏，不能形成连续生长的状态，而这种情况对未施加脉冲磁致振荡的定向凝固组织是很难出现的。

由以上定向凝固的实验结果可以得出：施加脉冲磁致振荡后，金属熔液温度提高，而其他条件基本不变，这就使固液界面附近液体的温度梯度 G_L 和原来相比有所升高，脉冲磁致振荡处理电流或频率越大，金属熔液温度就越高，固液界面前沿的温度梯度 G_L 就越大，G_L/v 就越大。同时，脉冲磁致振荡使液相中对流加剧，对流越强，溶质富集层厚度 δ 就越小，由公式(10-36)可知，以上现象所产生的"成分过冷区"就会越小。但脉冲磁致振荡的切向力大到破坏了晶体生长时，固液界面形态将随之发生改变，由图 10-19 可以看出，胞状晶被打断或向树枝晶过渡。

10.5　脉冲磁致振荡凝固技术近期进展

近期，脉冲磁致振荡的基础研究及工业化应用又有了发展。采用液面线圈脉冲磁致振荡(SPMO)[24]处理装置(图 10-23)处理发现晶粒尺寸和铸锭缩孔都减小了。数值模拟[25]证明脉冲磁致振荡的电磁力和焦耳热的作用范围主要在熔体上部，电磁力可使晶核从表面脱落及下降，并且促进熔体流动，减小熔体温度梯度，抑制柱状晶生长，使纯铝凝固组织的细化。

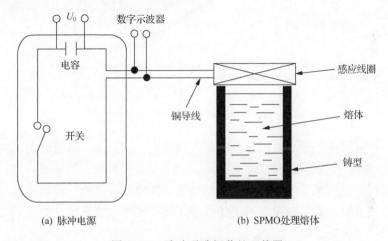

(a) 脉冲电源　　　　　　　(b) SPMO处理熔体

图 10-23　脉冲磁致振荡处理装置

脉冲磁致振荡对 Al-4.5% Cu 合金凝固过程进行处理[26]，并使用吸铸方法固化初生 α-Al 相的微观组织，发现在凝固前期前 3min 内，由于熔体温度还较高，晶核生长较慢，脉冲磁致振荡可促进熔体形核，在凝固处理后期，熔体温度降低了，脉冲磁致振荡就很难抑制晶核的生长，晶核生长并吞并或融合。并且还发现放电频率增大，得到的平均晶粒尺寸更小。采用 Al-1%Cu 作为处理材料[27]，通过液面和冒口两种脉冲磁致振荡导入方式，发现冒口处理不仅可消除内部缩孔，也能大幅度改善缩松现象。虽然两种方式都使底部试样凝固组织由粗大枝晶变为等轴晶及上部试样凝固组织由粗大枝晶转变为胞状晶粒，但是冒口处理改善得更为彻底。

通过对脉冲磁致振荡处理纯铝凝固过程的精确测温发现[28]，与不处理对比，处理的过冷度增加，降温速度较快，从边缘到中心的温度梯度减小，如图 10-24 所示。因此得出脉冲磁致振荡不但可以促进形核，而且可以产生流动作用减小温度梯度，保证晶核的存活和长大。研究脉冲磁致振荡处理时温度场对纯铝凝固组织结构的影响[29]，发现温度场决定了晶核的产生与生存，温度场受脉冲磁致振荡处理产生的焦耳热和外界环境影响，所以处理时间对于凝固组织的细化影响很大。实验证实低的频率和大的峰值电流组合，会使凝固组织细化效果更好。

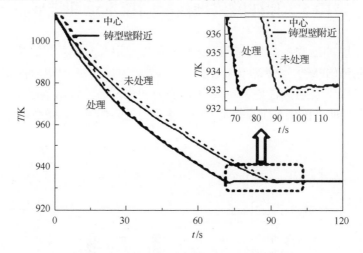

图 10-24　脉冲磁致振荡作用下的测温曲线

在脉冲磁致振荡处理铝铜合金中加入细化剂 Al3Ti1B，并研究在不同过热度条件下的效率[30]，发现过热度对凝固组织的细化效果有很大的影响，但对脉冲磁致振荡处理的晶粒尺寸影响不大。同时使用脉冲磁致振荡处理和细化剂，可以获得更细小的晶粒，数值模拟表明熔体内部产生了流动，使细化剂更均匀地分布，因而使细化效果更好。

脉冲磁致振荡也在连铸 GCr15 轴承钢生产中获得应用[31]，使用脉冲磁致振荡处理 240mm 方形 GCr15 轴承钢连铸坯，使铸坯等轴晶区面积显著增大，柱状树枝晶变短，碳含量分布更加均匀。研究脉冲磁致振荡处理对 2205 双相不锈钢的凝固组织的细化效果[32]，发现脉冲磁致振荡处理可改善双相不锈钢的凝固组织，减小微观组织的晶粒尺寸及宏观组织结构。进一步提高脉冲磁致振荡处理功率，可获得更好的细化效果。

机理研究方面分别处理了纯度为 99.9%和 99.999%的纯铝[33-35]，发现脉冲磁致振荡处理使低纯度铝的过冷度减小，并获得更细小的晶粒尺寸。同时还发现在高于纯铝熔点温度 1.3K 时进行脉冲磁致振荡处理也得到了一定的细化，如图 10-25 所示。根据空腔中晶坯的生长模型，该模型如图 10-26 所示，其中 β 为固相，α 为液相，θ 为接触角，r 为临界半径，S 为熔体杂质，在熔体的熔点温度之上几摄氏度时，熔体内已经可以形成晶坯，脉冲磁致振荡处理可以增加接触角，使空腔内的晶坯稳定生长，该理论解释了在熔点以上的脉冲磁致振荡处理可以细化凝固组织的现象。

(a) 未处理　　　　　　　　　　　　　　　　(b) 处理

图 10-25　熔点上 1.3K 脉冲磁致振荡处理与不处理凝固组织细化图

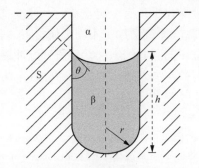

图 10-26　空腔中晶坯的生长

其次，通过不同高度测量脉冲磁致振荡处理样品温度曲线，发现温度梯度及过冷度从坩埚底部到中心都有所减小。在不同冷却速率下，脉冲磁致振荡处理与不处理的样品的晶粒尺寸对比如图 10-27 所示，处理样品的晶粒尺寸较小，冷却速度对脉冲磁致振荡处理的晶粒尺寸的大小影响不大。在不同冷却速率下，脉冲磁致

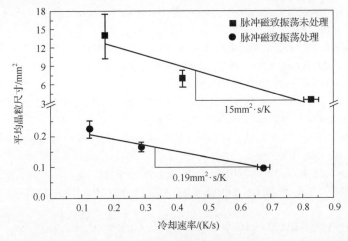

图 10-27　脉冲磁致振荡处理和未经处理的样品的平均晶粒尺寸与不同冷却速率关系

振荡处理样品的再辉值（recalescence）比不处理的小，冷却速率越小的再辉值越小。纯铝在浇铸到不同大小的坩埚进行脉冲磁致振荡处理时，较大尺寸坩埚中的熔体对流比较快，凝固组织细化效果较好，增加脉冲磁致振荡的电流参数，对应的流速更快，获得的晶粒尺寸更小。

脉冲磁致振荡凝固技术已在基础研究及应用方面取得了多方面的进展，包括：脉冲磁致振荡机理的研究、参数的优化、与数值模拟的结合、工业化应用。关于机理研究各国学者都提出了自己的看法，主要包括振荡效应、结晶雨机制、空腔晶坯生长机制等。数值模拟更清晰地显示脉冲磁致振荡处理时的物理过程。

为了进一步促进脉冲磁致振荡技术的发展，还需要从以下几方面做更深入的研究。①现在提出的各种细化机理有一定互补性，但没有完全统一，还需要深入研究脉冲磁致振荡的机理；②研究适用于不同金属材料的脉冲磁致振荡处理参数，使其能够更有效地改善金属的凝固组织；③需研究脉冲磁致振荡与其他晶粒细化技术的协同作用效果，例如，加入细化剂后脉冲磁致振荡的处理效果。

参 考 文 献

[1] 翟启杰, 龚永勇, 高玉来, 等. 脉冲磁致振荡细化金属凝固组织的方法及其装置: CN1757463, 2006.

[2] Ohno A, Motegi T, Nagai K. Solidification of undercooled metals. Journal of the Japan Institute of Metals, 1976, 40(3): 251.

[3] Ohno A, Motegi T, Ishibashi K. Effect of rotation of mold and electromagnetic stirring on the structure of Aluminum ingots. Journal of the Japan Institute of Metals, 1977, 41(6): 545.

[4] Ohno A, Motegi T. Formation mechanism of equiaxed zones in cast metals. AFS International Cast Metals Journal, 1977, 12(1): 28.

[5] Ohno A, Soda H. Effect of the surface vibration on the structure of ingots. Transactions of the Iron and Steel Institute of Japan, 1970, 110(6): 442.

[6] Ohno A, Motegi T, Soda H. Origin of the equiaxed crystal in casting. Transactions of the Iron and Steel Institute of Japan, 1971, 110(1): 18.

[7] 大野笃美. 金属凝固学. 唐彦斌, 张正德译. 北京: 机械工业出版社, 1983.

[8] 李庆春. 铸件形成理论基础. 哈尔滨: 哈尔滨工业大学出版社, 1980.

[9] 郭硕鸿. 电动力学. 2版. 北京: 高等教育出版社, 1997.

[10] 高守雷. 功率超声对金属凝固组织的影响. 上海: 上海大学硕士学位论文, 2004.

[11] Vander Voort. 金相原理与实践. 屠世润, 高越, 等译.北京: 机械工业出版社, 1990.

[12] Boettinger W J, Coriell1 S R, Greer A L, et al. Solidification microstructures: recent developments, future directions. Acta Materialia, 2000, 48: 43.

[13] 陈光, 李建国, 傅恒志. 先进定向凝固技术. 材料导报, 1999, 13(5): 5.

[14] 王自东, 永利, 常国威, 等. 扰动对单相合金定向凝固固液界面生长形态的影响. 北京科技大学学报, 1997, 19(6): 560.

[15] 郭太明, 李晨希. 定向凝固过程中的不规则固液界面形貌. 人工晶体学报, 2003, 32(5): 495.

[16] 周尧和, 胡壮麒, 介万奇. 凝固技术. 北京: 机械工业出版社, 1998.

[17] Kurz W, Fisher D J. Fundamentals of Solidification. Zürich: Trans Tech Publications., 1984.

[18] 于金江. 高梯度定向凝固共晶高温合金的组织与性能. 西安: 西北工业大学博士学位论文, 2001.

[19] 胡汉起. 金属凝固原理. 北京:机械工业出版社, 2000.

[20] Kurz W K, Fisher D J. Dendrite growth at the limit of stability: tip radius and spacing . Acta Metallurgica, 1981, 29: 11.

[21] Trivedi R. Theory of dendritic growth during the directional solidification of binary alloys. Journal of Crystal Growth, 1980, 49: 219.

[22] 胡汉起. 金属凝固. 北京: 冶金工业出版社, 1985.

[23] Tiller W A, Jackson K A, Rutter J W, et al. The redistribution of solute atoms during the solidification of metals. Acta Metallurgica. 1953, 1: 428.

[24] Yin Z X, Gong Y Y, Li B, et al. Refining of pure aluminum cast structure by surface pulsed magneto-oscillation. Journal of Materials Processing Technology, 2012, 212(12): 2629.

[25] Zhao J, Cheng Y F, Han K, et al. Numerical and experimental studies of surface-pulsed magneto-oscillation on solidification. Journal of Materials Processing Technology, 2016, 229: 286-293.

[26] 徐智帅, 李祺欣, 梁柱元, 等. 脉冲磁致振荡下 Al-4.5wt.%Cu 合金微观组织形态. 上海金属. 2015, 37(2): 31-35.

[27] 李祺欣, 俞基浩, 梁冬, 等. 脉冲磁致振荡细化工业纯铝机制研究. 上海金属, 2015, 37(4): 48-51.

[28] Liang D, Liang Z Y, Zhai Q J, et al. Nucleation and grain formation of pure Al under pulsed magneto-oscillation treatment. Materials Letters, 2014, 130: 48-50.

[29] Li B, Yin Z X, Gong Y Y, et al. Effect of temperature field on solidi cation structure of pure Al under pulse magneto-oscillation.China Foundry, 2011, 8(2): 172-176.

[30] Liu T Y, Sun J, Sheng C, et al. Influence of pulse magneto-oscillation on the efficiency of grain refiner. Advances in Manufacturing, 2017, 5: 143-148.

[31] 程勇, 徐智帅, 周湛, 等. PMO 凝固均质化技术在连铸 GCr15 轴承钢生产中的应用. 上海金属, 2016, 38(4): 54-57.

[32] Ni J, Wu C S, Zhong H G, et al. Solidification structure refinement of 2205 duplex stainless steel by pulse magneto-oscillation//TMS 2015 Annual Meeting Supplemental Proceedings, Orlando 2015: 39-45.

[33] Edry I, Mordechai T, Frage N, et al. Effects of treatment duration and cooling rate on pure aluminum solidification upon pulse magneto-oscillation treatment. Metallurgical and Materials Transactions A, 2016, 47(3): 1261-1267.

[34] Edry I, Erukhimovitch V, Shoihet A, et al. Effect of impurity levels on the structure of solidified aluminum under pulse magneto-oscillation (PMO). Journal of Materials Science, 2013, 48: 8438-8442.

[35] Edry I, Frage N, Hayun S. The effect of pulse magneto-oscillation treatment on the structure of aluminum solidified under controlled convection. Materials Letters, 2016, 182: 118-120.